超短脉冲及混沌光纤激光器

杨玲珍　著

科学出版社

北京

内 容 简 介

本书重点介绍光纤激光器的工作原理，尤其是超短脉冲和混沌激光产生的原理、技术。全书共 6 章，既有前人的理论综述，又有作者的研究积累。第 1 章主要介绍光纤激光器的特点，从了解光纤开始，简述光纤激光器的发展和分类。第 2 章主要介绍组成光纤激光器的无源器件。通过对无源器件参数和性能的了解，为构建光纤激光器做基础。第 3 章主要介绍光纤激光器工作的基本原理。通过激光原理简单的介绍，引入构建光纤激光器的基本结构。根据激光锁模理论，分析在光纤激光器中实现锁模的基本方法和超短脉冲压缩技术等。第 4 章主要介绍掺铒光纤激光器。介绍掺铒光纤的特点，掺铒光纤激光器在超短亮脉冲、暗脉冲的理论和实验研究。第 5 章主要介绍掺镱光纤激光器。介绍掺镱光纤的特点及掺镱光纤激光器在超短脉冲产生及压缩方面的理论和实验研究。第 6 章主要介绍混沌光纤激光器。介绍光学混沌及掺铒光纤激光器产生混沌的研究进展，就混沌光纤激光器的环形和“8”字形腔结构在混沌激光输出方面的理论和实验研究。

本书可供涉及激光技术的通信、传感、机械加工、雕刻和军工部门的工程技术人员，以及高等学校的有关师生参考。

图书在版编目(CIP)数据

超短脉冲及混沌光纤激光器/杨玲珍著. —北京：科学出版社，2013. 11

ISBN 978-7-03-038914-5

Ⅰ. ①超… Ⅱ. ①杨… Ⅲ. ①光纤器件-激光器 Ⅳ. ①TN248

中国版本图书馆 CIP 数据核字 (2013) 第 248624 号

责任编辑：钱 俊 周 涵／责任校对：张怡君
责任印制：赵德静／封面设计：谜底书装

科 学 出 版 社 出版
北京东黄城根北街 16 号
邮政编码：100717
http://www.sciencep.com

北京凌奇印刷有限责任公司 印刷

科学出版社发行 各地新华书店经销

*

2013 年 11 月第 一 版 开本：720×1000 1/16
2013 年 11 月第一次印刷 印张：14 3/4
字数：283 000

POD定价： 98.00元
（如有印装质量问题，我社负责调换）

前　　言

1960 年，美国休斯顿实验室的 Maiman 利用掺铬红宝石晶体为发射激光材料做成固体激光器。光纤的出现使固体激光器又有了一种新的形式。1961 年，美国光学公司的 E. Snitzer 在光纤激光领域进行了开拓性的工作，报道了在玻璃基质中掺激活钕离子所制成的光纤激光器，20 世纪 60 年代人们在光纤制备技术以及光纤激光器的泵浦与谐振腔结构方面不断探索，但由于当时相关理论和实验条件限制进展相对缓慢。直到 20 世纪 80 年代随着光纤制作工艺技术和材料的不断进展，低损耗的掺杂光纤特别是掺铒单模光纤，使光纤激光器具有强大的实用性，从而为光纤激光器带来了新的发展前景。

随着光纤通信系统的广泛应用和发展，超快光电子学、非线性光学、光纤传感等领域应用研究已得到重视和推广。随着光纤技术的不断发展，光纤也出现了新的诸如双包层光纤、光子晶体光纤等。光纤激光技术由通信波段逐渐扩展到军事、机械加工、医疗、光信息处理等领域。1999 年，英国南安普顿大学拉制的第一根光子晶体光纤，为光纤激光发展又翻开了新的篇章。以 IPG 公司为代表的高功率掺镱光纤激光器，推动了整个激光加工、军事等领域的发展。本书旨在将光纤激光器脉冲及混沌输出特性在理论和实验方面做一些介绍。作者希望读者尤其是初读者提供一个快速了解和系统掌握光纤激光器的发展、研究方法、特性和应用的途径。

本书在编写过程中，主要参考作者及其课题组近十年的研究成果，希望给出有关光纤激光器的基本理论和一些基本公式。对于有关理论和实验的细节部分，公式有详细的推导，旨在掌握研究方法，为从事有关方面的研究提供参考。

本书在第 1 章里主要介绍光纤激光器的特点，从了解光纤开始，简述光纤激光器的发展和分类。第 2 章主要介绍组成光纤激光器的无源器件。通过对无源器件参数和性能的了解，为构建光纤激光器做基础。第 3 章主要介绍光纤激光器工作的基本原理。通过对激光原理的简单介绍，引入构建光纤激光器的基本结构，根据激光锁模理论，分析在光纤激光器中实现锁模的基本方法和超短脉冲压缩技术等。第 4 章主要介绍掺铒光纤激光器。介绍掺铒光纤的特点，掺铒光纤激光器在超短亮脉冲、暗脉冲的理论和实验研究。第 5 章主要介绍掺镱光纤激光器。介绍掺镱光纤的特点及掺镱光纤激光器在超短脉冲产生及压缩方面的理论和实验研究。第 6 章主要介绍混沌光纤激光器。介绍光学混沌及掺铒光纤激光器产生混沌的研究进展，就混沌光纤激光器的环形和 “8” 字形腔结构在混沌激光输出方面的理论和实验研究。

在本书编写的过程中，作者课题组的研究生不遗余力地不断修改和校正，付出了大量的时间和精力。在此特别感谢张娟、徐乃军、张向元、刘艳阳、王菲菲、陈曦、杨欢、刘慧亚。也谨以此书祝福已经毕业的学生乔占朵、朱建峰、闫西岳、张丽、杨蓉、张元芳、岳宝花，祝他们在工作岗位上顺心如意，努力拼搏。

也特别感谢博士期间辛辛苦苦指导我的陈国夫研究员和在工作上给予支持的王云才教授。

鉴于作者的学识水平有限，书中难免有不妥乃至失误之处，敬请读者不吝指正。

作　者

2013 年 6 月

目　　录

第1章　绪　　论

1.1　引　　言

激光是基于受激发射放大原理而产生的相干光辐射，它具有极高的亮度，极好的单色性、相干性以及方向性等优点。激光的出现对各个技术领域产生了巨大的影响, 它的出现使古老的光学又焕发出强大的生命力。激光发展到现在已成为现代最活跃的前沿科学之一，并出现了许多和激光有关的新的交叉学科，如激光光谱学、激光生物学、激光医学、光信息学、非线性光学等。以激光本身可实现的高功率巨脉冲以及超短脉冲作为研究手段，极大地推动了物理学的发展，如受控核聚变、等离子体物理及超高速现象的研究等。

世界第一台激光器是美国休斯顿实验室的 Maiman 利用掺铬红宝石晶体为发射激光材料做成的固体激光器。随着第一台激光器的问世，一门崭新的技术迅速发展起来，各种各样的激光器相继问世，光纤的出现使固体激光器又有了一种新的形式。最早的光纤激光器研究可以追溯到 20 世纪 60 年代，报道了在玻璃基质中掺激活钕离子所制成的光纤激光器，20 世纪 70 年代以来，人们在光纤制备技术以及光纤激光器的泵浦与谐振腔结构探索方面取得一定的进展，但是由于当时相关理论和实验条件限制进展相对缓慢。20 世纪 80 年代，由于光纤工艺技术的进展，出现了低损耗的掺稀土元素光纤特别是掺铒单模光纤，半导体激光器泵浦的掺铒放大器和极低损耗石英光纤技术的突破，使光纤激光器具有强大的实用性，显示出十分诱人的应用前景。

随着光纤通信系统的广泛应用和发展，以光纤作基质的光纤激光器，在降低阈值、振荡波长范围、波长可调谐性能等方面已取得明显进步，光纤激光技术已成为众多研究热点的关键技术之一。在超快光电子学、非线性光学、光传感等各种领域的应用研究已日益受到重视。

1.2　光纤激光器特点

光纤激光器的实质是一个波长转换器，泵浦光通过增益介质时被吸收，形成粒子数反转，最后在掺杂光纤中产生受激辐射而输出激光，由泵浦激光波长转换为掺稀土离子的激射波长。光纤激光器是一种新颖的有源光纤器件，它具有以下主要特点：

(1) 激光介质就是波导介质，能方便地延长增益介质从而使泵浦光被充分吸收，泵浦光和信号光之间可充分耦合，提高光纤激光器的能量转换效率，从而降低泵浦阈值功率。

(2) 由于光纤具有很高的表面积体积比，其散热效果好，能在不用强制冷却的情况下连续工作。

(3) 由于光纤具有良好的柔绕性，激光器可以设计得相当小巧灵活，且腔镜可直接镀在光纤端面或采用耦合器方式构成谐振腔，因此光纤激光器具有结构紧凑、体积小、便携、精密等特点。

(4) 掺杂稀土光纤的输出光谱特性受掺杂离子邻近结构变化影响很大，因此可以通过改变基质的组分来调节输出波长，而其中某些波长对于光通信是非常重要的，例如光谱段上 1.33μm 和 1.55μm 两个通信窗口，其中 1.55μm 波长的光在石英光纤中的传输损耗最低，而 1.33μm 波长的光则对应着石英光纤的零色散点。目前，利用掺杂稀土石英光纤[1] 和氟化物光纤[2~4]，并结合包层泵浦技术实现了 2~3μm 波段高功率激光输出，而这个波段输出在更低损耗的中红外通信中有着潜在的应用价值。

(5) 光纤圆柱形结构还具有两个优点：第一，由于光纤激光器本质上是一种光纤结构，因此它可以以较高的耦合效率与目前光纤传输系统相连接；第二，由于光纤结构小巧，便于操作，在医学上的某些应用中是非常理想的。

光纤激光器独特的波导结构，使其腔体的形式可以大为简化，可通过波分复用器实现半导体端面泵浦，进而实现全固化。但在高功率下，光纤波导的结构优点也成为其致命的缺点，输出功率受到一定的限制。随着双包层光纤、光子晶体光纤以及新泵浦方式的出现，光纤激光器实现大功率化、在 1μm 及可见光范围实现全光纤结构的超短脉冲光纤激光器成为可能，它们的出现带来了光纤技术一次新的革命。

1.3　包层泵浦技术

单包层光纤激光器在光纤通信、传感、医学、测量等各个领域得到了越来越广泛的应用，并得到了长足的发展，但传统的泵浦技术很难将高功率的多模泵浦光耦合到单模纤芯中，因此很难做出高功率的光纤激光器和放大器。包层泵浦技术的出现，为提高光纤激光器的输出功率提供了有效的途径，打破了人们认为光纤激光器是低功率器件的印象。目前在光纤激光器和光纤放大器中采用以双包层光纤为基础的包层泵浦技术都已获得成功[5~7]。

1.3.1 双包层光纤结构

现在的包层泵浦技术是以双包层光纤为基础。双包层掺杂光纤结构如图 1.1 所示。双包层光纤与传统意义的光纤的区别在于，通过光纤结构的设计和选择合适的材料，在掺稀土离子的单模纤芯外面构成多模泵浦光通道，与常规的光纤相比多了一个内包层。双包层光纤由四个层次组成: ①光纤芯；②内包层；③外包层；④保护层。纤芯由掺稀土元素的石英 (SiO_2) 或氟化物玻璃 (ZBLAN) 构成，是激光振荡的通道。内包层由横向尺寸和数值孔径比纤芯大得多、折射率比纤芯小的纯 SiO_2 或 ZBLAN 构成，几何形状可以是圆形，也可以是矩形、方形或星形等，它是泵浦光的通道。外包层由折射率比内包层小的软塑材料构成。最外层则由硬塑材料包围，构成光纤的保护层。双包层光纤内包层的作用是：①包绕纤芯，将激光辐射限制在光纤芯内；②多模导管作为泵浦光的传输通道，把多模泵浦光转换为单模激光输出。泵浦光的能量不能直接耦合到光纤芯内，而是将泵浦光耦合到内包层，光在内包层内来回反射，多次穿过单模纤芯并被其吸收。这种结构的光纤不要求泵浦光是单模激光，而且可对光纤全长度泵浦，因此可选用高功率多模激光二极管阵列做泵浦源。高功率泵浦光间接地耦合到纤芯内，大大地提高耦合效率，从而提高激光输出功率。采用大尺寸、大数值孔径的双包层光纤，便于半导体激光器输出的泵浦光与光纤之间的耦合，且比普通单模光纤 (SMF) 有更高的耦合效率。由于纤芯截面积与内包层截面积之比很小，进入内包层耦合的泵浦光线穿越纤芯的效率低。为了提高纤芯吸收泵浦光的效率，必须优化内包层的截面形状，使泵浦光尽可能多地穿越纤芯，以激励纤芯中的稀土离子，提高泵浦效率。因为光纤的侧面积与体积之比非常大，所以它的工作物质的热负荷相当小，这是任何其他激光器所无法比拟的。

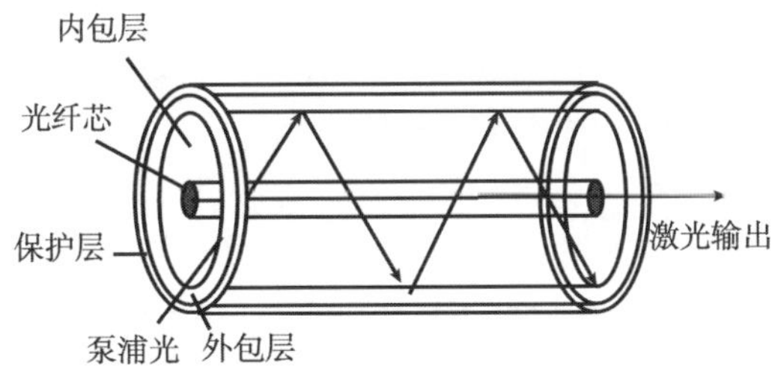

图 1.1 双包层掺杂光纤的结构

1.3.2 双包层光纤特性

包层泵浦光纤激光器使用的双包层光纤的内包层形状多种多样。圆形内包层结构的优点：一是不需要对预制棒作光学机械加工，从而使工艺更加简单；二是当泵浦源为带尾纤的半导体激光器时，圆形石英包层之间的尺寸匹配易于耦合连接。

缺点是圆对称特性会使内包层中大量的泵浦光成为螺旋光，在传输的过程中不经过掺杂纤芯，从而大大降低了纤芯对泵浦光的利用效率。为了克服这个缺陷，已开发出内包层截面如图 1.2 所示的双包层光纤。另外随着大功率双包层光纤激光器的发展，连续激光输出已达几百甚至万瓦量级，此时单个半导体激光器作为泵浦显然功率太小。在各种改进的泵浦方案中，有的采用双包层光纤直接与半导体激光器的发光面或阵列耦合，有的与集成束状的尾纤耦合，因此也需要研制具有特殊形状内包层的双包层光纤。为了提高对泵浦光的利用效率。并考虑到与具体的泵浦形式相匹配，人们开发出了多种内包层截面形状的双包层，用在各种包层泵浦光纤激光器的研制工作中，取得了很好的结果。图 1.2 给出了几种双包层光纤截面形状图[6~10]。

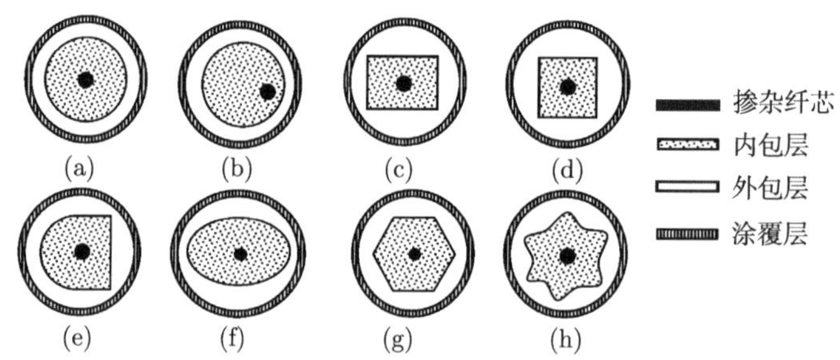

图 1.2 不同内包层形状的光纤横截面

(a) 圆形 (圆心)；(b) 圆形 (偏芯)；(c) 矩形；(d) 正方形；(e)D 形；(f) 椭圆形；(g) 六边形；(h) 梅花形

目前有内包层形状不同的双包层光纤，如矩形、方形和多边形等，泵浦光在这些不同形状的内包层传输时，纤芯中的稀土元素对泵浦光吸收率有很大不同。矩形双包层光纤具有较大的吸收效率，理论上可达 100%[11]。对于圆形双包层光纤，光纤曲率对吸收的影响非常大，而对矩形双包层光纤，光纤曲率对吸收的影响非常小。此外，包层尺寸对泵浦光耦合效率也有影响。

1.3.3 包层泵浦技术耦合方式

泵浦光耦合到包层的方式很多，目前采用三种耦合方式：①端面泵浦；②V 形槽侧面泵浦；③光纤束光纤耦合。

端面泵浦是工艺最简单 (图 1.3)，也是最常用的一种泵浦技术[12~14]，可分为单端面和双端面泵浦两种，其最大的缺点是光纤端面用于耦合泵浦光的光学系统且必须采用体积较大的二相色镜，增加了成本和体积，较难实现紧凑的结构。由于泵浦光只能通过双包层光纤的两个端面进入双包层光纤中，且光纤端面的面积有限，所以难以实现更高功率的光纤激光器。

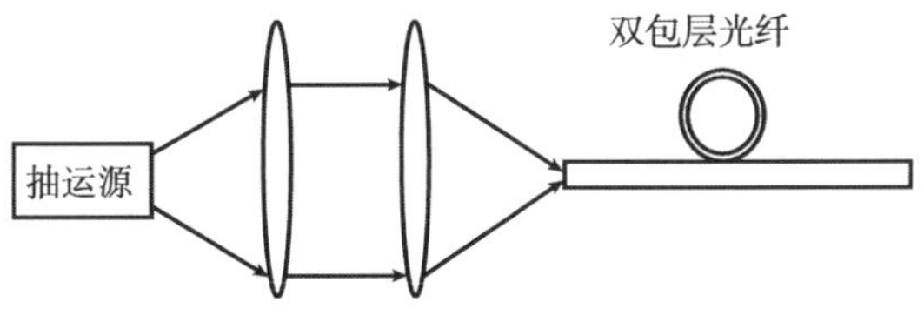

图 1.3 端面泵浦示意图

V 形槽侧面泵浦是耦合效率最高的一种泵浦技术[15~17]，如图 1.4 所示，这种方法是利用机械的方法在光纤侧面形成 90° 的 V 形槽，切槽只经过外包层和内包层而不触及纤芯。这种方法具有泵浦效率高、结构紧凑、灵活等特点，且可使双包层光纤两端空闲出来，用来构成环形腔、放大器，也可直接构成放大器而不需要二色镜，简化了激光器和放大器的结构。但由于 V 形槽要求很高的工艺，所以通常不易实现。法国 Keopsys 公司采用这种耦合技术已实现连续和脉冲的掺镱光纤激光器和放大器产品[18]。

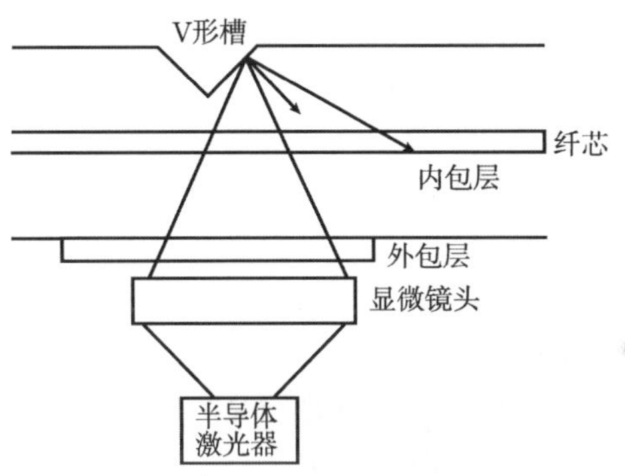

图 1.4 V 形槽光纤耦合

光纤束光纤耦合应用于高功率双包层光纤激光器，如图 1.5 所示，这种方式是将若干多模光纤捆绑在一起熔融拉锥后与双包层光纤拼接起来。这种方式具有耦合效率高、结构灵活等特点，但要求光纤束的尺寸和形状必须与双包层光纤严格匹配。IPG 公司生产的光纤激光器采用的就是这种特殊的耦合方式，该公司采用特殊工艺制成的树叉形包层光纤已生产出上千瓦级的光纤激光器产品[19]。

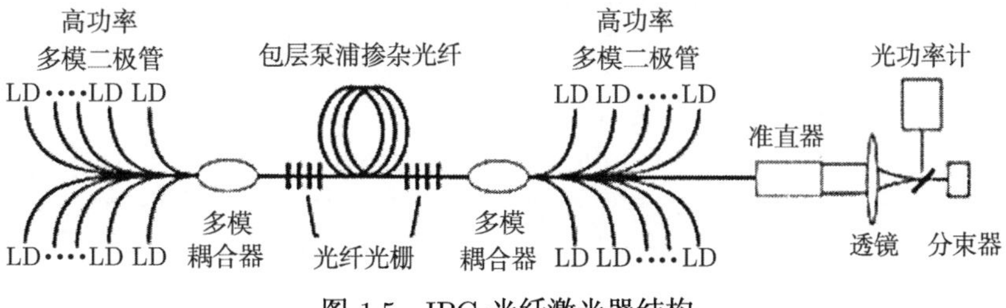

图 1.5 IPG 光纤激光器结构

1.3.4　包层泵浦技术发展现状

包层泵浦技术最早是由美国 Polaroid 公司在 20 世纪 80 年代末提出来的。在包层泵浦技术发展的初期，人们的注意力主要集中在掺 Nd^{3+} 双包层光纤激光器研究，1993 年，H. Po 等报道了他们研制的高功率掺 Nd^{3+} 双包层光纤激光器, 在 1.064μm 波长获得了近 5W 的单模连续激光输出, 斜率效率达到 51%[20]。1995 年 H. Zeller 等报道了输出波长在 1.064μm、功率为 9.2W 的包层泵浦掺 Nd^{3+} 光纤激光器[21]。Z. J. Chen 等报道了包层泵浦掺 Nd^{3+} 调 Q 光纤激光器，获得了峰值功率 3.7kW、谱宽 2nm 的脉冲激光输出[22]。

掺 Yb^{3+} 光纤具有简单的能级结构、宽的吸收谱和大的发射截面，使得人们的注意力逐渐转向掺 Yb^{3+} 双包层光纤激光器研究。目前已成为输出功率最大的光纤激光器。1994 年，由 H. M. Pask 等首先在掺 Yb^{3+} 石英光纤中实现了包层泵浦，实验得到的波长为 1.04μm、最大激光输出为 0.5W，斜率效率达到了 80%[23]。在 1997 年国际激光电光会议 (CLEO) 上，美国 Polaroid 公司的 M. Muendel 等报道了一种掺 Yb^{3+} 双包层光纤激光器。他们用四根光纤耦合的 916nm 波长的激光二极管阵列，以 54.4W 的功率泵浦掺 Yb^{3+} 双包层光纤，在 1.1μm 波长处获得了 35.5W 连续输出[24]。1999 年，V. Dominic 等报道了超高功率掺 Yb^{3+} 双包层光纤激光器研究结果，他们用四个 45W 半导体激光二极管阵列组成总功率为 180W 的泵浦源，在波长 1.12μm 处获得了 110W 激光输出[25]。

目前功率最大的光纤激光器已转化成产品的是美国 IPG 公司提供的掺 Yb^{3+} 光纤激光器。IPG 于 2000 年推出首台产品化的百瓦级光纤激光器，并于 2002 年 5 月向市场推出了 2000W 工业用高功率多模激光器，并宣称其具有生产万瓦级高功率激光器的能力。到目前为止，万瓦级激光器正逐步走向产品化。

我国也开展了以双包层光纤为基础的连续和脉冲光纤激光器研究。清华大学[26]、南开大学[27]、中国科学院上海光学精密机械研究所[28,29]、中国科学院西安光学精密机械研究所[30] 等单位对各种双包层光纤激光器进行了一系列研究，取得了可喜的进展。清华大学利用双端泵浦 D 形掺 Yb^{3+} 双包层光纤获得了 137.7W 准直激光功率输出。上海光机所在双包层光纤激光器实验研究中取得了较大的进展，在实验上成功获得了连续激光输出功率为 112W 的掺 Yb^{3+} 双包层光纤激光器，激光波长 1.1μm 最高光-光转换效率为 72%。西安光机所的瞬态光学与光子技术国家重点实验室早在 1998 年就联合原中华人民共和国信息产业部第 46 所在国家高技术青年科学基金的资助下开展了双包层光纤的试制[30], 在顺利研制成功波长为 1.53μm 的掺 Er^{3+} 飞秒光纤激光器后[31]，目前已顺利研制成功波长 1.05μm、脉冲宽度 307fs($1fs=10^{-15}s$)、重复频率 17.6MHz 的超短脉冲掺 Yb^{3+} 光纤激光器[32]，以双包层掺 Yb^{3+} 光纤为增益介质的啁啾脉冲的放大理论和实验研究，经过脉冲压缩后，可获得单脉冲能量为微焦量级的高功率飞秒脉冲。

在高功率光纤激光领域，国内发展相对较慢，一个主要的原因是国内生产光纤激光器关键元件高功率半导体激光器和高质量双包层光纤等关键元件的研制能力较弱。

1.4 光子晶体光纤

光子晶体光纤 (PCF) 又称微结构 (micro structure) 光纤或多孔光纤 (holey fiber)，是一种由在二维方向上紧密排列 (通常为周期性六边形) 的、波长量级的、沿光纤长度方向具有延伸的空气孔构成包层的新颖光纤。它产生于 1996 年，由英国巴斯大学的 J. C. Knight 等学者首先研制成功[33]，它标志着一种新型光纤的诞生，揭开了光纤发展历史新的一页。光子晶体光纤以其许多不同于传统光纤的奇特传输特性引起了世界各国研究人员的浓厚兴趣。20 世纪 90 年代至今，光子晶体光纤的基础研究和应用开发一直是国际光电子行业的热门课题[34]，目前已有大量的光子晶体光纤开发成功并转向实际应用[35~38]。光子晶体光纤的出现，使光电子技术进入一个新的发展阶段。光子晶体光纤的诱人特性使之在超大容量光导纤维以及短波长光孤子产生和传输等方面有着巨大的潜在应用价值。

1.4.1 光子晶体光纤工作原理、结构和工艺

人们对光子晶体在光纤领域的研究和应用已经有了多年的经验。光子晶体光纤按其导波方式可以分为两种，一种是依赖光子带隙效应 (photonic bandgap effect, PBG)。光子晶体光纤的这种传输机理与传统光纤完全不同，传统光纤的纤芯折射率高于包层，光束通过在芯与包层界面的全内反射传播。而 PBG 光子晶体光纤的包层对一定波长的光形成带隙，光波只能在气芯形成的缺陷中存在和传播，把光束缚在纤芯区域。PBG 光子晶体光纤对空气孔的排列及尺寸要求严格。另一种是改进的全内反射 (modified total internal reflection)。这种导波机制的光子晶体光纤纤芯折射率高于包层，传输的机理仍然为全内反射。由于包层含有气线，与传统光纤的 "实心" SiO_2 包层不同，因而叫做改进的全内反射，包层折射率大小可依据需要进行设计，这种导光机制的光子晶体光纤实现起来相对简单，目前大多数的研究和应用都是针对这种类型的。

光子晶体光纤的制作方法是先做预制棒，在一定尺寸的石英套管内排入毛细管作为包层，中心用 SiO_2 棒或抽去几根毛细管作为纤芯。用这些玻璃管按照预先设计的结构束在一起而形成的预制件放到拉制塔中拉制出来。正在拉丝过程中的预制棒如图 1.6 所示。拉丝后光纤的截面结构与预制件的截面结构形状基本相似。不同的数量和排列方式决定了不同的周期性光子晶体结构包层。用来制作光纤放

大器和激光器的有源光纤需要在拉制预制棒之前按照掺杂量的比例对芯棒进行有源掺杂。

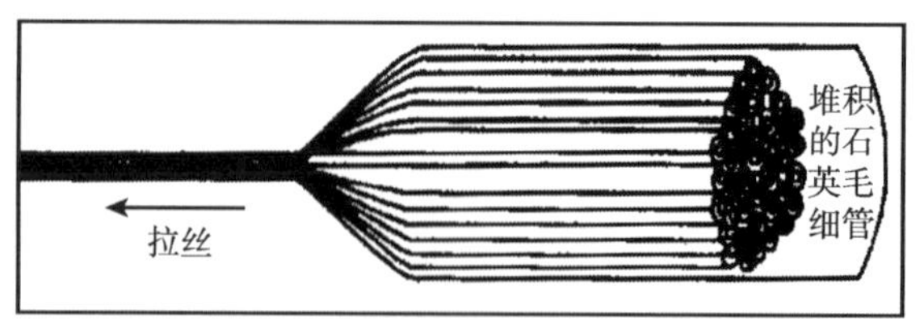

图 1.6　光子晶体光纤的预制棒

1.4.2　光子晶体光纤特性

光子晶体光纤具有很多不同于传统光纤的奇异特性，概括起来主要包括以下几个方面。

1. 单模运转

光子晶体光纤的截止波长很短，可在近紫外到近红外全波段维持单模运转。英国巴斯大学的研究者首先发现和解释了这一现象[39]，主要是由光子晶体光纤包层的特殊结构造成的。众所周知，确定光纤导波模数的 V 值由

$$V = \frac{2\pi a}{\lambda} \cdot \left(n_{\mathrm{c}}^2 - n_{\mathrm{d}}^2\right)^{1/2} \tag{1.4.1}$$

给出，其中，a 为纤芯半径，λ 为波长，n_{c} 与 n_{d} 分别为纤芯与包层的折射率。当 $V < 2.405$ 时才能维持单模运转。由于制作和工艺的原因，普通单模光纤的截止波长一般大于 1μm。对于光子晶体光纤，在较长波长工作时，光束近场分布的边缘扩展到纤芯附近的气孔区域，此时包层折射率 n_{d} 是 SiO_2 和空气按两者结构加权的平均。当波长减小时，光束截面随之收缩逐渐脱离气孔区域，向 SiO_2 芯收拢，这就引起 n_{d} 增加，从式 (1.4.1) 可以看出，芯与包层折射率差 $(n_{\mathrm{c}} - n_{\mathrm{d}})$ 的减小，允许更小的波长满足式 (1.4.1)，从而维持短波长的单模运转。

2. 大的模场面积

光子晶体光纤不仅可以在近紫外到近红外提供全波段单模运转，而且允许把芯径做得很大。英国巴斯大学和南安普敦大学的研究者开发了大模场面积单模光子晶体光纤，其纤芯可以达到传输波长的 50 倍[40]，他们认为光子晶体光纤传输模的数量不像传统光纤那样与纤芯半径和波长之比有关，而是由气孔直径 d 与间距 Λ 之比决定。只要包层结构设计合理，是否维持单模与光纤的绝对尺寸无关。他们制作的光纤模面积是传统光纤的 10 倍，可有效地用于高功率传输而不受非线性效

应的影响。如果把这种光纤作为光纤激光器和放大器的基质光纤，可使得输出功率大幅度提高。

3. 群速度色散

普通石英单模光纤的零色散波长一般在 1.27μm 左右，利用光子晶体光纤包层的特殊结构，适当地增大气孔直径，可使得零色散点向短波长移动，光子晶体光纤能够在波长低于 1.27μm 获得反常色散，同时保持单模，这是传统阶段光纤无法做到的。反常色散特性为短波长光孤子传输提供了可能性。另外，这种光纤也为制作工作在可见光波段的光弧子光纤激光器提供了可能[41,42]。图 1.7 为已有的光子晶体光纤群速度色散 (GVD) 与波长的关系图。

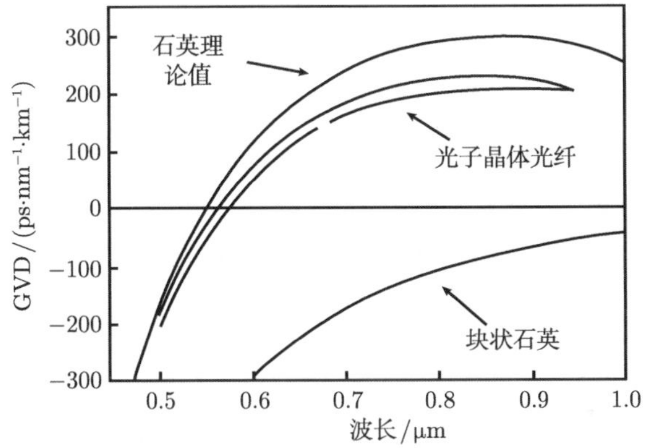

图 1.7 光子晶体光纤的群速度色散与波长关系

4. 有源特性

光子晶体光纤大的模场面积、单模运转和可见、近红外的反常群速度色散等特殊属性，使得它成为 1.3μm 波长以下优异的光纤激光器有源介质。其工作波段和可能达到的高功率水平是普通单模光纤无法比拟的。已开发的掺 Yb^{3+} 光子晶体光纤为光子晶体光纤激光器迈出了最重要的一步[43]。

5. 非线性效应

当需要强非线性效应时，可以减少光纤的模场面积。通过改变孔间距调节有效模场面积，如果在空气孔中填充合适的非线性材料，会显著提高光子晶体光纤的非线性。强的非线性效应有利于超宽连续光谱的产生，超宽连续光谱的产生涉及一系列复杂的非线性过程，与之相关的因素可能包括极低的有效模场面积、特殊的色散特性[44,45]。

1.4.3　光子晶体光纤发展现状

光子晶体光纤将以普通单模光纤不具备的特性为光纤应用带来新的革命。自从 1996 年做出第一根光子晶体光纤以来[33]，其奇特的特性引起人们极大的关注。其中以英国的巴斯大学和南安普敦大学起步较早，他们的研究者于 1997 年指出光子晶体光纤的宽带单模特性[39]，于 1998 年理论上分析了光子晶体光纤的群速度色散特性，指出光子晶体光纤能够将零色散波长移至低于 1.27μm 的短波长范围[46]，于 2000 年在波长 0.85μm 处观察到了孤子效应[47]，首次在掺 Yb^{3+} 光子晶体光纤中实现了光纤激光连续和锁模脉冲输出[48,49]。目前，光子晶体光纤的基础研究和应用开发已经成为国际光电子行业的热门话题，发表的论文成倍增长，有更多的科研单位投入到光子晶体光纤的设计、制造及应用研究中去。

在光子晶体光纤激光器的研究方面，由于光子晶体光纤的单模特性，激光器输出激光具有很好的光束质量，这对于高功率激光器尤为重要。在高功率下光纤纤芯非常细可以产生非常高的光强度，容易引起光纤端面的损伤，传统的掺 Yb^{3+} 光纤使用相对较大的模场面积来避免这种效应的影响。但模场面积的增加必然使得输出光束的质量降低。德国柏林的研究者 P. Glas 等报道了利用掺 Nd^{3+} 大模场面积光子晶体光纤，用波长为 805nm 的光纤激光二极管进行泵浦，获得了功率为 10mW、波长为 1.06μm 的激光输出[50]。传统的包层泵浦技术，利用双包层阶跃折射率光纤实现较大数值孔径内包层来增大耦合效率，目前也出现了以双包层光子晶体光纤制作的高功率光纤激光器。2001 年，英国南安普顿大学的研究者报道了一种内外空气包层的包层泵浦光子晶体光纤激光器，利用声光调制器获得了输出脉宽为 10ns、峰值功率为 5kW 的脉冲[51]。英国巴斯大学采用双包层掺 Yb^{3+} 光子晶体光纤结构，在泵浦功率为 20W 时，获得了 3.9W 的高功率输出[52]。2003 年 3 月，德国科学家 J. Limpert 等报道了最新的实验结果，由 2.3m 长的空气包层掺 Yb^{3+} 大模场面积光纤激光器中获得了 80W 的输出功率且没有出现任何的热效应[53]。在超短脉冲产生研究方面，利用光子晶体光纤在 1μm 能够提供负色散的特性, 在掺 Yb^{3+} 光纤超短脉冲环形腔激光器中利用非线性偏振旋转锁模技术，实现了 100fs、1nJ 的锁模脉冲输出[54]。在掺 Yb^{3+} 光纤激光器中利用 “8” 字形行腔的被动锁模技术，获得了波长为 1.065μm、脉宽为 850fs，1nJ 的锁模脉冲输出[55]。

我国在最近也开始进行了光子晶体光纤的研究，有关光子晶体光纤的文献也日益增多[56~58]，由于目前国内的光子晶体光纤的制作、光纤端面的处理等技术的限制，发展相对较慢。但光子晶体光纤在光纤激光器领域的应用已经受到了广泛的关注。目前西安光机所、中国科学院物理研究所深圳大学也已经开展了有关光子晶体光纤激光器的实验研究[59]。西安光机所瞬态光学与光子技术国家重点实验室与中国科学院物理研究所合作，在国内率先开展了大模场光子晶体光纤激光器研究并获得重要进展，实验采用大模场掺 Yb^{3+} 光子晶体光纤实现 50W 单模连续激光输出。

光子晶体光纤具有普通光纤不具备的优点，通过改变空气孔的大小和排列而使光子晶体光纤特性改变的可调节性，预示着光子晶体光纤将会有广泛的应用前景。光子晶体光纤在光纤激光器中的应用受到了广泛的关注，由于尚处于研究阶段，有很多问题有待于解决，如光子晶体光纤端面的处理、与传统光纤的低损耗融接以及发展新的光子晶体光纤结构和制作技术。光子晶体光纤的潜在应用包括超宽色散补偿、短波长光弧子传输与发生、超短脉冲激光器与放大器、高功率光传输、高功率光子晶体光纤激光器等。光子晶体光纤技术正处于迅速发展中，许多设想正在成为现实。

随着激光技术的不断发展，掺稀土光纤激光器已经成为激光技术领域中一个十分活跃的新的分支，而包层泵浦技术和光子晶体光纤的出现，无疑给光纤激光技术的发展注入了新的活力。

1.5 光纤激光器技术发展概述

光纤激光器作为光通信领域大家族中的新成员之一，其主要研究方向为可调性、低阈值、新波长等方面。同时，随着对光纤通信等相关产品的需求越来越多，实用性较强的部分领域诸如统计光学、非线性光学、量子光学等也逐步成了研究的热点。尤其是作为当今光通信领域的新技术之一的以掺杂光纤为基质的光纤激光器，不仅在目前的通信系统中普遍使用，充分发挥了传输速度快的特点，而且在实际应用的过程中已初步显现出其独特的优势和特点。随着进一步的研究，在未来的光通信领域，光纤激光器一定会拥有更加美好的明天。

把激光介质为光纤的这类激光器称为光纤激光器。由于光纤技术不成熟和抽运源技术受限，光纤激光器的发展受到阻碍[60]。

随着技术的不断发展，半导体激光器的相关技术也有了很大的进步，进而使得用半导体激光器做抽运源的光纤激光器的逐步推广成为可能。20 世纪 80 年代末，掺铒光纤放大器 (EDFA) 在实验中的可行性得到证实[61]。它的出现不仅成功地把掺铒单模光纤中的光信号进行了放大，还实现了半导体激光器输出波长向光纤激光器输出波长的转化。如今，EDFA 已被大量应用到通信领域。因为抽运光在单模光纤的纤芯正常传播，所以导致了半导体激光器做抽运源的必要条件是单模。由于上述因素，单模 EDFA 的输出功率很低，最大值一般是百毫瓦量级。

为了解决这一问题，有部分学者提出双包层连接抽运光的设想。内包层的几何结构有圆形、方形、D 形、梅花形等不同形状。1999 年，抽运源采用的抽运方式为在光纤两端连接半导体激光器，使得激光器可以输出百瓦量级的单模连续光。近来几年，基于光纤的制作工艺 (尤其是双包层技术) 和半导体激光器的高功率抽运技术的发展，光纤激光器的输出特性有很大的改善[62]。

在国内, 有南开大学、上海光机所等的研究者从事掺镱双包层光纤激光器等研究。最近几年，双包层光纤激光器的发展势头很好，它常常和铒镱共掺光纤一起使用。基于散热性好、易实现输出高功率、输出光的光束质量好等优点，在激光核聚变、激光通信、激光切割和焊接等领域中，双包层光纤激光器已经成为主要光源之一[63]。而且由于它的正常工作时间比普通激光器长几十倍，在其他方面也具有优势，进而使得与激光器相关的产品出现在日常生活中，诸如激光打印设备、食品的防伪标志和生产日期等。其中激光打印有以下特点：①清晰度高；②易于环保；③不易褪色；④难以仿制等。

综上所述，光纤激光器的发展前景如下：① 高功率。主要采用具有双包层结构的有源光纤，光纤直接熔接耦合进行侧泵，新颖的蜈蚣式侧泵方式，多个高功率抽运源抽运等技术。继续提高高功率光纤激光器的输出功率和其他性能，高功率的连续光光纤激光器，高平均功率、高峰值功率的脉冲光光纤激光器。②输出超短脉冲。基于上述原因，它能成为最有前景的光时分复用 (OTDM) 系统的光源之一。③增加新的输出激光波段，扩大激光器的可调谐范围，窄化激光器的光谱宽度。④继续研制全光纤型光纤激光器，以便能更加高效地连接光纤通信系统。⑤光纤激光器的外壳小型化、操作智能化和外形多样化, 以此来满足不同行业的不同需求, 全方位扩大光纤激光器的应用领域。⑥从常规的光纤激光组束技术向相干组束技术过渡发展。⑦进一步扩大光纤激光器的工业应用。诸如低功率的雕刻、打标，高功率的陶瓷和金属的焊接和切割等。

基于光纤激光器的输出光具有良好的光束质量和光斑直径，光纤激光器具有重大的推广价值。此外，因为光纤激光器的散热性能好，所以它不需特意安装对增益介质进行散热的装置，诸如水冷、风冷等。但是对其他种类的激光器而言，散热问题是考虑的重点之一。

光纤激光器的另一个重要特点是采用光纤焊接技术把光纤和光纤器件连接起来。基于上述情况，光纤激光器的光路一旦形成，不需再采取任何隔离措施，就可以与外界隔离。

光纤激光器由于光路具有可盘绕的特点，从而导致光路占用空间较小。同时基于光纤易弯曲的特点，把光纤放置在特制的管道中，就可以把信息传输到遥远的目的地[64]。因为它具有上述特点，所以它能让激光器的出光点在遥远的地方，进而把激光引到很远的目的地。

同时，单条宽发光区半导体激光器作为光纤激光器的抽运源，该抽运激光器可分散安装，从而使得光纤激光器的散热性能优良。即使在安装密度较高的情况下，通少量水就能长时间正常工作；如果通风容易实现，就能对系统进行风冷散热[65]。基于上述原因，与输出相同功率的其他种类激光器相比，光纤激光器的重量更轻，体积更小。

目前，超过 10 万瓦的光纤激光器已经在实验室实现，3 万瓦的光纤激光器已经商品化。在不久的将来，光纤激光器有望成为长时间连续工作、输出功率最大的激光器中的一员。随着相关技术的更新，光纤激光器未来发展的一种必然趋势是大幅度降低它的抽运源成本。

光纤激光器在传感、通信等领域的逐步推广和产品化使用，也渐渐地吸引了来自国内外其他领域的研究兴趣。随着光纤激光器的持续发展，许多种类特种光纤激光器不断涌现。与此同时，新型的光纤结构、光纤材料和抽运技术发展迅速，从而使光纤激光器的输出功率、波长调谐范围等相关性能有了大幅的提升。包括研究人员对光纤激光器输出的大功率、超短脉冲等特性进行了一系列的研究。

1.6 光纤激光器分类

光纤激光器有很多规格，因而按照不同的规格和标准可以有不同的分类结果。根据光纤激光器技术的发展情况，常见的分类如下[66]：

按光纤的结构，可分为特种光纤激光器，晶体光纤激光器、单、双包层光纤激光器。

按激光器的谐振腔的结构，可分为环形腔激光器、法布里–珀罗 (Fabry-Perot, F-P) 腔激光器、环路反射器光纤谐振腔激光器、“8” 字形腔激光器。

按激光器的工作机制，可分为上转换光纤激光器和下转换光纤激光器。

按抽运方式，可分为光纤端面抽运激光器、微型棱镜侧面光耦合抽运激光器、边抽运/V 形槽抽运激光器和对环形光纤进行环形抽运的激光器。

按增益介质分类，可分为非线性效应光纤激光器、塑料光纤激光器、稀土类掺杂光纤激光器、晶体光纤激光器。

按激光器的输出特性，可分为连续光纤激光器、脉冲光纤激光器和混沌光纤激光器。

按激光器的输出波长数目，可分为单波长光纤激光器和多波长光纤激光器。

按激光器的输出波长，可分为 S-波段 (1460～1530nm) 光纤激光器、C-波段 (1530～1565nm) 光纤激光器、L-波段 (1565～1610nm) 光纤激光器。

按光纤激光器的掺杂元素，可分为掺铒、钕、镨、铥、镱、钬光纤激光器或铒镱共掺等。

按不同的调谐特性，可分为单波可调谐激光器和多波可调谐激光器。

参考文献

[1] Hayward R A, Clarkson W A, Turner P W, et al. Efficient cladding-pumped Tm^{3+}-doped silica fiber laser with high power single mode output at 2μm. Electronics Letters, 2000, 36(8):711-712.

[2] Jackson S D, King T A, Pollnau M. Efficient high power operation Er^{3+}-3μm diode-pumped at 975nm. Electronics Letters, 2000, 36(3):223-224.

[3] Jackson S D. 8.8W diode-cladding pumped Tm^{3+}, Ho^{3+}doped fluoride fiber lasers. Electronics Letters, 2001, 37(13): 821-822.

[4] Stark A, Correia L, Teichmann M, et al. Intracavity absorption spectroscopy with thulium-doped fiber laser. Optics Communications, 2003, 215:113-123.

[5] Sahu J K, Jeong Y, Richarson D J, et al. A 103W erbium-ytterbium co-doped large-core fiber laser. Optics Communications, 2003, 227:159-163.

[6] Goldberg L, Koplow J P, Moeller R P, et al. High-power superfluorent source with a side-pumped Yb^{3+}-doped double-cladding fiber. Optics Letters, 1998, 23(13):1037-1039.

[7] Dominic V, MacCormack S, Waarts R, et al. 110W fiber laser, Electronics Letters, 1999, 35(14):1158-1160.

[8] Hider A, Chartier T, Özkul C, et al. Dynamics and stabilization of a high power side-pumped Yb^{3+}-doped double-clad fiber laser. Optics Communications, 2000,186:311-317.

[9] Tsang Y H, King T A, Thomas T, et al. Efficient high power Yb^{3+}-silica fiber laser cladding-pumped at 1064nm. Optics Communications, 2003,215:381-387.

[10] Martinez-Rios A, Staodumov A N, Po H, et al. Efficient operation of double-clad Yb^{3+}-doped fiber lasers with a novel circular cladding geometry. Optics Letters, 2003, 28(18):1642-1644.

[11] Liu A, Ueda K. The absorption characteristics of circular,offset,and rectangular double –clad fibers. Optics Communications, 1996, 132: 511-518.

[12] Mineliy J D, Morkel P R, Jedrzejewski K P, et al. Nd^{3+}-doped single mode fiber super-fluorescent source with 320mW output power. Electronics Letters, 1993, 29(8):1613-1614.

[13] Weber T, Lüthy W, Weber H P, et al. Cladding pumped fiber laser. IEEE Journal of Quantum Electronics, 1995, 31(2):326-329.

[14] Liu A, Song J, Kamatani K, et al. Rectangular double-clad fiber lasers with two-end bundle pump. Electronics Letters, 1996, 32(18):1673-1674.

[15] Goldberg L, Cole B, Snizer E. V-Groove side-pumped 1.5μm fiber amplifier. Electronics Letters, 1997, 33(25):2127-2129.

[16] Hofer M, Fermann M E, Goldberg L. High-power side-pumped passively mode-locked Er/Yb fiber laser. IEEE Photonics Technology Letters, 1998, 10(9):1247-1249.

[17] Goldberg L, Koplow J P, Moeller R P, et al. High-power superfluorent source with a side-pumped By-doped double-cladding fiber. Optics Letters, 1998, 23(13):1037-1039.

[18] http://www.keopsys.com

[19] http://www.ipghhotonics.com

[20] Po H, Cao J D, Lalibene B M, et al. High power Neodymium-doped single transverse mode fiber laser. Electronics Letters, 1993, 29(17):1500-1501.

[21] Zellmer H, Willamowski U, Tünnermann A, et al. High power cw neodymium-doped fiber laser operating at 9.2W with high beam quality. Optics Letters, 1995,20(6):578-560.

[22] Chen Z J, Grudinin A B, porta J, et al. Enhanced Q-switching on double-cladding fiber laser. Optics Letters, 1998, 23(6):454-456.

[23] Pask H M, Archambault J L, Hanna D C, et al. Operation of cladding-pumped Yb^{3+}-doped silica fiber lasers in 1μm region. Electronics Letters, 1994, 30(11):863-864.

[24] Muendel M, Engstrom B, Hey L D. 35-watt cw single mode ytterbium fiber laser at 1.1μm. Technology Digest. CLEO'97, Postdeadline paper CpD30, 1997.

[25] Dominic V, MacCormack S, Waarts R, et al. 110W fiber laser. Electronics Letters, 1999, 35(14):1158-1160.

[26] 闫平, 巩马理, 袁艳阳, 等. 双端包层抽运光纤激光器实现 137W 激光输出. 中国激光, 2004, 31(1):80.

[27] 宁鼎, 黄榜才, 项阳, 等. 后腔镜对掺 Yb^{3+} 双包层光纤激光器性能影响的研究. 光学学报, 2003, 23(3):313-316.

[28] 楼祺洪, 周军, 朱键强, 等. 10 瓦级双包层光纤激光器. 光学学报, 2003, 23(9):1080-1081.

[29] 楼祺洪, 周军, 朱键强, 等. 百瓦级掺镱双包层光纤激光器. 中国激光, 2003,30(12):1064.

[30] 刘东峰. 掺 Tm^{3+}、Yb^{3+} 石英光纤激光特性的研究 (国家 863 高技术青年科学基金项目 (863-410-95-19)). 中国科学院西安光学精密机械研究所, 1998.

[31] 刘东峰, 陈国夫, 白晋涛, 等. 被动高阶谐波锁模掺 Er^{3+} 光纤激光超短脉冲的产生以及放大. 物理学报, 2000,49(2):241-246.

[32] Yang L Z, Xiong H J, Chen G F, et al. An experimental study of ultrashort pulse ytterbium-doped fiber laser and amplifier. Chinese Physics Letters, 2004, 21(8):1529-1531.

[33] Knight J C, Birks T A, Russell P S J, et al.All-silica single-mode optical fiber with photonic crystal cladding. Optics Letters, 1996, 21(19):1547-1549.

[34] Kerbage C, Eggleton B J, Hill M. Microstructued optical fibers. Optics & Photonics News, 2002, 9(9):38-42.

[35] Lee B H, Eom J B, Kim J, et al. Photonic crystal fiber coupler. Optics Letters, 2002, 27(10):812-814.

[36] Groothoff N, Canning J, Buckley E, et al. Bragg grating in air-silica structured fibers. Optics Letters, 2003, 28(4):233-235.

[37] Eggleton B J, Kerbage C, Westbrook P S, et al. Microstructured optical fiber devices. Optics Express, 2001,9(13):698-712.

[38] http://www.crystal-fiber.com

[39] Brirks T A, Knight J C, Russell P S J. Endlessly single-mode photonic crystal fiber. Optics Letters, 1997, 22(13):961-963.

[40] Knight J C, Birks T A, Cregan, et al. Large mode area photonic crystal fiber. Electronics Letters, 1998,34(17):1347-1348.

[41] Knight J C, Arriaga J, Birks T A, et al. Anomalous dispersion in photonic crystal fibers. IEEE Photonics Technology Letters, 2000,12(7):807-809.

[42] Jinendra, Ranka K, Windeler R S, et al. Visible continuum generation in air-silica microstructed optical fibers with anomalous dispersion at 800nm. Optics Letters, 2000, 25(1): 25-27.

[43] http://www.luy-tech.com

[44] Wadsworth W J, Ortigosa-Blanch A, Knight J C, et al. Supercontinuum generation in photonic crystal fibers and optical fiber tapers: a novel light source. Journal of Optical Society American B, 2002, 19(9):2148-2155.

[45] Schenkel B, Biegert J, Keuer U, et al. Generation of 3.8fs pulses from adaptive compression of a cascaded hollow fiber supercontinuum. Optics Letters, 2003, 28(20):1987-1989.

[46] Mogilevsev D, Birks T A, Russell P S J. Group-velocity dispersion in photonic crystal fibers. Optics Letters, 1998, 23(21): 1662-1664.

[47] Wadsworth W J, Knight J C, Ortigosa-Blanch A, et al. Siliton effect in photonic crystal fibers at 850nm. Electronics Letters, 2000, 36(1):53-55.

[48] Wadsworth J, Knight J C, Reeves W H, et al. Yb^{3+}-doped photonic fiber laser. Electronics Letters, 2000, 36(17):1452-1453.

[49] Furusawa K, Monro T M, Petropoulos P, et al. Modelocked Lasers based on ytterbium doped holey fiber. Electronics Letters, 2001, 37(9):560-561

[50] Glas P, Fischer D. Cladding pumped large-mode-area Nd^3+-doped holey fiber laser. Optics Express, 2002, 10(6):286-290.

[51] Furusawa K, Malinowski A, Price J H V, et al. Cladding pumped ytterbium-doped fiber laser with holey inner and outer cladding. Optics Express, 2001,9(13):714-720.

[52] Wadworth W J, Percival R M, Bouwmans G, et al. High power air-clad photonic crystal fiber laser. Optics Express, 2003, 11(1):48-53.

[53] Limpert J, Schreiber T, Nolte S, et al. High-power air-clad large-mode-area photonic crystal fiber laser. Optics Express, 2003, 11(7)：818-823.

[54] Lm H, Ilday F Ö, Wise F W. Femtosecond Ytterbium fiber laser with photonic crystal fiber for dispersion control. Optics Express, 2002,10(25)：1497-1502.

[55] Avdokhin A V, Popov S V, Taylor J R. Totally fiber integrated, figure-of-eight, femtosecond source at 1065nm. Optics Express, 2003, 11(25): 265-269.

[56] 潘玉寨, 张军, 胡贵军, 等. 光子晶体光纤及其激光器. 激光技术, 2004, 28(1): 48-51.

[57] 曹辉, 孙军强, 黄德修, 等. 光子晶体光纤及在光纤光栅中的应用. 光学与光电技术, 2003, 1(2): 24-28.

[58] 粟岩峰, 胡明列, 王清月. 光子晶体光纤的超连续光谱及其应用. 光电子. 激光, 2003, 14(11): 1240-1243.

[59] 阮双琛, 杨冰, 朱春燕, 等. 2.2W 掺 Yb^{3+} 双包层光子晶体光纤激光器. 光子学报, 2004, 33(1): 15-16.

[60] Kao K C, Hockham G A. Dielectric-fiber surface waveguides for optical frequencies. Proceedings of the Institution of Electrical Engineers, 1966, 113(7): 1151-1158.

[61] Reekie L, Jauncey I M. Diode-laser-pumped operation of an Er^{3+}-doped single-mode fiber laser. Electronics Letters, 1987, 23(20): 1076-1078.

[62] Karasek M, Bellemare A. Numerical analysis of multifrequency erbium-doped fiber ring laser employing periodic filter and frequency shifter. Optoelectronics IEE Proceedings, 2000, 147(2): 115-119.

[63] Reekie L, Mears R J, Poole S B, et al. Tunable single mode fiber lasers. Journal of Lightwave Technology, 1986, 4(7): 956-960.

[64] 肖瑞. 掺铒光纤光源研究. 长沙: 国防科技大学, 2002.

[65] Kevin H, Wei H L, Liang D, et al. Efficient and tunable Er/Yb fiber grating lasers. IEEE Journal of Lightwave Technology, 1997, 15(8): 1438-1441.

[66] Yamashita S, Nishihara M. Widely tunable erbium-doped fiber ring laser covering both C-band and L-band. IEEE Journal on Selected Topics In Quantum Electronics, 2001, 7(1): 41-43.

第 2 章　光纤无源器件

光纤无源器件在光纤系统中的主要功能是对信号或能量进行连接、合成、分叉、转换以及有目的衰减。它无光电能量变换，包括光纤连接器、光纤耦合器、光偏振控制器 (polavization controller, PC)、光衰减器、光隔离器 (optical isolator) 与光环行器 (optical circulator)、光纤光栅 (fiber grating) 与光滤波器 (optical filter) 和波分复用器/解复用器等器件。

2.1　光纤的连接与耦合

光纤系统由光纤与光纤之间的连接和光纤与系统中光源、探测器及各种光学器件间的耦合构成，连接或耦合损耗是影响器件或系统性能的主要因素[1~11]。

2.1.1　光纤固定接头

光纤固定接头是一种永久的连接，主要有熔接法、胶粘法和固定连接器法。

(1) 熔接法，就是像电焊一样将两根光纤的端面加热并熔接在一起，图 2.1 为电弧式光纤熔接机示意图。光纤熔接后，为增加接头强度，还必须对光纤进行涂覆与加固处理，一般利用紫外固化胶、石英或尼龙套管、不锈钢管及热缩塑料管完成接头加固。

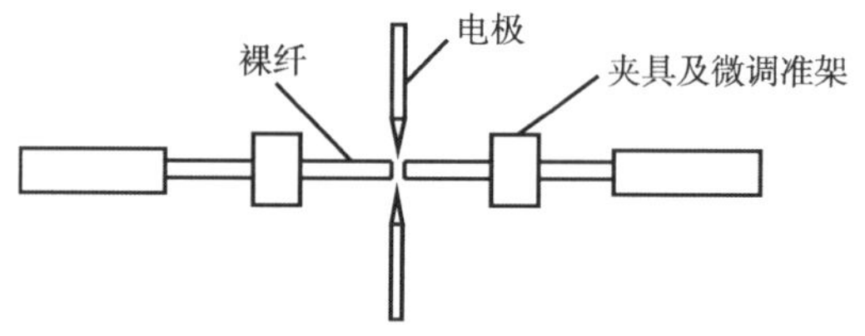

图 2.1　电弧式光纤熔接机示意图

(2) 胶粘法，就是用胶黏剂直接固定已经对准了的光纤接头。对准精度高低直接影响连接性能，对准技术有直接对准技术和二次对准技术等，当使用的胶黏剂折射率满足匹配条件，可使用端面的菲涅耳反射率显著降低。

(3) 固定连接器法，它是在对准的基础上，提供一种使光纤固定的机械夹具，参见图 2.2。固定连接技术与胶粘技术相配合，可制作稳固永久的光纤接头。

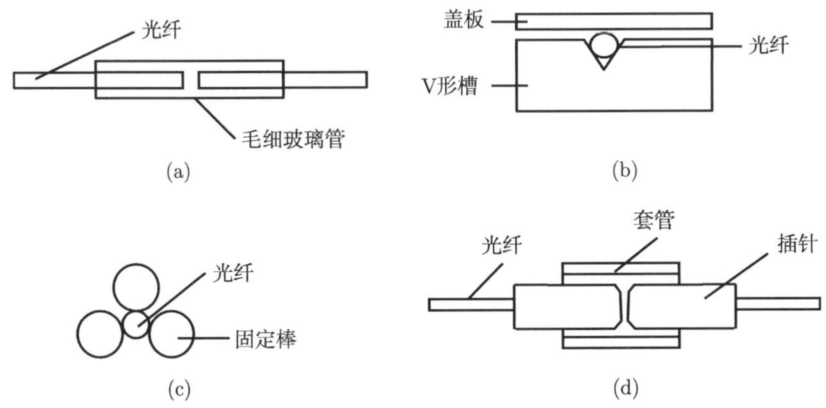

图 2.2 典型的光纤固定连接器

(a) 毛细血管法; (b) 单芯 V 形槽法; (c) 三棒形成 V 形槽; (d) 套管法

2.1.2 光纤活动连接器

光纤活动连接器是可拆卸的光纤接插器件，用于光纤的反复连接与断开，有以下几种典型的连接方式，如图 2.3 所示。

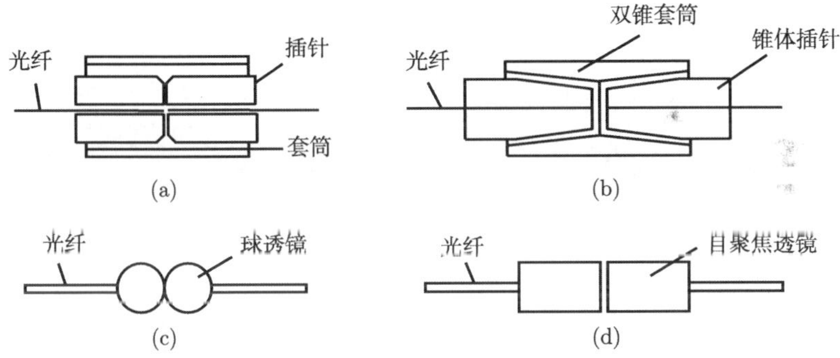

图 2.3 典型的光纤活动连接器

(a) 套管连接; (b) 双锥结构; (c) 球透镜耦合; (d) 自聚焦透镜耦合

(1) 对接耦合式光纤活动连接器利用套筒对接，插针为精密套管，光纤固定在插针内，如图 2.3(a) 和 (b) 所示。通常，光纤连接器的型号为 XX/YY，XX 是接头连接方式，有 SC 型矩形咬合接口、ST 型圆形扭转式接口；YY 是光纤连接器端面形状，如图 2.4 所示。FC 型采用平面对接，两端面存在空隙，菲涅耳反射大，回波损耗大；PC 型的光纤抛光端是半径为 25~60mm 的球面，光纤端面很好接触，菲涅耳反射小，回波损耗小；APC 型的光纤端面有约 8° 的倾角，光纤端面产生的菲涅耳反射进入包层后迅速散失，回波损耗小，数值高达 70dB。

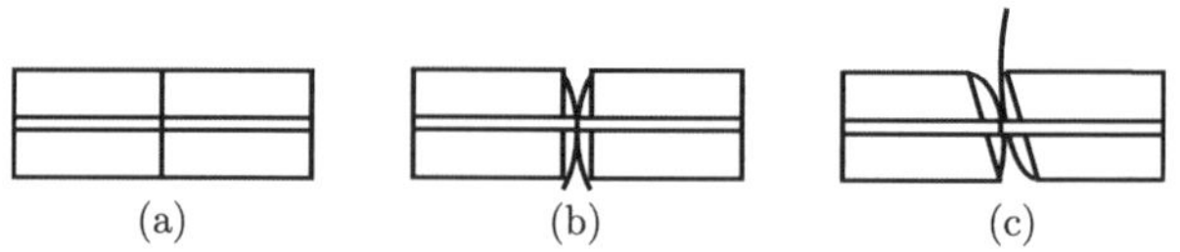

图 2.4　光纤端面的连接形式

(a) FC; (b) PC; (c) APC

(2) 透镜耦合式光纤连接器，透镜将光纤的出射光变成平行光，再由另一透镜将平行光聚焦注入于其他光纤，如图 2.3(c) 和 (d) 所示。在透镜之间插入分束镜、滤波器、旋光片、衰减片等，可制成分束器、波分复用器、隔离器/环行器等。

2.1.3　光纤连接器性能参数

光纤连接器的性能，首先是光学性能，其次考虑光纤连接器的互换性、重复性、抗拉强度、温度和插拔次数等。

1. 光学性能

对于光纤连接器的光学性能方面的要求，主要是插入损耗 (insertion loss) 和回波损耗 (return loss, reflection loss) 这两个最基本的参数。在不连续点，如固定连接器或活动连接器处，光纤会产生光功率的损耗和反射，即产生了插入损耗和回波损耗。

插入损耗即连接损耗，是指因连接器的导入而引起的链路有效光功率的损耗。它与被连接光纤的结构和连接质量有关，若通过光纤连接器的透射率为 T，则光纤的连接损耗 α 为

$$\alpha = -10\lg T \tag{2.1.1}$$

插入损耗越小越好，对于一般连接器不大于 0.5dB。

光纤与光纤的连接损耗包括三种，如下所述：

(1) 两光纤端面相对位置的偏离引起的损耗，有横向、纵向、角向三种偏离引起的损耗，如图 2.5 所示。

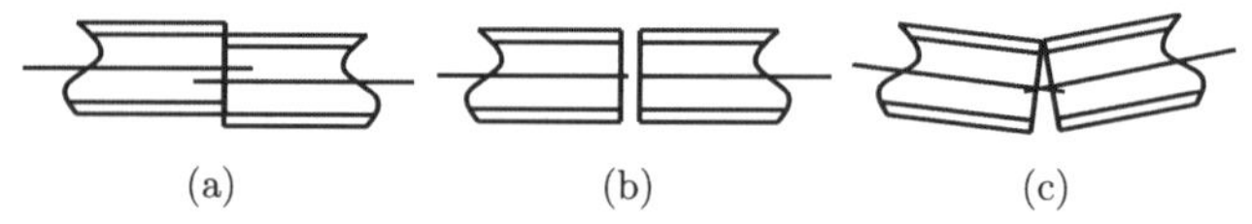

图 2.5　光纤连接时相对位置偏移

(a) 横向偏移; (b) 纵向偏移; (c) 角向偏移

(2) 光纤端面形状畸变引起的损耗，如图 2.6 所示。

(3) 光纤结构参数失配引起的损耗，包括光纤纤芯直径不同、两光纤数值孔径不同、光纤折射率分布不同引起的损耗，以及光纤端面菲涅耳反射引起的损耗。

图 2.6 光纤连接的端面畸变

(a) 端面倾斜; (b) 端面突出

回波损耗是指连接器对链路光功率反射的抑制能力，若输入功率为 $P_{\rm i}$，反射功率为 $P_{\rm r}$，则回波损耗 $\alpha_{\rm r}$ 定义为

$$\alpha_{\rm r} = -10\lg(P_{\rm r}/P_{\rm i}) \tag{2.1.2}$$

由其定义知，反射功率越小，回波损耗的数值就越大，性能也越好。其典型值应不小于 25dB。实际应用的连接器，插针表面经过了专门的抛光处理，可以使回波损耗更大，一般不低于 45dB。

2. 互换性、重复性

光纤连接器是通用的无源器件，对于同一类型的光纤连接器，一般都可以任意组合使用, 并可以重复多次使用，由此而导入的附加损耗一般都在小于 0.2dB 的范围内。

3. 抗拉强度

对于做好的光纤连接器，一般要求其抗拉强度应不低于 90N。

4. 温度

一般光纤连接器在 $-40 \sim +70°\rm C$ 的温度下都能够正常使用。

5. 插拔次数

目前使用的光纤连接器一般都可以插拔 1000 次以上。

2.2 光纤耦合器

光纤耦合器 (optical coupler, OC) 是对光实现分路、合路、插入和分配的无源器件[1~12]。光纤耦合器的种类繁多，按光纤种类分, 它有单模耦合器和多模耦合器；按端口形式分，有 1×2 (Y 型) 耦合器、2×2 (X 型) 耦合器、星型耦合器以及树型耦合器等。X 型和 Y 型耦合器是最基本的光耦合器。

2.2.1 熔融拉锥型全光纤耦合器

目前大部分的光纤耦合器都是采用熔融拉锥的方法制造的，图 2.7 为熔拉锥系统示意图。这种方法可以先采用腐蚀的方法去掉光纤的部分包层, 也可以不用腐蚀, 直接将两根光纤在微火炬加热下进行熔融拉锥。其中一根光纤中的信号通过熔融拉锥区就会耦合到另一根光纤中去, 形成 1×2 或 2×2 耦合器的核心部分。通过光学在线监测, 可以方便地控制光信号的耦合比。图 2.8 为熔融拉锥型光纤耦合器的工作原理。

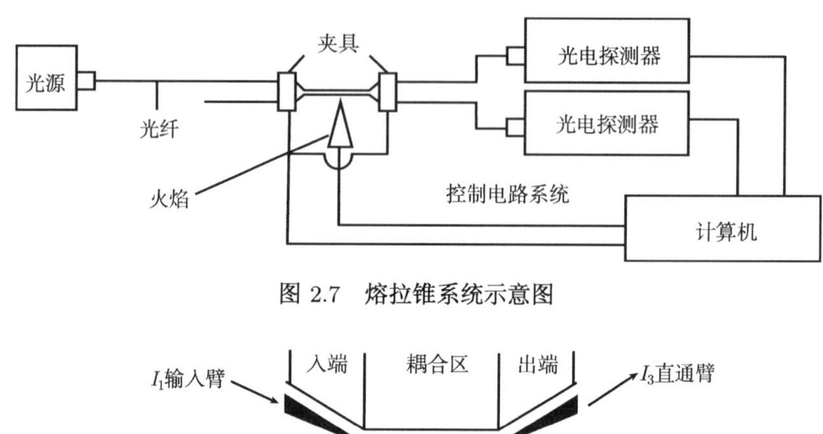

图 2.7　熔拉锥系统示意图

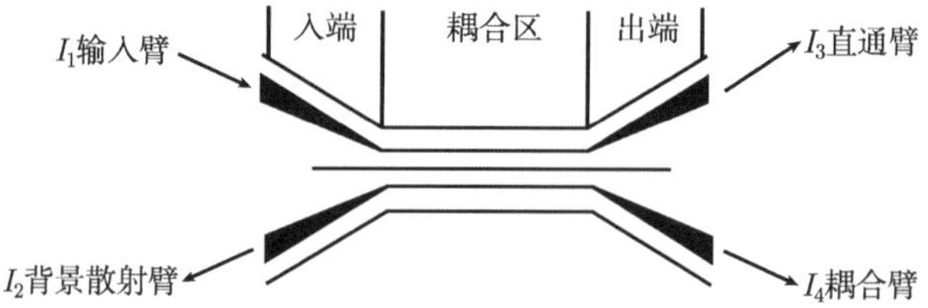

图 2.8　熔融拉锥型光纤耦合器的工作原理

星型和树型耦合器既可利用 X 型和 Y 型耦合器经过恰当的组合制成, 也可采用整体熔融拉锥的方法制成。在耦合器的核心部分制成后, 还需用石英基体保护熔融拉锥区, 最后封装在金属或塑料的外壳里。

2.2.2　常见光纤耦合器

(1) X 型、Y 型全光纤耦合器可用于分路、合路或双工，也是拼接复杂耦合器的基本单元。

(2) 星型耦合器 $(N\times N, N>2)$, 直接拉制的星型器件仅限于端口数 $N=2,3$ 等较小的情况，对于 N 较大的情况常用基本单元拼接。如图 2.9 所示为 4 个 2×2 单元拼接成的 4×4 耦合器。

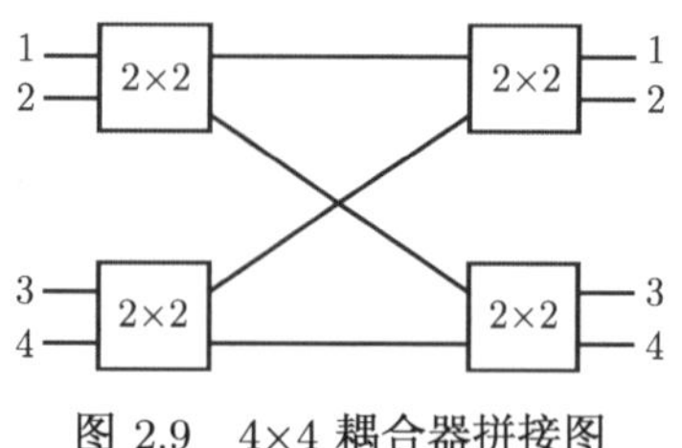

图 2.9　4×4 耦合器拼接图

(3) 树型耦合器是具有 $1(2)\times \mathrm{N}(\mathrm{N}>2)$ 端口组态的功率分配器，直接拉制法只能满足单路输入 N 路均分的要求，技术上可以拉制 1×9 或更多路数的树型耦合器；对于非均匀的主要用基本单元拼接实现。

(4) 偏振光分束耦合器将光纤中传输的 HE_{11} 模的两个偏振态分离并送到各个端口输出，以获得两个线偏振光，可用于相干光通信、光纤陀螺和偏振光时域反射仪检测等。

2.2.3 光纤耦合器性能参数

(1) 第 i 个输出端口的插入损耗 α_i 定义为输入光总功率 P_{in} 与第 i 个输出端口的光功率 $P_{\mathrm{out}i}$ 之比的分贝数，即

$$\alpha_i=-10\lg(P_{\mathrm{out}i}/P_{\mathrm{in}}) \tag{2.2.1}$$

(2) 附加损耗是器件制造工艺质量的指标，反映器件的固有损耗，定义为输入光总功率 P_{in} 与输出总光功率 P_{out} 之比的分贝数，即

$$\alpha_{\mathrm{E}}=-10\lg(P_{\mathrm{out}}/P_{\mathrm{in}}) \tag{2.2.2}$$

(3) 分光比是输出总光功率 P_{out} 与第 i 个输出端口的输出功率 $P_{\mathrm{out}i}$ 之比的分贝数，即

$$C_{\mathrm{R}i}=-10\lg(P_{\mathrm{out}i}/P_{\mathrm{out}}) \tag{2.2.3}$$

(4) 方向性反应器件的定向传输特性，X 型耦合器的方向性定义为注入光功率 P_{in1} 与输入侧非注入光的输出功率 P_{in2} 之比的分贝数，即

$$\alpha_{\mathrm{D}}=-10\lg(P_{\mathrm{in2}}/P_{\mathrm{in1}}) \tag{2.2.4}$$

(5) 均匀性反映均分器件的不均匀程度，在工作带宽范围内定义为最大量 P_{outmax} 与输出端口输出光功率的最小量 P_{outmin} 之比的分贝数，即

$$\alpha_{\mathrm{U}}=-10\lg(P_{\mathrm{outmin}}/P_{\mathrm{outmax}}) \tag{2.2.5}$$

(6) 偏振相关损耗反映器件性能对偏振的敏感程度，传输光的偏振态变化 360° 时，定义为最大量 $P_{\mathrm{out}j\mathrm{max}}$ 与输出光的最小量 $P_{\mathrm{out}j\mathrm{min}}$ 之比的分贝数，即

$$\alpha_{\mathrm{PD}j}=-10\lg(P_{\mathrm{out}j\mathrm{min}}/P_{\mathrm{out}j\mathrm{max}}) \tag{2.2.6}$$

(7) 隔离度是其他光路的光功率 P_{in} 与光纤耦合器的光路 P_{t} 之比的分贝数，即

$$\alpha_{\mathrm{I}}=-10\lg(P_{\mathrm{t}}/P_{\mathrm{in}}) \tag{2.2.7}$$

隔离度高表明线路之间的串话小。

表 2.1 为标准 X 型、Y 型全光纤耦合器的典型性能指标。

表 2.1　标准 X 型、Y 型全光纤耦合器的典型性能指标

指标	单模 2(1)×2
工作波长	1310nm，1550nm，也可其他
附加损耗	⩽ 0.1dB
分光比容差	±2%
分光比	1∶99～50∶50
方向性	>60 dB
端口组态	1×2 或 2×2
工作温度	−40～80°C

2.3　偏振控制器

光偏振控制器是能将任意输入光的偏振态转变为期望偏振态的器件[1~11]。

2.3.1　常见偏振控制器

常见的光偏振控制器有以下几种：

(1) 旋转相位片型。如图 2.10 所示，入射到控制器的偏振态经过 $\lambda/4$ 波片，旋转 $\lambda/4$ 波片方位，入射光变为线偏振光；再经调整 $\lambda/2$ 波片方位，得到期望的偏振态，有时后面再加上一个 $\lambda/4$ 波片，以使不用区别哪端是光输入端。

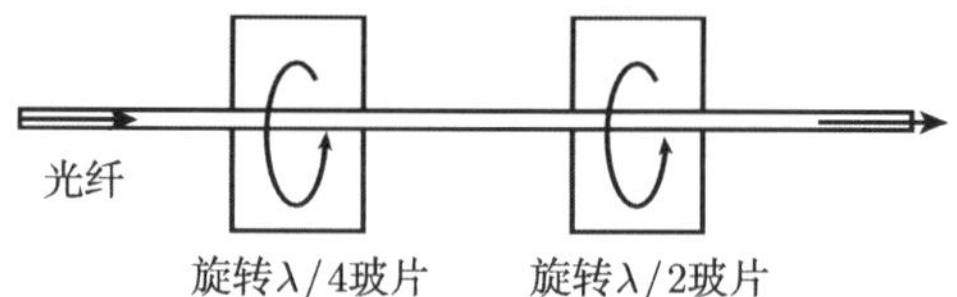

图 2.10　旋转相位片型偏振控制器

(2) 光纤挤压型。如图 2.11 所示，S_1、S_2 为水平挤压面，为 45° 挤压面。由于光纤受挤压时，被压段产生双折射，S_1、S_2 为主延时器，实现偏振控制；S_3、S_4 为补偿延迟器，在 S_1、S_2 复位时起补偿作用。

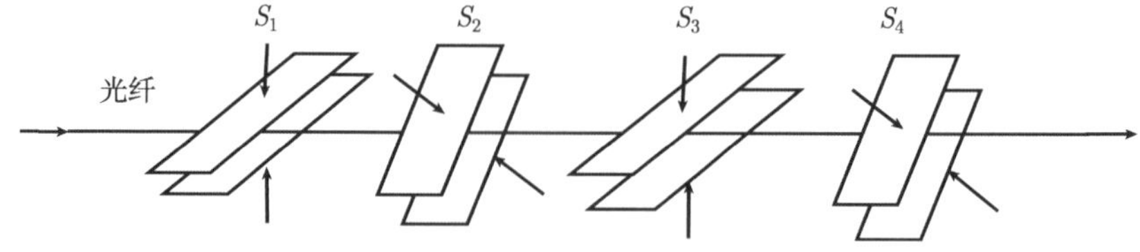

图 2.11　光纤挤压型偏振控制器

(3) 旋转光纤圆环型。将单模光纤绕成圆圈，利用光纤弯曲所引起光纤横截面内的应力造成光纤材料折射率分布发生变化，产生附加的应力双折射，引起光的偏振态变化，如图 2.12 所示。形成 λ/m 等效波片所需的光纤绕制圆圈的半径为

$$R(m,N)=2\pi r^2 Nm/\lambda \tag{2.3.1}$$

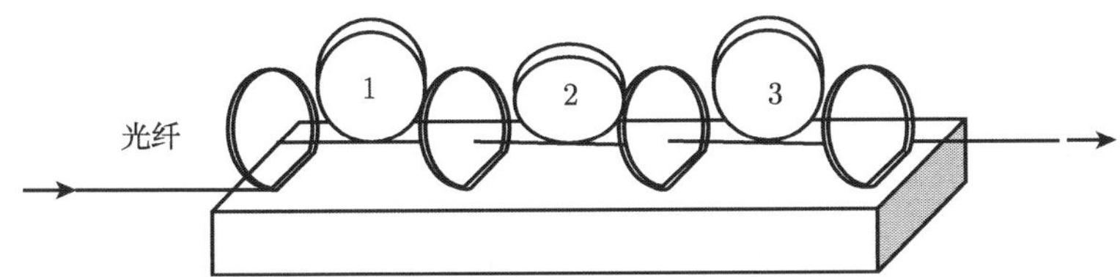

图 2.12 旋转光纤圆环型偏振控制器

式中，r 为光纤包层半径，N 为光纤匝数。调整光纤圈角度，改变光纤中双折射主平面方向以控制偏振方位角。当线圈转 α 时，线圈的主轴也转 α。光纤绕制成 $\lambda/4$、$\lambda/2$、$3\lambda/4$ 的形式，转动光纤圈平面，偏振方向转 $(1-t)\alpha$，石英光纤的扭转系数 $t=0.08$。其控制实质跟旋转相位片型一样。

(4) 法拉第旋光器型。如图 2.13 所示，第一只旋光器将入射偏振态转换成正椭圆偏振态，经 $\lambda/4$ 相位延迟器转换成斜线偏振光，由第二只旋光器变换成所需的偏振光。

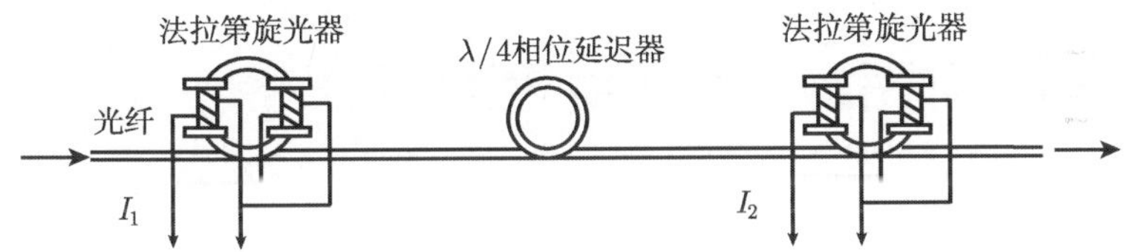

图 2.13 法拉第旋光器型

2.3.2 常见偏振控制器性能参数

一个好的光偏振控制器要有高控制精度、低插入损耗、快的响应速度、低廉的成本、任意偏振控制、低波长敏感。但目前还没有一种光偏振控制器能完全做到上述全部要求。几种常见光偏振控制器性能比较，见表 2.2。

表 2.2 常见光偏振控制器性能比较

类型	插入损耗	响应速度	控制精度	无穷控制	成本	波长敏感
旋转相位片型	低	慢	高	能	低	是
光纤挤压型	低	慢	低	否	低	否
旋转光纤圆环型	低	慢	低	否	低	是
法拉第旋光器型	高	快	较低	否	较低	否

2.4 光衰减器

光衰减器用于降低光功率[1,4~11]，有可变光衰减器和固定光衰减器两类。可变光衰减器调节光纤系统的光功率，以对系统进行评估、调整和校正；固定光衰减器用于降低过高的光功率。

2.4.1 常见光衰减器

1. 固定光衰减器

它的衰减量一定，如：①镀膜型光衰减器是在光纤端面或玻璃基片上镀金属吸收膜或反射膜以衰减光功率；②衰减片型光衰减器将衰减片固定在光纤的端面或光路中以衰减光信号，常见的衰减片材料为滤光片、光学薄膜、晶体及其他有机/无机材料。

2. 可变光衰减器

它分为连续可变光衰减器和分档可变光衰减器两类。

(1) 连续可变光衰减器指可以对光功率进行连续衰减的器件，最常见的是位移型光衰减器，它通过调整两段光纤连接的对中以控制衰减量，如图 2.14 所示。

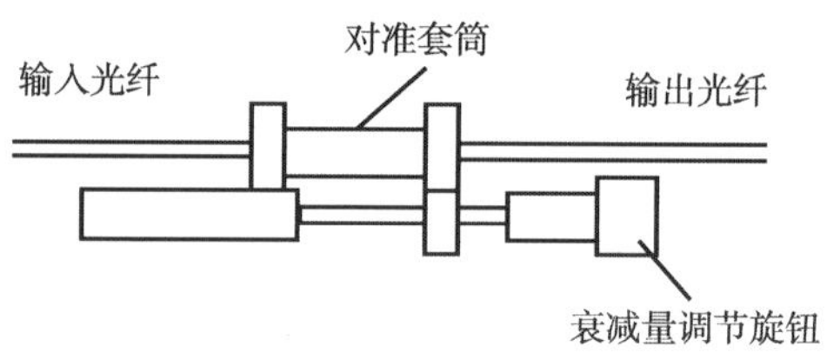

图 2.14 位移型光衰减器示意图

(2) 分档可变光衰减器是指可以对光功率按不同档位衰减，这些档次由固定衰减片组合构成。

通常为了提高光衰减器的衰减范围，将衰减量为 0、10dB、20dB、30dB、40dB、50dB 的衰减片与衰减量为 0~15dB 的可变衰减器组合，使总的衰减量可调范围达到 0~65dB。

2.4.2 光衰减器性能参数

(1) 衰减量。它反映光衰减器的衰减能力，若输入功率为 P_i，输出功率为 P_o，则衰减量 β 为输出功率与输入功率之比的分贝数

$$\beta = -10\lg(P_\mathrm{o}/P_\mathrm{i}) \tag{2.4.1}$$

(2) 衰减可调范围。它指可变光衰减器的衰减量最大调节范围，一般光衰减器的衰减量可调范围为 0~65dB，小型可变光衰减器为 0~25dB。

(3) 附加损耗。它表示光衰减器自身的固有损耗，包括光纤活动连接器的损耗及透镜对中不良引起的损耗等。

对光衰减器性能的要求是插入损耗低，回波损耗高，衰减量可调范围大，衰减精度高，器件体积小，重量轻，成本低，环境稳定性好。

2.5　光隔离器与光环行器

光隔离器与光环行器都是光非互易器件[1,4,5,16]。光隔离器中，信号沿正向损耗低，反向传输损耗高；光环行器中，光信号只能沿规定的光路环行，否则损耗高。

2.5.1　光隔离器

光隔离器有两大类：偏振相关隔离器和偏振无关隔离器。

(1) 偏振相关光隔离器。偏振相关的光隔离器输出的光为线偏振光，它由一对偏振方向成 45° 旋转的偏振片和 45° 法拉第旋光片构成，其原理如图 2.15 所示。正向传输时，若入射光偏振方向与起偏器的方向一致则无损耗通过，否则垂直方向的偏振光有 3dB 的损耗。

(2) 偏振无关光隔离器。它是指通过隔离器的输出光的偏振态与输入光的偏振态一致。图 2.16 为走离型偏振无光隔离器示意图，图 2.17 为原理分析图，它由 2 只长度为 a 的平行分束偏光镜 (PS_2、PS_3), 1 只长度为 $\sqrt{2}a$ 的平行分束偏光镜 (PS_1) 和 1 只 45° 法拉第旋光器 (FR) 组成。

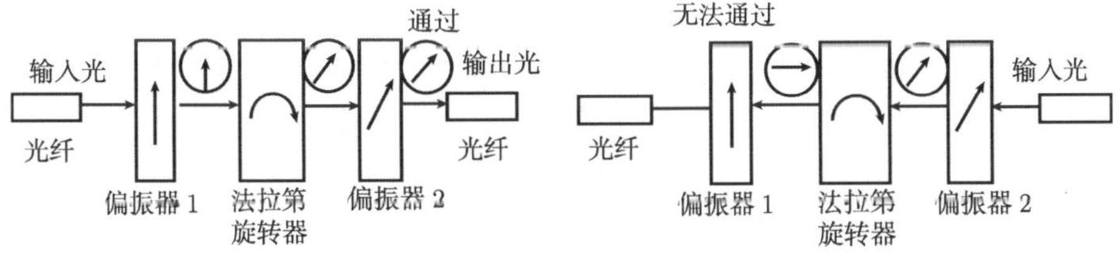

图 2.15　偏振相关的法拉第磁光隔离器原理图

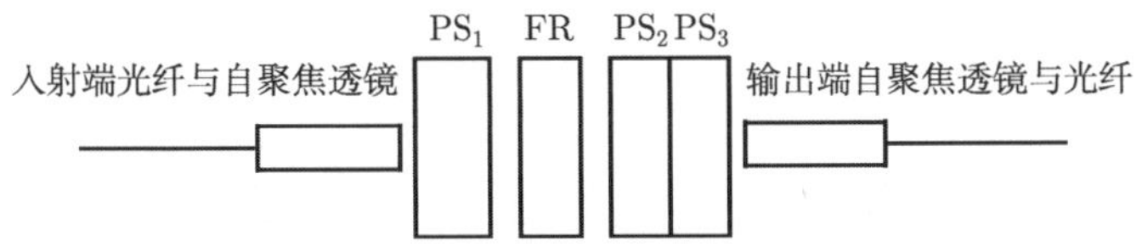

图 2.16　走离型偏振无关光隔离器

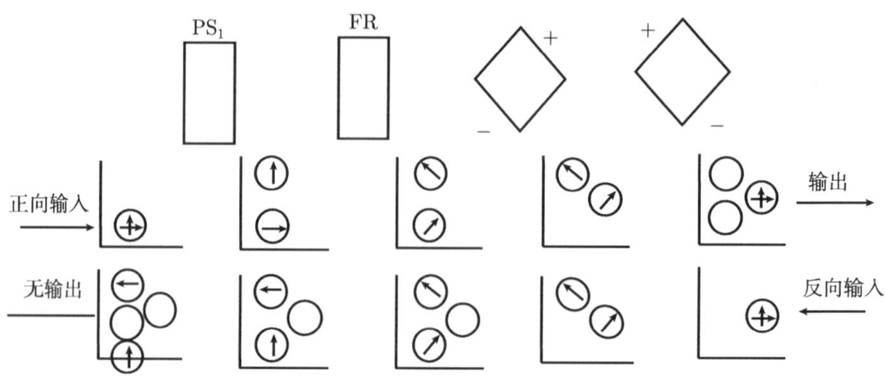

图 2.17　走离型偏振无关光隔离器原理分析图

2.5.2　光环行器

光环行器是一种多端口非互易光学器件，它的典型结构有 N(N⩾3) 个端口，如图 2.18 所示，当光由端口 1 输入时，光几乎毫无损失地由端口 2 输出，其他端口处几乎没有光输出；当光由端口 2 输入时，光几乎毫无损失地由端口 3 输出，其他端口处几乎没有光输出，以此类推。这 N 个端口形成了一个连续的通道。严格地讲，若端口 N 输入的光可以由端口 1 输出，称为环行器，若端口 N 输入的光不可以由端口 1 输出，称为准环行器；通常人们并不在名称上作严格区分，一般都称为环行器。

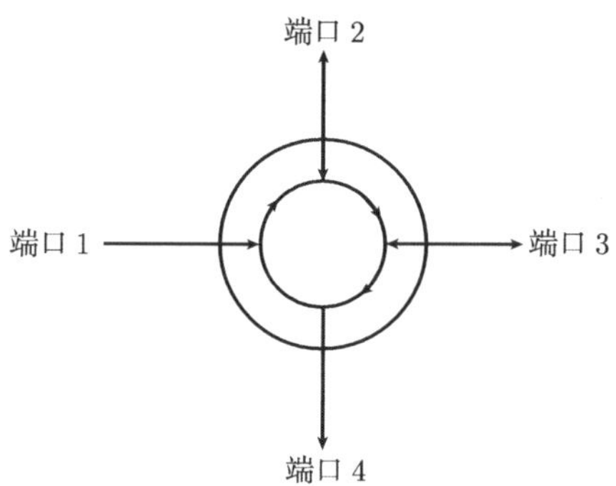

图 2.18　光环行器 (准环行器) 示意图

2.5.3　光隔离器和光环行器性能指标

(1) 光隔离器的正向插入损耗来自偏振器、法拉第旋转器和光纤准直器的插入损耗，定义为输入光功率 $P_{\rm i}$ 与正向传输时输出光功率 $P_{\rm o}$ 之比的分贝数

$$\alpha_{\rm I} = -10\lg(P_{\rm o}/P_{\rm i}) \tag{2.5.1}$$

典型的插入损耗约为 0.5dB，微型化的偏振相关光隔离器的插入损耗小于 0.1dB。

(2) 反向隔离比反映光隔离器对反向传输光的衰减能力，定义为输入光功率 P' 与反向传输时光功率 P'_{R} 之比的分贝数

$$\alpha_{\mathrm{SD}} = -10\lg(P'_{\mathrm{R}}/P') \tag{2.5.2}$$

(3) 光隔离器的回波损耗源于各元件和空气折射率失配形成的反射，定义为正向入射到隔离器中的光 P_{i} 和沿输入路径返回输入端的光 P'_{r} 之比的分贝数

$$\alpha_{\mathrm{R}} = -10\lg(P'_{\mathrm{r}}/P_{\mathrm{i}}) \tag{2.5.3}$$

由式 (2.5.3) 可知，α_{R} 越大，回波功率越小，性能越好。通常，平面元件引起的回波损耗约为 14dB，通过足够的抗反射膜和恰当的斜面抛光及合适的装配工艺，整个器件的损耗可到 60dB。

另外，对于光环行器的性能，仍可由上述指标判定，只是对于其中某个接口而言。

2.6 光纤光栅和光滤波器

光纤光栅和光滤波器都是改变光谱组成成分的光学器件。

2.6.1 光纤光栅

光纤光栅是利用光纤材料的光敏性，通过紫外光曝光的方法将入射光相干场图样写入纤芯，在纤芯内产生沿纤芯轴向的折射率周期性变化，从而形成永久性空间的相位光栅，其作用实质上是在纤芯内形成一个窄带的 (透射或反射) 滤波器或反射镜[13,14]，如图 2.19 所示。

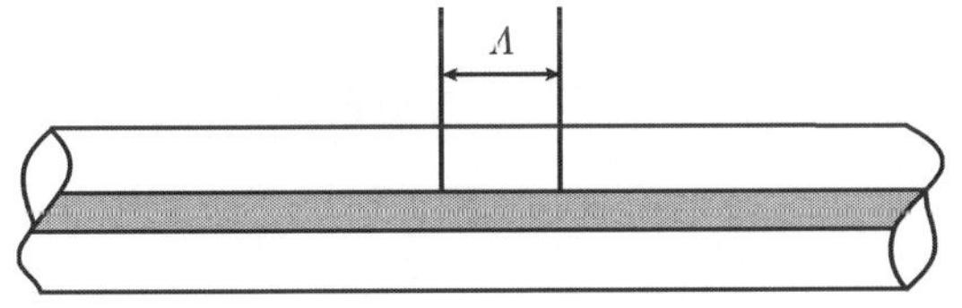

图 2.19 光纤光栅示意图

光在光纤中传输遇到光栅时，将发生衍射，只有在满足光栅方程时，才能够干涉加强。对于布拉格光纤光栅 (fiber Bragg grating, FBG)，其光栅方程为

$$\lambda_{\mathrm{B}} = 2n_{\mathrm{eff}}\Lambda \tag{2.6.1}$$

式中，λ_{B} 是光栅的中心波长 (布拉格中心波长)，n_{eff} 为有效折射率，Λ 为光栅周期。对于满足布拉格条件的模式，会将前向传输的纤芯模耦合到向后传输的纤芯模中，对于不满足布拉格条件的模式，其传输没有影响。

FBG 的传输特性：

(1) 中心波长。它指经布拉格光栅反射的光谱峰处的中心波长。

(2) 带宽。它定义为反射光谱峰的半高全宽，用 $\delta\lambda$ 表示。经布拉格光栅反射的光谱宽度比较窄，一般可达 1nm 以下，也可以做到几个纳米。图 2.20 是一种较典型的 FBG 的反射谱。

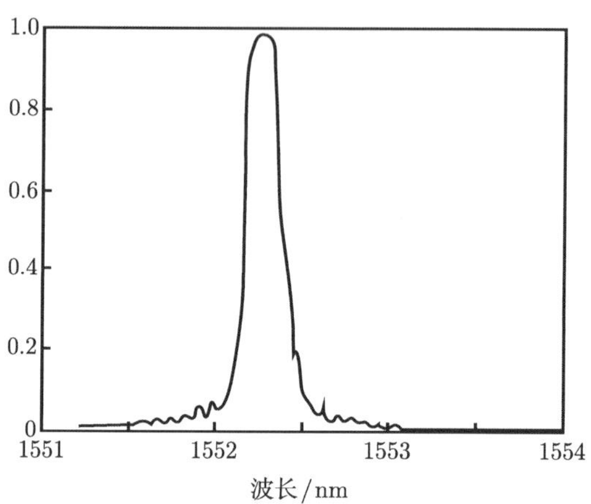

图 2.20　一种较典型的 FBG 反射谱

(3) 插入损耗。它定义为入射光输入光功率 P_1 与输出光功率 P_2 之比的分贝数，用 α_1 表示：

$$\alpha_1 = -10\lg(P_2/P_1) \tag{2.6.2}$$

(4) 峰值透过率。它定义为中心波长处测量的输入光功率 P_i 与反射回来中心波长光功率 P_o 之比的分贝数，用 τ 表示：

$$\tau = -10\lg(P_\mathrm{o}/P_\mathrm{i}) \tag{2.6.3}$$

2.6.2　光滤波器

光滤波器一般可以分为三类：①频带小于中心频率或工作频率 0.1%时的线通 (窄带) 滤波器；②在光谱中心波长及其附近波长范围内有高透射率，而在其他波长处，透射率骤然下降的带通滤波器；③在一定波长处透射与反射有一个突变的介质滤波器。以下介绍一种最常见的光纤 Fabry-Perot 滤波器 (fiber Fabry-Perot filter, FFPF)[1~11,14]。

FFPF 由光纤 F-P 干涉仪构成，如图 2.21 所示。光纤波导腔由两端具有高反射膜的光纤构成，腔长范围 $10^{-2}\sim10$mm，自由谱区较小；腔长小于 10μm，自由谱区较大。对于空气隙的 FFPF，由于空气腔的模场分布和光纤的模场分布不匹配，插入损耗大。一般在两边光纤中间加一段长度为 $10^{-2}\sim 1\text{m}$ 的中间光纤以调整自由谱区，并改善空气隙的 FFPF 存在的模场不匹配和插入损耗。对于 FFPF，它选择透射波长满足

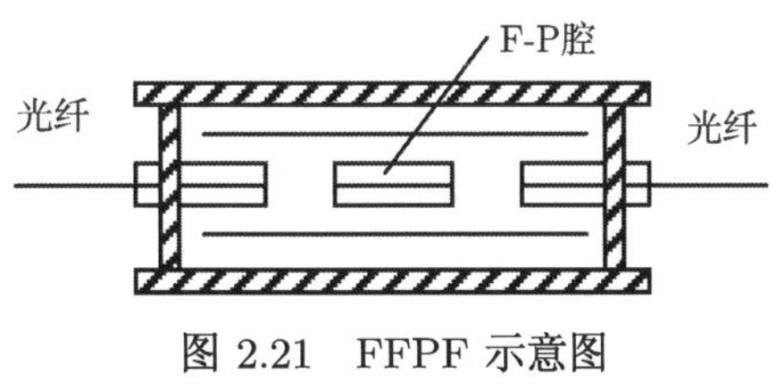

图 2.21 FFPF 示意图

$$m\lambda = 2nh \quad (m = 1, 2, \cdots) \tag{2.6.4}$$

式中，m 是整数；n 为腔中介质的折射率；λ 为透射的中心波长，h 为腔长，通过调节腔长可以改变透射的中心波长。

评价可调谐 FFPF 的传输性能除了带宽、插入损耗及峰值透过率外还有以下参数：

(1) 自由谱区是光纤滤波器的调谐范围，定义为光纤滤波器相邻两个透过峰之间的谱宽，即

$$\text{FSR} = \lambda_1 - \lambda_2 \tag{2.6.5}$$

(2) 精细度 F 定义为自由谱区与带宽的比值，即

$$F = \text{FSR}/\delta\lambda \tag{2.6.6}$$

(3) 腔内损耗 α 主要由光纤端面和反射镜的耦合损耗引起，耦合损耗主要有三个方面：①反射镜与光纤端面之间的距离 d 越大，损耗就越大。当 $d = 6\mu\text{m}$ 时，损耗为 0.5%，通过在光纤端面多镀几层介质膜可以减少这种损耗。②光纤端面不平整引起的损耗。③光纤轴与反射镜平面法线不平行。当夹角小于 0.1° 时，耦合损耗小于 0.2%。当夹角小于 0.2° 时，耦合损耗小于 0.8%。

2.7 光波分复用和解复用器

在波分复用 (wavelength division multiplexing, WDM) 技术中，波分复用器将不同波长的光合并到光纤中传输；解复用器将光纤中不同波长的光分离到不同输出端的器件[1~11,15]。

2.7.1 光波分复用和解复用器的结构原理

1. 角色散型波分复用器

利用角色散元件分离与合并不同波长的光信号, 从而实现波分复用的器件, 称为角色散型波分复用器。实际中比较常用的是衍射光栅型波分复用器, 如图 2.22 所示，在这里色散元件的作用是反射不同波长的光信号, 使之成为不同取向的光束。当输入光纤中含有 λ_1，λ_2，λ_3，$\cdots$，λ_n 的多波长光信号时，通过光栅衍射后, 不同

波长的光由于衍射角的不同出射在不同的方向, 这样便可以将不同波长的光分别送入不同光纤或探测器, 实现了光波分复用技术中的分波作用。角色散型波分复用器的特点是分辨率高, 方向集中, 但器件受温度变化的影响不容忽视。

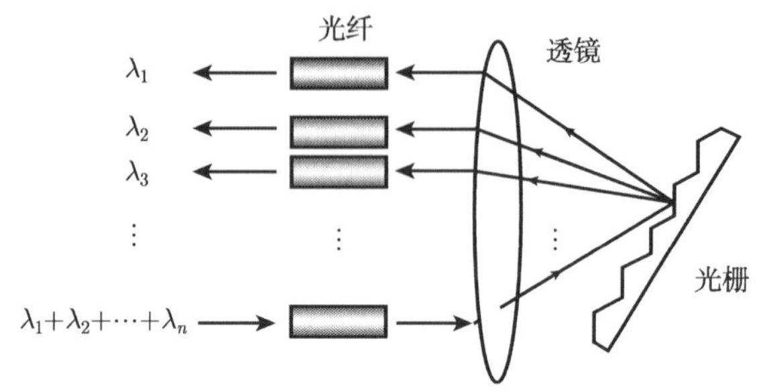

图 2.22　衍射光栅型波分复用器示意图

2. 介质膜干涉型波分复用器

介质膜干涉型波分复用器由多层不同材料 (TiO_2 和 SiO_2)、不同折射率和不同厚度的介质膜按设计要求组合而成, 每层厚度为 $\lambda/4$，一层为高折射率, 一层为低折射率，交替叠合而成。如图 2.23 所示，当一束光入射到高折射率层时, 反射光不产生相移；当光入射到低折射率层时，反射光发生 180° 相移。由于层厚 $\lambda/4$，因而经低折射率层反射的光发生 360° 相移，与经高折射率层的反射光同相叠加，这样在中心波长附近，各层反射光叠加，在滤波器输入端面形成很强的反射光。在偏离高反向波长两侧, 反向光陡然降低，大部分光成为透射光，因此，可使某一波长范围呈带通，而对其他波长范围呈带阻，从而形成所要求的滤波特性。这种滤波器的优点是信道带宽平坦、插入损耗低、结构尺寸小、性能稳定、与偏振无关。

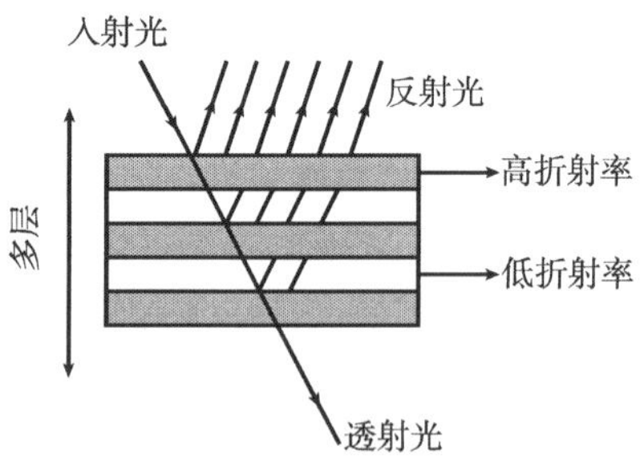

图 2.23　介质膜干涉型波分复用器

3. 集成光波导型波分复用器

集成光波导型波分复用器是以光集成技术为基础的平面波导型器件。如图 2.24 所示, 光纤 A 端载送多个波长 λ_1，λ_2，λ_3，$\cdots$，λ_n，让所有波长的光从 A 端透射进入

波导阵列 $W_1, W_2, W_3, \cdots, W_n$ 相耦合的空腔 S_1。每个波导的光学长度不同使得在与光纤阵列耦合的空腔 S_2 中与波长相关的相位延迟不同。每个波长的相位差使干涉的结果会在某根输出光纤上得到某个波长的最大贡献。平面波导型波分复用器具有波长间隔小、信道数多、通带平坦等优点, 非常适于超高速、大容量 WDM 系统使用。

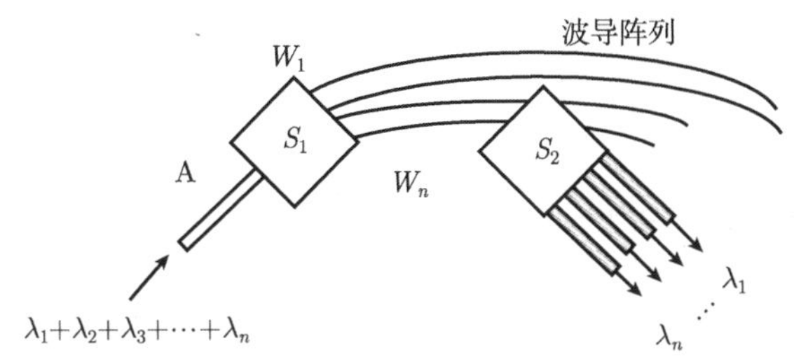

图 2.24 集成光波导型波分复用器

2.7.2 光波分复用和解复用器的性能参数

(1) 插入损耗。定义为波长 λ_1 的输入光 P_{i} 与输出光 P_{ii} 之比的分贝数，即

$$\alpha_{\mathrm{iii}} = -10\lg(P_{\mathrm{ii}}/P_{\mathrm{i}}) \tag{2.7.1}$$

(2) 串音。它是波长 P_{i} 与输出端口测得的非选择波长光 P_{ij} 之比的分贝数，即

$$\alpha_{\mathrm{C}} = -10\lg(P_{\mathrm{ij}}/P_{\mathrm{i}}) \tag{2.7.2}$$

对窄谱线光源，α_{C} 较小，可以忽略不计；对谱线较宽的光源，尤其在接收端，串音影响接收机的灵敏度。对于双向传输的波分复用系统，α_{C} 较大时，发送端串音不可忽视。

(3) 通道带宽 $\Delta\nu_{\mathrm{ch}}$ 是光源之间为避免串扰具有的波长间隔，据此将波分复用系统分为三类：稀疏型波分复用 (CWDM)，通道间隔 10~100nm，常用于 2~5 波分复用，如 1310/1550nm 两波分系统，间隔 240nm；密集型波分复用系统 (DWDM)，通道间隔 1~10nm，常用于 5~10 波分复用；致密型波分复用 (光频分复用器，OFDM)，通道间隔 0.1~1nm，常用于 20~100 波分复用。1998 年 10 月，国际电信联盟远程通信标准化组织 (ITU Telecommunication Standardization Sector, ITU-T) 提出采用 EDFA 的光波分复用系统的 G.692 建议，标准的波长间隔为 0.8nm(在 1550nm 段，对应 100GHz 的频率间隔) 的整数倍。

参 考 文 献

[1] 李川. 光纤传感器技术. 北京：科学出版社, 2012.

[2] Grote N, Venghaus H. Fibre optic communication devices. Berlin: Springer, 2001.

[3] Variv A. Optical electronics in modem communication. 5th ed. Oxford Oxford: University Press, Inc, 1997.

[4] 胡先志. 光纤通信有/无源器件工作原理及其工程应用. 北京：人民邮电出版社, 2011.

[5] 廖延彪. 光纤光学. 北京：清华大学出版社, 2009.

[6] Keiser G. Optical Fiber Communicationgs (3rd ed.). 李玉权译. 北京：电子工业出版社, 2006.

[7] 张伟刚. 光纤光学原理及应用. 天津：南开大学出版社, 2008.

[8] 林学煌. 光无源器件. 北京：科学出版社, 1998.

[9] 李川. 光波分复用通信技术中的基本器件与网络系统. 北京：科学出版社,2009.

[10] 宋金声. 光纤无源器件的技术概况和发展趋势. 电子元件与材料, 1998, 2: 21-24, 52-53.

[11] 韦乐平, 张成良. 光网络 —— 系统、器件与联网技术. 北京：人民邮电出版社, 2006.

[12] 林锦海, 张伟刚. 光纤耦合器的理论、设计及进展. 物理学进展, 2010, 30(1): 37-74.

[13] 张自嘉. 光纤光栅理论基础与传感技术. 北京：科学出版社, 2011.

[14] 石顺祥. 物理光学与应用光学. 2 版. 西安：西安电子科技大学出版社, 2010.

[15] 李叶芳, 王晓旭, 柳华. 波分复用器在光纤通信中的应用. 物理与工程, 2007, 17(5): 26-28.

[16] 吴福全, 张波, 赵秋玲, 等. Walk-off 型单级偏振无关光隔离器性能分析. 曲阜师范大学学报, 2002, 28(1): 50-55.

第 3 章　光纤激光器基本原理

随着光纤制造工艺与半导体激光器生产技术的日趋成熟，以光纤为基质的光纤激光器已成为目前激光领域的新兴技术，也成为了众多热门研究课题之一。光纤激光器采用掺稀土元素光纤作为增益介质，泵浦光在纤芯内形成高功率密度，造成掺杂离子能级的 “粒子数反转”，在正反馈回路的谐振腔内便会产生激光输出。本章主要介绍光纤激光器的基本工作原理。

3.1　激光理论基础

光与物质的相互作用，特别是这种作用中的受激辐射过程是激光器的物理基础。1917 年，爱因斯坦首次提出受激辐射的概念，普朗克 (Max Planck) 于 1900 年用辐射量子化假设成功地解释了黑体辐射分布规律，玻尔 (Niels Bohr) 在 1913 年提出原子中电子运动状态量子化假设，爱因斯坦从光量子概念出发，重新推导了黑体辐射的普朗克公式，认为光和物质原子的相互作用包括原子的自发辐射、受激辐射和受激吸收三种过程。40 年后，受激辐射概念在激光技术中得到了应用。

3.1.1　黑体辐射的普朗克公式

我们知道，处于某一温度 T 的物体能够发出和吸收电磁辐射。如果某一物质能够完全吸收任何波长的电磁辐射，则称此物体为绝对黑体，简称黑体。空腔辐射体就是一个比较理想的绝对黑体，因为从外界射入小孔的任何波长的电磁辐射都将在腔内来回反射而不再逸出腔外。物体除吸收电磁辐射外，还会发出电磁辐射，这种电磁辐射称为热辐射或温度辐射。

黑体处于某一温度 T 的热平衡情况下，它所吸收的辐射能量应等于发出的辐射能量，即黑体与辐射场之间应处于能量 (热) 平衡状态。显然，这种平衡必须导致空腔内存在完全确定的辐射场。这种辐射场称为黑体辐射或平衡辐射。

黑体辐射是黑体温度 T 和辐射场频率 ν 的函数，并用单色能量密度 ρ_ν 描述。它定义为在单位体积内，频率处于 ν 附近的单位频率间隔中的电磁辐射能量，其单位为 $\mathrm{J \cdot m^{-3} \cdot s}$。

为了解释实验测定的 ρ_ν 的分布规律，人们从经典物理的理论出发，做了大量的研究和尝试。普朗克大胆地提出了与经典观点不相容的辐射能量量子化假说，并得到了与实验结果相符的黑体辐射普朗克公式。这一公式可表述为，在温度 T 的

热平衡情况下，黑体辐射分配到腔内每个模式上的平均能量为

$$E = \frac{h\nu}{\mathrm{e}^{\frac{h\nu}{kT}} - 1} \tag{3.1.1}$$

式中，k 为玻尔兹曼常量，其值为 $1.38 \times 10^{-23}\mathrm{J} \cdot \mathrm{K}^{-1}$。

腔内单位体积处于频率为 ν 处的单位频率间隔中的光波模式数 (或称为单色模式密度) 为

$$n_\nu = \frac{8\pi\nu^2}{c^3} \tag{3.1.2}$$

于是，黑体辐射普朗克公式为

$$\rho_\nu = \frac{8\pi h\nu^2}{c^3}\frac{1}{\mathrm{e}^{\frac{h\nu}{kT}} - 1} \tag{3.1.3}$$

3.1.2　光的吸收和发射

式 (3.1.3) 表示的黑体辐射，实质上是辐射场 ρ_ν 和构成黑体的物质原子 (或分子、离子) 相互作用的结果。为简化问题，我们只考虑原子的两个能及 E_1、E_2，并有

$$E_1 - E_2 = h\nu \tag{3.1.4}$$

图 3.1　二能级原子能级图

单位体积内处于两能级的原子数分别用 n_1 和 n_2 表示，如图 3.1 所示。

爱因斯坦从辐射与原子相互作用的量子论观点出发提出：上述相互作用应包含原子的自发辐射跃迁、受激辐射跃迁和受激吸收跃迁三种过程，如图 3.2 所示。

1. *自发辐射* [图 3.2(a)]

处于高能级 E_2 的一个原子自发地向 E_1 跃迁，并发射一个能量为 $h\nu$ 的光子，这种过程称为自发跃迁。由原子自发跃迁发出的光波称为自发辐射。自发跃迁过程用自发跃迁几率 A_{21} 描述。A_{21} 定义为单位时间内 n_2 个高能态原子中发生自发跃迁的原子数与 n_2 的比值

$$A_{21} = \left(\frac{\mathrm{d}n_{21}}{\mathrm{d}t}\right)_{\mathrm{sp}}\frac{1}{n_2} \tag{3.1.5}$$

式中，$(\mathrm{d}n_{21})_{\mathrm{sp}}$ 表示在 $\mathrm{d}t$ 时间内由于自发跃迁引起的由 E_2 向 E_1 跃迁的原子数。

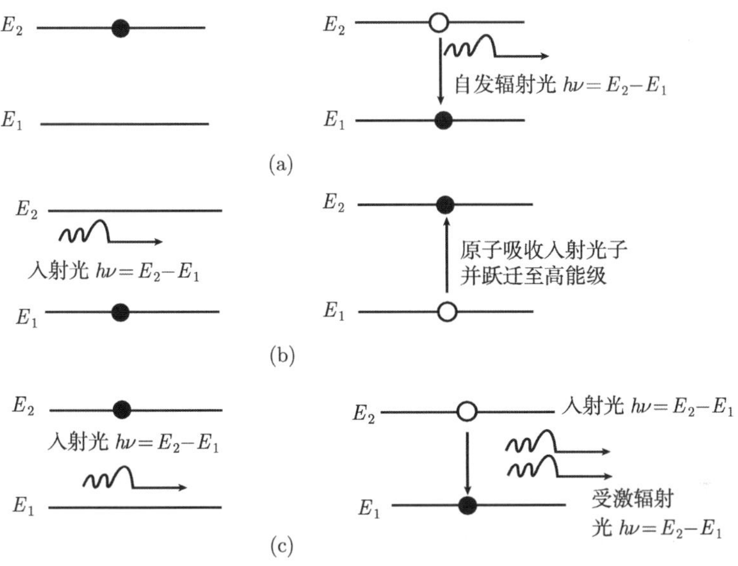

图 3.2 原子的自发辐射、受激辐射和受激吸收示意图

(a) 自发辐射; (b) 受激吸收; (c) 受激辐射

应该指出，自发跃迁是一种只与原子本身性质有关而与辐射场 ρ_ν 无关的自发过程。因此，A_{21} 只决定于原子本身的性质。由式 (3.1.5) 容易证明，A_{21} 就是原子在能级 E_2 的平均寿命 τ_s 的倒数。因为在单位时间内能级 E_2 所减少的粒子数为 $\dfrac{dn_2}{dt}=-\left(\dfrac{dn_{21}}{dt}\right)_{sp}$，将式 (3.1.5) 代入则得 $\dfrac{dn_2}{dt}=-A_{21}n_2$，由此式可得 $n_2(t)=n_{20}e^{-A_{21}t}=n_{20}e^{-\frac{t}{\tau_s}}$。式中，

$$A_{21}=\frac{1}{\tau_s} \tag{3.1.6}$$

也称为自发跃迁爱因斯坦系数。

2. 受激吸收 [图 3.2(b)]

如果黑体物质原子和辐射场相互作用只包含上述自发跃迁过程，是不能维持由式 (3.1.3) 所表示的腔内辐射场的稳定值的。因此，爱因斯坦认为，必然还存在一种原子在辐射场作用下的受激跃迁过程，从而第一次从理论上预言了受激辐射的存在。

处于低能态 E_1 的一个原子，在频率为 ν 的辐射场作用 (激励) 下，吸收一个能量为 $h\nu$ 的光子并向 E_2 能态跃迁，这种过程称为受激吸收跃迁。用受激吸收跃迁几率 W_{12} 描述这一过程，即

$$W_{12}=\left(\frac{\mathrm{d}n_{12}}{\mathrm{d}t}\right)_{\mathrm{st}}\frac{1}{n_1}\tag{3.1.7}$$

式中，$(\mathrm{d}n_{12})_{\mathrm{st}}$ 表示在 $\mathrm{d}t$ 时间内由于受激跃迁引起的由 E_1 向 E_2 跃迁的原子数。

应该强调，受激跃迁和自发跃迁是本质不同的物理过程，反映在跃迁几率上就是 A_{21} 只与原子本身性质有关；而 W_{12} 不仅与原子性质有关，还与辐射场 ρ_ν 成正比。可将这种关系表示为

$$W_{12}=B_{12}\rho_\nu\tag{3.1.8}$$

式中，比例系数 B_{12} 称为受激跃迁爱因斯坦系数，它只与原子性质有关。

3. 受激辐射 [图 3.2(c)]

受激吸收跃迁的反过程就是受激辐射跃迁。处于上能级 E_2 的原子在频率为 ν 的辐射场作用下，跃迁至低能级 E_1 并辐射出一个能量为 $h\nu$ 的光子。受激辐射跃迁发出的光波称为受激辐射。受激辐射跃迁几率为

$$W_{21}=\left(\frac{\mathrm{d}n_{21}}{\mathrm{d}t}\right)_{\mathrm{st}}\frac{1}{n_2}\tag{3.1.9}$$

$$W_{21}=B_{21}\rho_\nu\tag{3.1.10}$$

式中，B_{21} 为受激辐射跃迁爱因斯坦系数。

4. 爱因斯坦系数关系

现在根据上述相互作用物理模型分析空腔黑体的热平衡过程，从而导出爱因斯坦三系数之间的关系，如前所述，腔内黑体辐射场 ρ_ν 与物质原子相互作用的结果应该维持黑体处于温度为 T 的热平衡状态。在这种热平衡状态下，腔内物质的粒子数按能级分布应服从玻尔兹曼分布

$$\frac{n_2}{n_1}=\frac{f_2}{f_1}\mathrm{e}^{-\frac{E_2-E_1}{kT}}\tag{3.1.11}$$

式中，f_2 和 f_1 分别为能级 E_2 和 E_1 的统计权重。在热平衡的条件下，E_1 和 E_2 的粒子数应保持不变，即

$$\left(\frac{\mathrm{d}n_{21}}{\mathrm{d}t}\right)_{\mathrm{sp}}+\left(\frac{\mathrm{d}n_{21}}{\mathrm{d}t}\right)_{\mathrm{st}}=\left(\frac{\mathrm{d}n_{12}}{\mathrm{d}t}\right)_{\mathrm{st}}\tag{3.1.12}$$

或

$$n_2A_{21}+n_2B_{21}\rho_\nu=n_1B_{12}\rho_\nu\tag{3.1.13}$$

将式 (3.1.3)、式 (3.1.12) 和式 (3.1.13) 联立，可得

$$\frac{c^3}{8\pi h\nu^3}\left(\mathrm{e}^{\frac{h\nu}{kT}}-1\right)=\frac{B_{21}}{A_{21}}\left(\frac{B_{12}f_1}{B_{21}f_2}\mathrm{e}^{\frac{h\nu}{kT}}-1\right)\tag{3.1.14}$$

当 $T\to\infty$ 时成立，所以有

$$B_{12}f_1=B_{21}f_2 \tag{3.1.15}$$

将其代入式 (3.1.14) 可得

$$\frac{A_{21}}{B_{21}}=\frac{8\pi h\nu^3}{c^3} \tag{3.1.16}$$

式 (3.1.15) 和式 (3.1.16) 为爱因斯坦系数关系。如果权重统计 $f_2=f_1$，则有 $B_{12}=B_{21}$，即受激吸收和受激辐射的概率相等；也说明三个爱因斯坦系数是相互联系的。

3.2 激光产生的条件

激光的产生是一个放大的过程，在这个过程中受激辐射所占的比例远大于自发辐射。在受激辐射跃迁的过程中，一个诱发光子可以使处在上能级的发光粒子产生一个与该光子状态完全相同的光子，这两个光子又可以去诱发其他发光粒子，产生更多状态相同的光子。当增益存在的条件下，受激辐射所产生的光子继续诱发受激辐射，使受激辐射光不断增强，这种现象称为受激辐射光放大。受激辐射产生的光子都属于同一光子态，因此，它们是相干的。通常，受激辐射与受激吸收这两种跃迁过程是同时存在的，前者使光子数增加，后者使光子数减少。当一束光通过发光物质后，光强究竟是增大还是减弱，要看这两种跃迁过程哪个占优势。

激光的产生需要满足一定的条件，即必须造成“粒子数反转”，即当处于激光上能级的粒子数超过处于激光下能级的粒子数时才能使介质发生受激辐射从而产生增益。在正常条件下，即常温条件及对发光物质无激发的情况下，处于下能级的发光粒子数大于上能级的发光粒子数。形成粒子数反转是产生激光的必要条件，为了形成粒子数反转，需要对发光物质输入能量，这一过程称为泵浦 (也称激励或抽运)。粒子数反转形成的过程不但要借助光子能量较高的光源进行泵浦，而且还要求参与激光工作的能级超过两个，必须通过泵浦将粒子激发到高于激光工作上能级的某个能级上，换言之，激光光子的波长较泵浦光子的波长长。激光的特点实际上也是呈现不同阈值的一个过程。当在阈值功率以下进行泵浦时，输出的是非相干的自发辐射，当高于阈值功率进行泵浦时，则产生频谱较窄的激光输出。

激光产生的基本条件可归纳为形成粒子数反转、提供光反馈、满足激光振荡的阈值条件。因而激光器通常都是由三部分组成，即激光介质、泵浦源、光学谐振腔。

按腔形结构来分，光纤激光器主要分为线形谐振腔、环形谐振腔和“8”字形腔三类。

3.2.1 线形腔

在线形腔光纤激光器中，以 F-P 腔为主。如图 3.3 所示，激光谐振腔是由一

对平行安置的介质镜 (M_1 和 M_2) 构成，这就是简单的 F-P 腔结构。当然，这对介质镜 (一个是全反射，一个是部分反射或透射镜) 也可以直接镀在光纤的两个端面上。

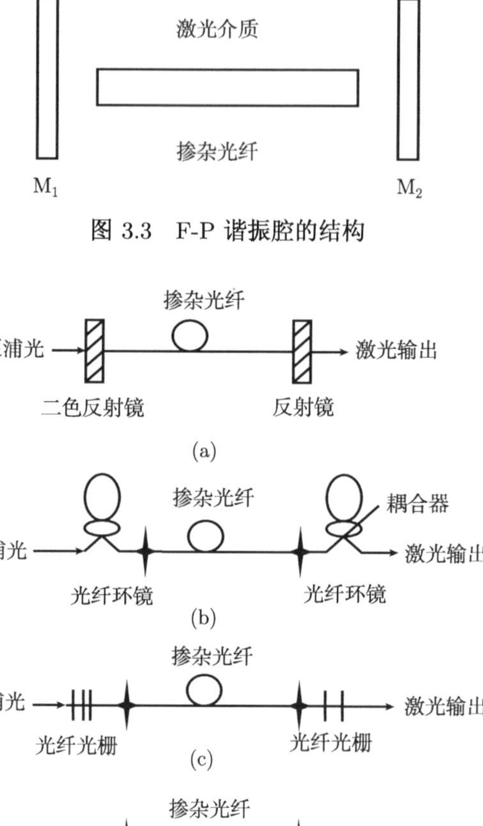

图 3.3　F-P 谐振腔的结构

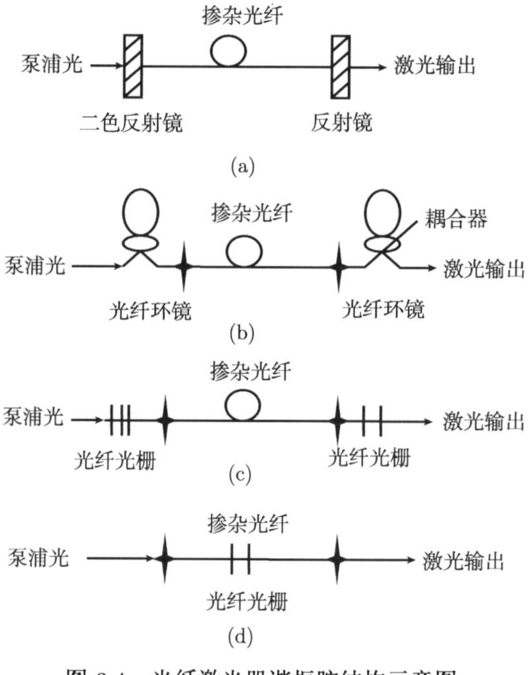

图 3.4　光纤激光器谐振腔结构示意图

F-P 腔的结构简单，容易由光学元件构成。但是这种结构有着自身的缺点，例如，泵浦光必须通过光纤一端的腔镜进入光纤，高的泵浦功率将对腔镜的膜产生损害，从而限制泵浦功率，使得激光效率下降；还有就是由于腔镜问题带来的输出线宽的问题。大多数稀土元素在玻璃体基质中，增益线宽为 50nm。若对腔镜介质膜进行特别设计，可以使输出谱线半高全宽度达到 5~10nm，但是这种特性不能在整个增益谱线宽内获得，因此，只能将其作为宽带光源来使用。而且另一方面，5~10nm 的线宽在某些单色性要求比较高的应用中还是显得太宽。若希望能在整个增益曲线内进行调节输出，并获得较窄的输出谱线，就要对 F-P 腔的结构加以改进。图 3.4 是几种光纤激光器线形谐振腔的结构示意图。图 3.4 (a)~(c) 均为两端有反射镜的 F-P 腔。图 3.4(a) 中，在掺杂介质的两端放置介质膜反射镜。泵浦光入射端的反射镜为二色镜，它使泵浦光完全透过，而使腔内激光全反射。输出端为部分反射镜。图 3.4(b) 中，掺杂光纤两端的两个萨格纳克 (Sagnac) 光纤环镜均由一个光纤耦合器及光纤组成。输入端光纤环境的耦合器对波长为 λ 的腔内激光的耦合率是 50%，腔内激光入射至耦合器时在光纤环镜内形成强度相等的顺时针和反逆针传播的光，当它们再次在输入端相遇时产生了相同的相移，干涉相长的结果使其完全反射回腔内。由于此光纤环镜的耦合器对波长为 $\lambda_{\rm p}$ 的泵浦光的耦合率近似为零，因而使泵浦光完全透过，相当于一个二色镜。输出端光纤环镜耦合器的耦合率偏离 50%，因此相当于部分反射镜。图 3.4(c) 中，掺杂光纤的两端与光纤光栅相接或将光栅直接刻写在掺杂光纤的两端。光纤光栅对腔内激光全反射或部分反射，对泵浦光则高度透射。图 3.4(d) 是将光栅直接刻写在掺杂光纤上形成分布反馈。图 3.4(c) 和 (d) 两种结构是经过改进的，分别称为光纤 DBR 激光器和光纤 DFB 激光器。

3.2.2 环形腔

光纤环形谐振腔的结构如图 3.5 所示。环形腔的优点在于可以不使用反射镜构成全光纤腔，最简单的设计是将波分复用耦合器的两个端口连接起来形成一个连着掺杂光纤的环腔。不难看出，光纤环形谐振腔的核心部分是光纤定向耦合器。耦合器的两个臂 (图 3.5 中的 3、4 点) 连接在一起，构成了光在其中传播的循环行程。耦合器起到了 "介质镜" 的反馈作用，并形成了一环形谐振腔，腔的精细度与耦合器的分束比有关，要求精细度高则选择低的分束比，精细度越高腔内储能也越高。

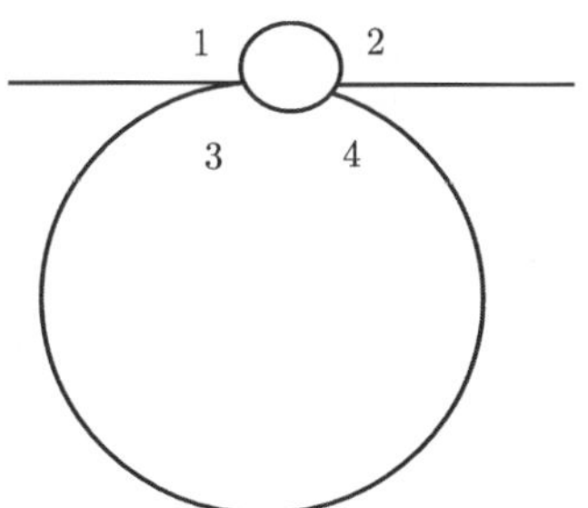

图 3.5 简单的光纤环形谐振腔结构

环形谐振腔由于具有较长的腔长，能够获得较窄的线宽和较高的输出功率，因此它在光纤激光器中具有重要的应用。然而，增益介质中驻波的存在会产生烧孔效应，因此影响激光的相干性。为了避免烧孔效应，通常在光纤激光器的环形腔内插入若干个隔离器以强迫激光运行在行波状态，保证激光的单向运行。此外，环形光纤激光器具有封闭式波导结构，抗电磁干扰、稳定性高、制作简便、体积小，有很高的实用价值。典型的环形腔光纤激光器结构如图 3.6 所示。

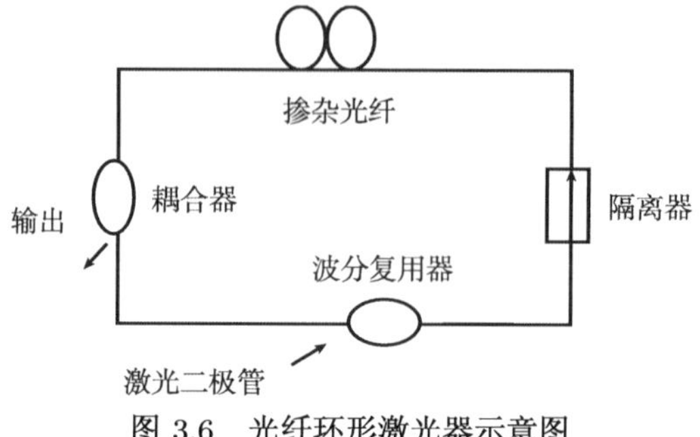

图 3.6 光纤环形激光器示意图

环形腔通过组合可形成复合腔结构 —— 光纤复合环形腔。光纤复合环形腔基于光纤环形谐振腔，由两个或两个以上光纤环形谐振腔组成，其结构如图 3.7 所示。复合腔由两个光纤环形谐振腔组成，L_1 表示谐振腔 1 的周长，L_2 表示谐振腔 2 的周长。

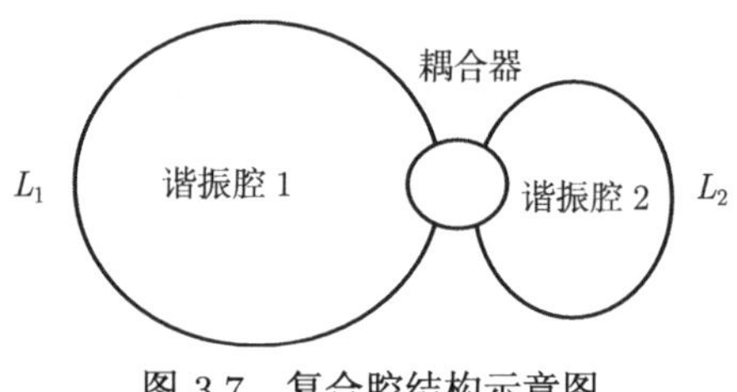

图 3.7 复合腔结构示意图

3.3 激光器锁模原理

根据电磁理论，当光纤激光器处于自由运转时，激光腔内的所有模式都会独立运转，其相位间没有任何确定关系，则总强度 $|E(t)|^2$ 中的干扰项的平均效果为零，没有时间依赖性，这也就是多模连续光纤激光器的工作情况，当多模光纤激光器自由运转而未被锁模时，激光器内部纵模频率间隔由下式表示[1,4]：

$$\Delta\omega_m = \omega_m - \omega_{m-1} = c/L_{\text{opt}} \tag{3.3.1}$$

式中，L_{opt} 为光纤激光器内部谐振腔内往返一次的光学长度，整数 m 表示纵模阶数，与光纤激光器的纵模间隔相比，其腔内的增益介质的增益谱一般很宽，而自由运转光纤激光器输出一般包含若干个超过阈值的纵模，假定光纤激光工作物质的净增益线宽包含 M 个纵模，则光纤激光器谐振腔内总的光场由这 m 个纵模电场相叠加，其可以表示如下[5-6]：

$$E(t)=\sum_{m=-M}^{M}E_m\exp(\mathrm{i}\varphi_m-\mathrm{i}\omega_m t) \tag{3.3.2}$$

式中，E_m、φ_m 和 ω_m 分别为 m 阶模的光场振幅、相位和频率，在光纤激光器中，其腔内模式总数为 $2M+1$，同时激光器腔内这 M 个纵模相位之间是相互独立并且没有关系的，即 $\varphi_m-\varphi_{m-1}\neq$ 常数，但是在光纤激光器腔体内部的工作物质及腔长的热变形、泵浦能量的变动等各种不规则扰动对各纵模的相位本身会产生一定的影响，同时还会产生各自的漂移，即光纤激光器在自由运转的时候，其腔内各纵模的相位在时间轴上是不稳定的[6]；一般来说，自由运转光纤激光器的输出一般由若干个超过阈值的纵模组成，腔内的这些纵模的振幅和相位都是不固定的，那些各个不同频率光场的无规则叠加的结果即为光纤激光输出的总光场，同时这些无规则叠加的总光场振幅也随着时间的变化而无规则变化；当光纤激光器处于自由运转时，在频谱范围内，激光频谱由等间隔分离谱线组成，振幅是无规则的，激光器输出的相位在 $-\pi$ 和 $+\pi$ 之间随机分布，在时域范围内，其相位也是在 $-\pi$ 到 $+\pi$ 之间无规则变化，因此此时光纤激光器的输出强度分布具有噪声特征，假设接收元件的响应时间为 t_1，同时用此元件去探测锁模光纤激光器输出的光功率时，我们发现探测器接收到的光强 $I(t)$ 是所有满足光纤激光器阈值条件的纵模光强的相干叠加，在实验中探测到的光强是 $I(t)$ 在 $t\sim t+t_1$ 这段时间的平均值[4,6]。

$$\overline{I}(t)=\overline{E^2}(t)=\frac{1}{t}\sum_{m}\int_0^{t_1}E^2(t)\mathrm{d}t \tag{3.3.3}$$

如果采用适当的措施把光纤激光器腔内纵模的相位相互联系起来，使光纤激光器内部各自独立的纵模在时间上同步，这样那些腔内纵模相位便有一定的确定关系，同时采取一定的办法使光纤激光器腔内增益带宽内所有纵模时间同步，腔内相邻纵模相位差为一常数 φ，其相位之间的相互关系可用如下公式表示：$\varphi_m-\varphi_{m-1}=\varphi$，在这种情况下，光纤激光器将输出宽度极窄、峰值功率很高的光脉冲，为了方便运算，假设多模光纤激光器腔内的所有振荡纵模均具有相同的振幅 E_0，同时在腔内超过激光器增益阈值的纵模共有 $2M+1$ 个，在这里以在介质增益曲线中心的纵模为基准，假设其初相位为 0，角频率为 ω_0，同时其模序数为 $m=0$，激光器腔内各相邻纵模的相位差为 φ，模频率间隔为 $\Delta\omega$，那么第 m 个振荡模为[1,4]

$$E_m(t)=E_0\cos(\omega_0 t+\varphi_m)=E_0[(\omega_0+m\Delta\omega)t+m\varphi] \tag{3.3.4}$$

由于激光器输出总光场是 $2M+1$ 个纵模相干叠加的结果，所以其表示为

$$E(t)=\sum_{m=-M}^{M}E_0\cos[(\omega_0+m\Delta\omega)t+m\varphi]$$

$$
\begin{aligned}
&= E_0\cos(\omega_0 t)\{1+2\cos(\Delta\omega t+\varphi)\\
&\quad +2\cos[2(\Delta\omega t+\varphi)]+\cdots+2\cos[M(\Delta\omega t+\varphi)]\}
\end{aligned} \tag{3.3.5}
$$

在这里，利用三角函数关系对式 (3.3.5) 进行化简，可以得到

$$
\cos\beta+\cos(2\beta)+\cdots+\cos(M\beta)=\frac{\sin\left(\dfrac{1}{2}M\beta\right)\cos\left[\dfrac{1}{2}(M+1)\beta\right]}{\sin\left(\dfrac{1}{2}\beta\right)} \tag{3.3.6}
$$

式 (3.3.5) 化简为

$$
E(t)=E_0\cos(\omega_0 t)\frac{\sin\left[\dfrac{1}{2}(2M+1)(\Delta\omega t+\varphi)\right]}{\sin\left[\dfrac{1}{2}(\Delta\omega t+\varphi)\right]}=A(t)\cos(\omega_0 t) \tag{3.3.7}
$$

其中，

$$
A(t)=E_0\frac{\sin\left[\dfrac{1}{2}(2M+1)(\Delta\omega t+\varphi)\right]}{\sin\left[\dfrac{1}{2}\Delta\omega t+\varphi\right]} \tag{3.3.8}
$$

由式 (3.3.7)~ 式 (3.3.8) 可知，当腔内纵模相位间隔为 $\varphi_m-\varphi_{m-1}=\varphi$ 时，光纤激光器便可以从连续光进入锁模状态，其中原来腔内 $2M+1$ 个振荡的纵模经过锁相后，其总光场变为频率为 ω_0 的调幅波，此时光纤激光器振幅的输出 $A(t)$ 是随时间变化的周期函数，一般来说，由于激光器输出的光强 $I(t)$ 和 $A^2(t)$ 成正比关系，因此光纤激光器输出的脉冲是由 $2M+1$ 个纵模的光波相干叠加而成的[2,3]。

通过上面的分析知道，只要清楚激光器输出振幅 $A(t)$ 的变化情况，即可了解此时光纤激光器的输出特性。通常情况下，为了方便讨论，假定在光纤激光器中 $\varphi=0$，则式 (3.3.8) 可化简为[2~4]

$$
A(t)=E_0\frac{\sin\left[\dfrac{1}{2}(2M+1)\Delta\omega t\right]}{\sin\left(\dfrac{1}{2}\Delta\omega t\right)} \tag{3.3.9}
$$

通过分析知道，由于式 (3.3.9) 的分子、分母都为 sin 函数，其周期都为 2π，因此 $A(t)$ 也是周期函数。如果在这里可以得到这个函数的的周期、极值、零点，即可得到激光器输出振幅函数的变化规律，由式 (3.3.9) 可以得到 $A(t)$ 的周期为 $\tau_{\mathrm{r}}=L_{\mathrm{opt}}/c$，因而激光器输出间隔为 τ_{r} 的脉冲序列，脉冲之间的间隔恰好为光在光纤激光器腔内往返一周的时间，这是因为，在光纤激光器谐振腔内循环的单个脉

冲，当其在腔内运行时，每次运行至输出耦合器时，光纤激光器就会有一部分能量输出；而在这里，由激光器输出的每个脉冲峰值与紧靠此峰的场强为 0 的时间间隔，便可以求出脉冲的宽度，同时发现，光纤激光器输出光场的半高功率点间的宽度与输出的脉冲宽度近似相等，经过计算，便得 $\Delta\tau \approx \dfrac{\tau_{\mathrm{r}}}{2M+1}$，同时还发现，对于上面的幅值函数，在其一个周期内有 $2M$ 个零值点和 $2M+1$ 个极值点[1,4]。当 $t=0$ 和 $t=L_{\mathrm{opt}}/c$ 时，激光器输出幅值函数 $A(t)$ 取得极大值，由于 $A(t)$ 的分子、分母同时为零，通过洛必达法则的计算，可以得到此时光纤激光器输出的主脉冲的振幅为 $(2M+1)E_0$；当 $t=L_{\mathrm{opt}}/c$ 时，$A(t)$ 取得极小值，其值为 $\pm E_0$，当 M 为偶数时，$A(t)=E_0$，M 为奇数时，$A(t)=-E_0$，除了 $t=0$，$L_{\mathrm{opt}}/(2c)$ 及 L_{opt}/c 点外，激光器输出函数 $A(t)$ 具有 $2M-1$ 个次极大值，一般来说，将它们称为次脉冲[4~6]。但是在锁模光纤激光器中，由于被锁定的纵模数量 M 很大，同时主脉冲强度远远大于次脉冲强度，所以在计算锁模激光器输出光强的时候，次脉冲的能量常常被忽略[2,3]。

通过上面的公式和原理的分析，我们可以得到，当激光器内部多个纵模的相位之差为恒定常数时，激光器便可以输出稳定的锁模脉冲：

(1) 激光器输出的规则脉冲序列的时间间隔为 $\tau_{\mathrm{r}}=L_{\mathrm{opt}}/c$。

(2) 光纤激光器输出脉冲的半高全宽一般为 $\Delta\tau=\dfrac{1}{2M+1}\tau_{\mathrm{r}}$，近似等于振荡线宽的倒数，因为激光器腔内振荡线宽不会超过激光器净增益线宽，因此激光器输出取极值时，脉冲宽度的最小值即为激光器内部增益线宽的倒数，可见在一个光纤激光器内部，如果激光器增益线宽越宽，那么得到的锁模脉宽就越窄[4]。

(3) 由于自由运转的激光器的功率正比于 $(2M+1)E^2$，而激光器被锁模的时候，其输出脉冲的峰值功率正比于 $(2M+1)^2E^2$，由此可见，激光器可以通过锁模极大地增加其输出脉冲的峰值功率[2]。

(4) 多模激光器相位锁定的结果，使激光器输出峰值功率很高、脉冲宽度比较窄的脉冲序列，因此多模激光器模式锁定后，其腔内的各振荡模发生功率耦合而不再独立，所有振荡模为每个模的功率提供能量[1,4]。

3.3.1 主动锁模

主动锁模是在激光器腔内外加一个调制器，这个调制器可以通过外界信号来周期性调节腔内纵模间的相位间隔，从而使腔体内纵模之间相位锁定的一种技术[1,2]。一般来说，当在激光器腔体中插入调制器，其作用等于通过用纵模间隔调制频率来周期性地调制谐振腔光场的振幅或相位，促使被调制纵模在激光器腔内产生边频，同时与其相邻纵模之间发生相互相干作用，并且达到相互同步，从而使激光器输出稳定的锁模脉冲[7~9]。

图 3.8 为在光纤激光器腔中插入电光调制器或声光调制器来进行主动锁模，加以射频驱动电压，使腔内受到角频率为 $\varOmega$ 的周期性变化的损耗，其中 $\varOmega = \pi c/L$。由于在激光器内部损耗的周期性改变，其相应的每个模式的振幅也发生周期性变化，在这里，假设激光器中增益曲线中心频率处的纵模首先起振，其电场强度为[1,4]

$$E_0(t) = [E_0 + E_m \cos(\varOmega t)] \cos(\omega_0 t + \varphi_0) \tag{3.3.10}$$

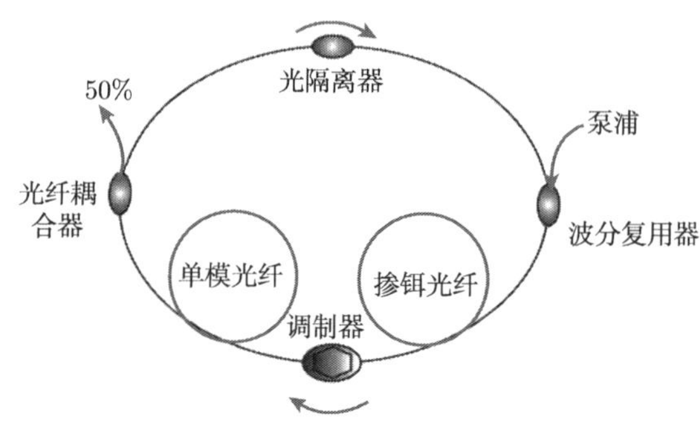

图 3.8　主动锁模光纤激光器

令调制系数为 $E_m/E_0 = M_{\rm a}$，一般其大小决定于激光器内部调制信号的大小，则上式中 $E_0(t)$ 可改写成

$$E_0(t) = E_0[1 + M_{\rm a} \cos(\varOmega t)] \cos(\omega_0 t + \varphi_0) \tag{3.3.11}$$

将其展开，可以得到

$$E_0(t) = E_0 \cos(\omega_0 t + \varphi_0) + \frac{M_{\rm a}}{2} E_0 \cos[(\omega_0 + \varOmega)t + \varphi_0] + \frac{M_{\rm a}}{2} E_0 \cos[(\omega_0 - \varOmega)t + \varphi_0] \tag{3.3.12}$$

可见，主动调制的结果使激光器内部中心纵模不仅包括原来角频率 ω_0 的成分，而且产生了新的角频率，其值为 $\omega_0 \pm \varOmega$，同时初相位不变的两个边带，边带的频率正好等于无源腔中邻模频率，也就是说，在光纤激光器中，如果增益曲线的某个角频率 ω_0 形成振荡，会激发起这个纵模前面的两个相邻纵模的振荡，同时这两个相邻模幅度调制又将在光纤激光器腔内产生新的边频，从而使角频率为 $\omega_0 \pm 2\varOmega$ 模式也发生振荡，如此下去，直至线宽范围内的所有纵模均被耦合而产生振荡为止[2,4]。

主动锁模光纤激光器的一般输出的脉冲重复速率高，中心波长和脉冲重复速率可调谐，在特殊的情况下，也可以得到高阶谐波锁模和无频率啁啾近似变换极限的光脉冲等，但是，由于受到激光器内部调制带宽的限制，其输出脉冲宽度通常为

ps 量级 ($1\text{ps} = 10^{-12}\text{s}$)，并且还容易受到外界环境，如温度变化、机械振动、超模噪声等因素的影响，在实验过程中，需要加入其他很多复杂的技术来提高主动锁模光纤激光器的输出稳定。因此，一般主动锁模的光纤激光器成本比较高，技术难度大，另外，由于其腔体结构不是全光纤结构，调制器的插入也给腔体带来一定的附加损耗，所以给主动锁模激光器的集成化、小型化带来了技术瓶颈[2,8,9]。

主动锁模是通过外界信号来周期性调制谐振腔参量，实现各腔体纵模之间相位锁定的一种锁模技术。其显著特征是，在激光器腔体中插入调制器，以等于纵模间隔的调制频率来周期地调制谐振模的振幅和相位，促使被调制纵模产生边频，与其相邻纵模之间发生相互作用并达到同步，从而形成稳定的锁模脉冲输出。光纤激光器中采用的调制器件包含声光调制器和电光调制器 (图 3.8)。

3.3.2 被动锁模

被动锁模光纤激光器技术是一种典型的全光纤非线性技术，它能在光纤激光器的腔内不使用任何声、光、电调制器等有源器件的情况下实现超短脉冲输出。其原理一般是利用非线性光学效应对输入脉冲的强度依赖性，实现激光器内部各纵模相位锁定，从而输出超短光脉冲[10~13]；对比于主动锁模光纤激光器，被动锁模光纤激光器产生的光脉冲更窄，这是由于在被动锁模的光纤激光器内部光纤非线性克尔效应的响应时间比较快, 同时由于腔内不需要任何的固体调制器，被动锁模的光纤激光器的腔体不仅更加简单而且易于实现全光纤化[10,13]，但是缺点是被动锁模光纤激光器输出光脉冲的频率和腔体的长度有直接关系 (主动锁模也与腔体有关)，一般很难得到高重复频率的光脉冲。目前主流被动锁模技术主要有以下几种：①在光纤激光器腔内插入半导体可饱和吸收体；②在光纤激光器腔内加入非线性光纤环形镜；③利用非线性偏振旋转效应作为等效可饱和吸收体实现锁模[12,13]。

1. 半导体可饱和吸收体

早在 20 世纪 70 年代，可饱和吸收效应就已用于被动锁模，它是加成锁模技术出现之前实现被动锁模的方法，其锁模的基本原理如下：当光脉冲通过半导体可饱和吸收体时，光脉冲边缘部分透过率小，受到的损耗大，而脉冲峰值部分则透过率大，损耗小，且其损耗可通过工作物质的放大得到补偿，所以光脉冲每经过半导体可饱和吸收体和工作物质一次，其强弱信号的强度相对值就改变一次，在腔内多次循环后，脉冲峰值处和边缘处的能量之差会越来越大，脉冲的前沿不断被削陡，而尖峰部分能有效地通过，则使脉冲变窄。结果是光脉冲在通过吸收体的过程中被窄化了。从频率的角度来分析锁模的形成，当腔内光场通过可饱和吸收体的时候，由于脉冲峰值处强度高，透过率高，受到的损耗小，而脉冲边缘处强度低，透过率低，受到的损耗大，所以激光器腔内光场起伏的宽度变窄，相应地，对应信号光的光谱变宽，在光谱变宽后扩展到的区域内，因为各纵模相位被锁定，纵模之间相干叠加后就会得到锁模脉冲的输出[1,14,15]。

利用半导体可饱和吸收体被动锁模的光纤激光器腔体结构比较简单，脉冲输出比较稳定，如图 3.9 所示，对于这种结构的激光器输出脉冲的宽度受可饱和吸收体的带宽的影响，一般很难得到 fs 量级以下的光脉冲[15]。

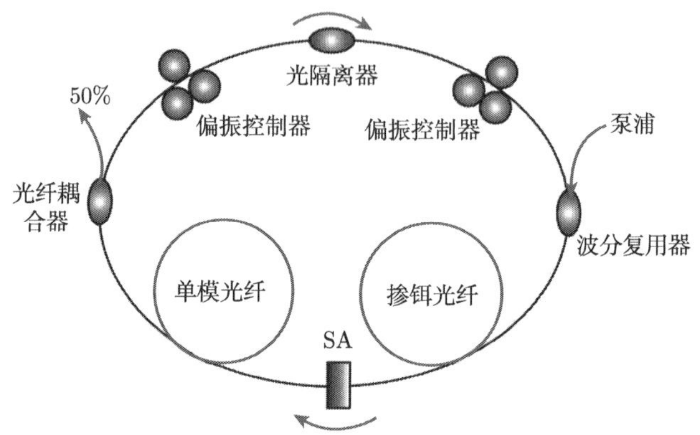

图 3.9　可饱和吸收体被动锁模光纤激光器

2. 非线性光纤环形镜

在电磁场中，当电磁场达到一定程度时，任何电介质对光的响应都会变成非线性，光纤也不例外。从其能级看，介质非线性响应的起因与施加到其上面的场的影响下束缚电子的非线性谐振运动有关，结果导致电偶极子的极化强度对电场是非线性的。光纤的最低阶非线性效应源于三阶电极化率，它是引起诸如三次谐波产生、四波混频以及非线性折射等现象的重要原因。然而，除非采取特别的措施实现相位匹配，牵涉到新频率的产生的非线性过程在光线中是不易发生的。因而光纤的大部分非线性效应起源于非线性折射率，而折射率与光强有关的现象是由三阶电极化率引起的。折射率对光强的依赖关系导致了大量有趣的非线性效应，如自相位调制 (SPM) 和交叉相位调制 (XPM)。自相位调制是指光场在光纤内传输时光场本身引起的相移；交叉相位调制指的是不同波长、传输方向和偏振状态的脉冲共同传输时，一种光场引起的另一种光场的非线性相移。

1911 年，Sagnac 发明了一种可以旋转的环形干涉仪。将同一光源发出的一束光分解为两束，让它们在同一个环路内沿相反方向循行一周后产生干涉。这就是 Sagnac 效应。非线性光纤环形镜是基于光纤的非线性效应的全光纤 Sagnac 干涉仪。其结构如图 3.10 所示。

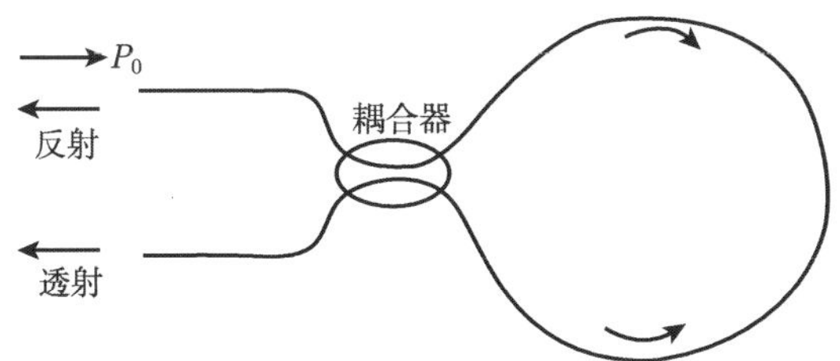

图 3.10 作为非线性光线环形镜的全光纤 Sagnac 干涉仪示意图

用一段较长的光纤将光纤耦合器的两个输出端连接成环就构成了此类干涉仪。它看上去与光纤谐振腔类似，但二者的运转机制有很大的差别，主要包括两个方面：一方面，所有光从干涉仪输入端输入，经过一次往返后从谐振器输出，没有任何反馈机制；另一方面，输入光分成沿相反方向传输的两路光，其光程相同并在腔内发生相干干涉。

考虑连续光输入的情形，就很容易理解非线性光纤环形镜的物理机制。当连续光信号从光纤耦合器的一个输入端入射时，非线性光纤环形镜的透射率取决于耦合器的功分比。若输入功率 P_0 沿顺时针方向传输的部分占全部功率的比例为 ρ，则长为 L 的环镜的透射率可以这样得到：首先计算反向传输的两束光经过一次往返后得到的相移，然后在耦合器中对这两束光进行相干组合。利用光纤耦合器的传输矩阵，并假定注入光的振幅为 E_0，耦合器另一个注入端没有注入信号，即振幅为 0。则前向 (顺时针) 和后向 (逆时针) 传输光场的振幅为

$$E_{\mathrm{f}} = \sqrt{\rho}E_0 \tag{3.3.13}$$

$$E_{\mathrm{b}} = \mathrm{i}\sqrt{1-\rho}E_0 \tag{3.3.14}$$

式中，ρ 为光纤耦合器的功分比。其中耦合器对后向波引入了 $\frac{\pi}{2}$ 相移。在环内经过一次往返传输后，两个光场不但获得了线性相移，还获得了由于自相位调制和交叉相位调制引入的非线性相移。两个光场在环内传输一周到达耦合器后变为

$$E_{\mathrm{f}}' = E_{\mathrm{f}}\exp\left[\mathrm{i}\phi_0 + \mathrm{i}\gamma\left(|E_{\mathrm{f}}|^2 + 2|E_{\mathrm{b}}|^2\right)L\right] \tag{3.3.15}$$

$$E_{\mathrm{b}}' = E_{\mathrm{b}}\exp\left[\mathrm{i}\phi_0 + \mathrm{i}\gamma\left(|E_{\mathrm{b}}|^2 + 2|E_{\mathrm{f}}|^2\right)L\right] \tag{3.3.16}$$

其中，$\phi_0 = \beta L$ 是线性相移，L 是环长，γ 为光纤的非线性系数。

利用光纤耦合器的传输矩阵可以得到透射和反射光场的振幅矩阵为

$$\begin{pmatrix} E_{\mathrm{t}} \\ E_{\mathrm{r}} \end{pmatrix} = \begin{pmatrix} \sqrt{\rho} & \mathrm{i}\sqrt{1-\rho} \\ \mathrm{i}\sqrt{1-\rho} & \sqrt{\rho} \end{pmatrix}\begin{pmatrix} E_{\mathrm{f}}' \\ E_{\mathrm{b}}' \end{pmatrix} \tag{3.3.17}$$

由非线性光纤环形镜的透射率 $T_{\mathrm{s}}=|A_{\mathrm{t}}|^2\Big/|A_0|^2$ 得

$$T_{\mathrm{s}}=1-2\rho(1-\rho)\{1+\cos[(1-2\rho)\gamma P_0L]\} \tag{3.3.18}$$

式中，$P_0=|A_0|^2$ 为输入光功率。由于线性相移完全抵消，所以未在方程中出现。若 $\rho=0.5$，$T_{\mathrm{s}}=0$，即环对任何功率信号反射率为 100%。从物理上讲，若输入功率在两束反向传输的光之间是均匀分布的，这两束光的非线性相移相等，相对相位差为 0。但是，当耦合比 $\rho\neq0.5$ 时，光纤环在高功率和低功率表现出不同的特性，可以作为光开关。图 3.11 给出了两个 ρ 值下的透射率随输入光功率的变化关系曲线，表明了非线性光纤环形镜的非线性开关特性。当 ρ 接近于 0.5，在较低功率下，

$$T_{\mathrm{s}}\approx1-4\rho(1-\rho) \tag{3.3.19}$$

此时几乎没有光透射。在高功率下，只要满足

$$|1-2\rho|\gamma P_0L=(2m-1)\pi \tag{3.3.20}$$

m 为整数。当输入功率增加时，非线性光纤环形镜可以周期性地实现从低透到高透的开关功能。实际中通常用第一个透射峰作为开关，因为这时需要的功率最低。另外，增加环的长度可以降低开关功率，但这时要考虑光纤损耗和群速度色散的影响。

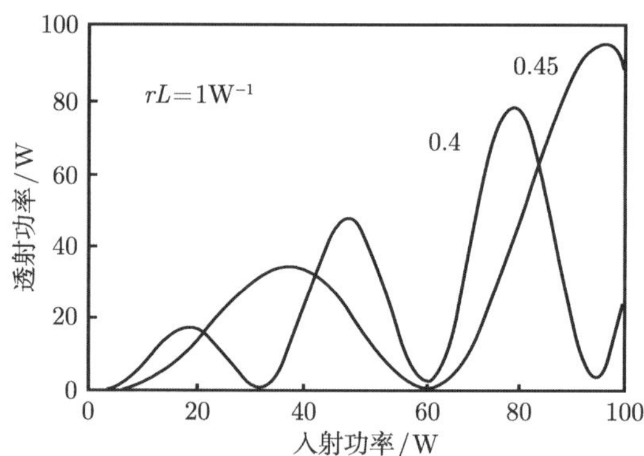

图 3.11　两个 ρ 值下透射率随入射光功率的变化示意图[33]

3. 带反馈的非线性光纤环形镜

带反馈的非线性光纤环形镜的装置结构如图 3.12 所示。该装置由右面的非线性光环形镜 (NOLM) 和左边的单向反馈环组成，整个装置构成了一个“8”字形的腔型结构。装置中共用到了三个耦合器，其中，K_2 和 K_3 用于耦合光的输入和输出，K_1 用于形成非线性光纤环形镜。k_1、k_2、k_3 分别为它们的功率耦合比。E_{in} 为

注入 "8" 字形腔的光场的振幅，假设光信号只从上面的注入端注入，即 $E_2 = 0$。对于耦合器 K_1 的基本耦合方程可以描述成

$$E_3 = k_1^{1/2} E_1 + \mathrm{i}(1 - k_1)^{1/2} E_2 \tag{3.3.21}$$

$$E_4 = k_1^{1/2} E_2 + \mathrm{i}(1 - k_1)^{1/2} E_1 \tag{3.3.22}$$

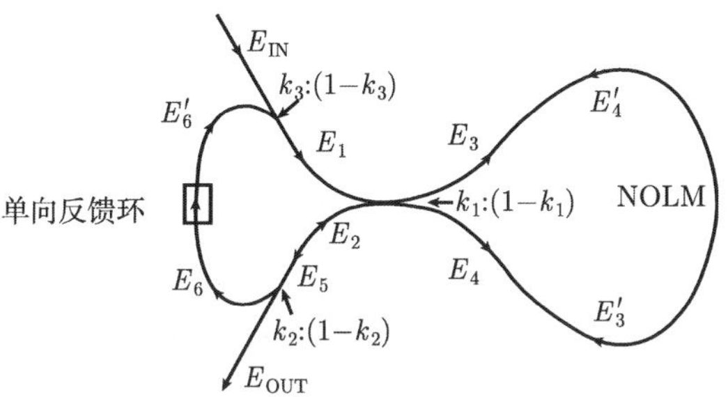

图 3.12 带反馈的非线性光纤环形镜结构[26]

由于非线性光纤环中是连续波，所以相向而行的电场会产生相移。顺时针和逆时针方向的光场由于自相位调制和交叉相位调制形成的非线性相移可以分别表示成

$$\varPhi_{\mathrm{c}} = \frac{2\pi n_2 L}{\lambda A_{\mathrm{eff}}}(2 - k_1) P_1 \tag{3.3.23}$$

$$\varPhi_{\mathrm{cc}} = \frac{2\pi n_2 L}{\lambda A_{\mathrm{eff}}}(1 + k_1) P_1 \tag{3.3.24}$$

其中，n_2 是非线性折射率，L 是光纤长度，A_{eff} 是光纤的有效截面，λ 是传输光的波长，P_1 是进入到耦合器 K_1 的光功率。E_3 和 E_4 沿非线性光纤环传输一周后回到耦合器 K_1，其光场分别变为 E_3' 和 E_4'，分别表示成

$$E_3' = E_3 \exp[-\mathrm{i}(\varPhi_{\mathrm{L}} + \varPhi_{\mathrm{c}})] \tag{3.3.25}$$

$$E_4' = E_4 \exp[-\mathrm{i}(\varPhi_{\mathrm{L}} + \varPhi_{\mathrm{cc}})], \tag{3.3.26}$$

其中，$\varPhi_{\mathrm{L}}$ 是传输引起的线性相移。在反馈部分，光场是单向传输，只需要考虑线性相移 $\varPhi_{\mathrm{f}}$。

耦合器 K_2 的光场可以表示为

$$E_6 = \mathrm{i}\sqrt{1 - k_2} E_5 \tag{3.3.27}$$

$$E_{\mathrm{out}} = \sqrt{k_2} E_5 \tag{3.3.28}$$

耦合器 K_3 的反馈场表示成

$$E_6' = E_6 \exp(\mathrm{i}\varPhi_{\mathrm{f}}) \tag{3.3.29}$$

$$E_1 = \sqrt{k_3}E_{\text{in}} + \sqrt{1-k_3}E_6' \tag{3.3.30}$$

令腔的周期为 t_{R}，综合上述各个传输方程可得到 E_1 的迭代方程

$$\begin{aligned}E_1(t) = &k_3^{1/2}E_{\text{in}} - (1-k_2)^{1/2}(1-k_3)^{1/2}E_1(t-t_{\text{R}})\\ &\times\{k_1\exp[-\text{i}(\varPhi+\varPhi_{\text{c}})] - (1-k_1)\exp[-\text{i}(\varPhi+\varPhi_{\text{cc}})]\}\end{aligned} \tag{3.3.31}$$

E_1 对应的光功率 P_1 可以表示为

$$\begin{aligned}P_1 = &k_3P_{\text{in}} \times \{1 + G_1G^2 + 2G[k_1\cos(\varPhi_{\text{c}}+\varPhi) - (1-k_1)\cos(\varPhi_{\text{cc}}+\varPhi)]\\ &- 2k_1(1-k_1)G^2\cos(\varPhi_{\text{cc}}-\varPhi_{\text{c}})\}^{-1}\end{aligned} \tag{3.3.32}$$

其中，$\varPhi = \varPhi_{\text{L}} - \varPhi_{\text{f}}$；$G = \sqrt{1-k_2}\sqrt{1-k_3}$；$G_1 = 1 - 2k_1 + 2k_1^2$。

输出端的光功率可以表示为

$$P_{\text{out}} = \left\{k_2 - 2k_1k_2(1-k_1)\left[1 + \cos\left((1-2k_1)\frac{2\pi n_2L}{\lambda A_{\text{eff}}}P_1\right)\right]\right\}P_1 \tag{3.3.33}$$

可见，带反馈的非线性光纤环形镜的最终输出状态由进入非线性光纤环的光功率决定。

4. “8” 字形腔结构的被动锁模光纤激光器

非线性光纤环形镜又叫 “8” 字形腔结构的被动锁模光纤激光器，其结构如图 3.13 所示，因为其腔体像一个 “8” 字，故此得名，其锁模物理机制称为干涉或者加成脉冲锁模[16]。图 3.13 右边是一个非线性放大环形境 (nonlinear amplifying loop mirror，NALM)，它由 50:50 的耦合器焊接而成，环内有掺铒光纤 (EDF) 作为光纤激光器腔内的增益介质，泵浦光通过波分复用器进入环内泵浦掺铒光纤[17]。由于掺铒光纤放置在靠近耦合器的一个端口，从 50:50 的耦合器进入 NALM 的两束光所经历的物理过程不相同：中间的 3dB 耦合器将入射光分成幅值相等、传播方向相反的两部分，这种设计把能提供放大的掺杂光纤靠近中央耦合器，使得一路光刚进入环路即被放大，另一路则在离开时才被放大，两列向相反方向传播的光在 NALM 内往返一次后获得了不同的非线性相移，而且相位差不是一个常数，而是随脉冲色散形状变化，如果将 NALM 调节到使脉冲的中央较强部分的相移接近 π，则脉冲的这部分能量被透射，而边沿部分由于其功率较低，所得相移较小，从而被反射，从 NALM 输出的脉冲要比输入脉冲窄，如此周而复始，逐渐形成稳定的超短脉冲输出。因而从功能上讲，NALM 的作用与快速可饱和吸收体类似，主要区别在于，光纤非线性效应的响应起源决定其响应速度可以达到 fs 量级[16~19]。

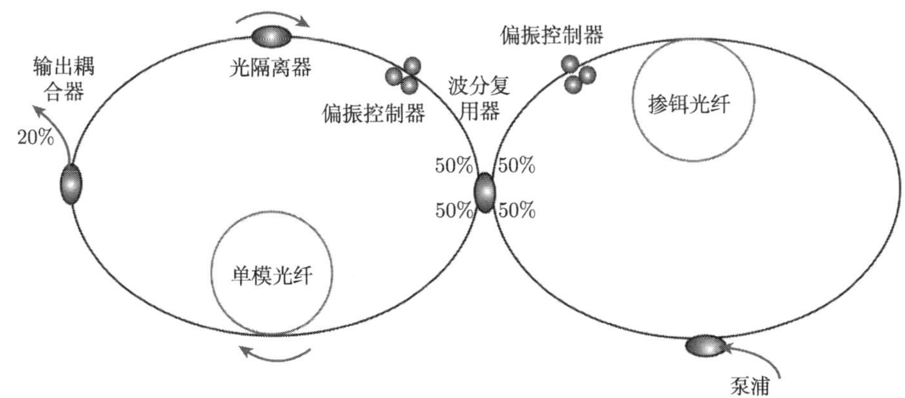

图 3.13 NALM 型 “8” 字形腔锁模光纤激光器示意图

在光纤激光器中使用传统的半导体可饱和吸收体，破坏了激光器的全光纤结构；利用非线性偏振旋转的环形腔和利用非线性光纤环形镜的 “8” 字形腔都是全光纤型激光腔，集成度高，制作简单，有相对高的环境稳定性[18]。基于 Sagnac 光纤干涉仪的 “8” 字形激光腔融合了非线性光纤环形镜和加成脉冲锁模的优点，可以极少地受外界环境变化的影响而长时间稳定锁模工作，缺点是需要高的泵浦功率实现锁模而且自启动相对环形腔结构不容易实现。环形腔结构的锁模机制是基于非线性偏振旋转效应的加成脉冲锁模，其结构简单，易于实现集成化[18,19]。

使用非线性光纤环形镜或非线性放大环形镜进行被动锁模的光纤激光器通常采用 “8” 字形腔体，所以通常称为 “8” 字形光纤激光器，其锁模技术通常被称为加成脉冲锁模。非线性放大环形镜的工作原理是，入射光通过 3dB 光纤耦合器分成传输方向相反、强度相同的两个部分，受到与强度相关的自相位调制 (SPM) 和交叉相位调制 (XPM) 等非线性效应的作用而产生非线性相移，而 EDFA 的不对称放置导致两部分光所获得的非线性相移量不同，当它们再次在耦合器相遇进行相干叠加时，产生了自幅度调制的脉冲窄化效应，这种效应在功能上类似于可饱和吸收体。非线性光纤环形镜的工作原理是：利用耦合比不对称的光纤耦合器，将入射光分为强度不等、传输方向相反的两个部分，其所受到的非线性效应导致的相移量不同，从而产生自幅度调制的脉冲窄化效应。这样加成脉冲的宽度被压窄，如此周而复始，便可以形成稳定的锁模运转，如图 3.14 所示。

5. 非线性偏振旋转锁模技术

利用非线性偏振旋转 (NPR) 锁模的光纤激光器的原理图如图 3.15 所示。此时被动锁模光纤激光器的腔体内，主要由偏振控制器、偏振相关隔离器、波分复用器、输出耦合器和光纤共同构成一个人造的可饱和吸收体被动锁模器件。其基本原理是光脉冲经过偏振相关隔离器后，从原来的椭圆偏振光变为线偏振光[20~26]。当光脉冲经过偏振控制器时，光场从原来的线偏振光转化为椭圆偏振光。当椭圆偏振光在激光器腔体光纤中传输的时候，其两个幅值不同的正交分量经过掺铒光纤得到增益放大，并且受到光纤的自相位调制 SPM 和交叉相位调制 XPM 的作用，产生大小不同的非线性相移，从而使脉冲的偏振态发生改变[25~28]。当光脉冲经过另一个偏振控制器时，适当地调节偏振控制器的旋转，使脉冲中央的高强度部分的偏振态和偏振相关隔离器相一致，而脉冲边缘处，由于强度比较小，受到的 SPM 和 XPM 的作用也比较小，所以当其到达偏振相关隔离器时，受到的损耗比较大，这就形成了等效的可饱和吸收体[25,26]。

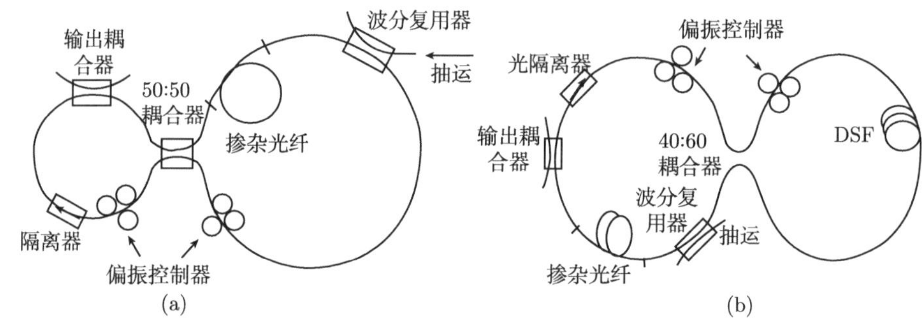

图 3.14 基于 NALM[42] 和 NOLM 的被动锁模结构图

(a) NALM; (b) NOLM

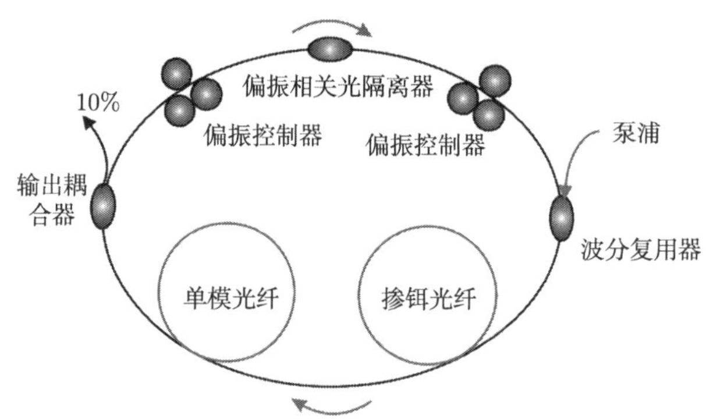

图 3.15 NPR 被动锁模的光纤激光器结构图

从概念角度来讲，非线性偏振旋转锁模与非线性光纤环形镜锁模原理相同，都可以归属于 APM，只不过是同一脉冲的两个垂直分量代替了相向传输的两束光波；从实用性角度来看，非线性偏振旋转效应只需一个光纤环即可实现被动锁模，其结构简单，系统稳定性好。

非线性偏振旋转锁模被动锁模光纤激光器的带宽一般很宽，与“8”字形腔光纤激光器相比较，结构比较简单，而且容易输出几十 fs 量级的脉冲，降低了激光器的成本，增加了激光器系统的可靠性[20]。

与主动锁模光纤激光器相比，被动锁模光纤激光器可以产生更短的脉冲，这是因为随着脉冲的窄化，峰值强度和可饱和吸收体的作用也进一步加强。另外，由于其不需要任何外界的有源调制器件，因此其腔体结构不仅更加简单，并且还可以实现全光纤集成。其缺点是锁模脉冲的重复频率取决于腔体长度，通常难以获得高速率锁模脉冲输出。

6. 混合锁模

混合锁模结合了同一激光腔内一种以上的锁模技术以改进激光器的性能，其中最直观的一种结合方式就是将一振幅或者相位调制器置于被动锁模光纤激光器内，调制器的作用是提供周期性的时隙以产生规则脉冲序列[27~29]。在前面章节的分析中，被动锁模光纤激光器产生的脉冲宽度一般可以达到 fs 量级，但是由于其脉冲的重复频率和光纤激光器本身腔体长度有关，所以一般被动锁模光纤激光器输出的脉冲重复频率比较低; 而主动锁模光纤激光器虽然输出脉冲的宽度比较宽，但是输出脉冲的重复频率比较高。所以在这里如可以将主动和被动锁模两者结合起来，则可以得到窄脉宽、高重复频率且比较稳定的孤子脉冲序列。同时在同一个光纤激光器中将两种被动锁模技术结合也是可能的[29]。1991 年，R. P. Davery[27] 等利用相位调制器，结合主被动锁模技术，使锁模光纤激光器输出稳定高重复率的窄脉冲。1994 年，T. F. Carruthes[28] 等再次利用主被动锁模技术，从单偏振掺铒锁模光纤激光器中获得了 0.5GHz 的亚皮秒锁模光脉冲。目前，已经可以从混合锁模光纤激光器中获得重复率可高达 10GHz 的 ps 级的锁模脉冲[29]，但是由于混合锁模光纤激光器中采用了主动锁模所必需的调制元器件，所以主被动锁模光纤激光器系统依然难以实现全光纤集成，同时其输出的脉冲宽度依然要受到调制带宽的限制。

混合锁模中采用了主动锁模调制元件，增加了插入损耗，且其系统结构依然难以实现全光纤集成，其脉宽还受到调制器的影响，且实现起来比较困难，目前还处于探索阶段。

3.4 超短脉冲压缩技术

为了获得超短脉冲，锁模脉冲的所有频率分量在谐振腔中的往返时间 T_{R} 必须与频率无关，即 $T_{\mathrm{R}}=\dfrac{\mathrm{d}\phi}{\mathrm{d}\omega}=$ 常量，ϕ 是脉冲经历往返之后的相位变化，否则，频率分量经历累积的相移后将不会出现相加而是出现相减，这就限制了脉冲带宽，并导致脉冲的带宽展宽。在锁模超短脉冲光纤激光器中，两种主要的色散源是自相位调制和光纤振荡器中光纤器件的色散。要实现脉宽较窄的脉冲，必须对腔内的色散源进行色散补偿。其中光纤中自相位调制的作用是光纤克尔效应的一部分。

3.4.1　自相位调制

在非线性介质中，介质的折射率与光强有关，它引起所传输激光的相位变化与光强有关，即自相位调制 (SPM)，它将导致光脉冲频谱展宽和产生频率啁啾。在光纤中大部分的非线性效应起源于非线性折射率，非线性折射率与光强有关，可用 $n = n_0 + n_2 I(t)$ 来表示，其中，n_0 为线性折射率，n_2 为非线性折射率系数，对于石英光纤而言，非线性折射率系数 $n_2 = 2.36 \times 10^{-16}\mathrm{cm}^2/\mathrm{W}$，$I(t)$ 为光脉冲的强度。SPM 是光脉冲在光纤中传输时光脉冲本身引起的相移，它的大小可以通过记录光脉冲的相位变化而得到，其中与光脉冲强度有关的非线性相移 [$\Delta\phi(t) = \dfrac{2\pi}{\lambda} n_2 I(t) L$，$L$ 为光纤长度] 是由 SPM 引起的。SPM 引起的光脉冲频谱展宽是由于 $I(t)$ 与时间有关，引起相位变化与时间有关，这说明在光脉冲的中心频率附近与两侧有不同的瞬时光频率，其值可通过 $\Delta\omega(t) = -\dfrac{\partial\Delta\phi(t)}{\partial t}$ 来表示。$\Delta\omega(t)$ 为 SPM 效应所引起的附加频率，由于在石英光纤中 $n_2 > 0$，因此 $\Delta\omega(t)$ 在前沿附近是负值而在后沿附近呈现正值。$\Delta\omega(t)$ 的引入使得脉冲包络的不同部位具有不同的瞬时频率，这种现象称为啁啾效应，可用公式 $c(t) = \dfrac{\partial\Delta\omega(t)}{\partial t}$ 来描述，上述各效应如图 3.16 所示 (假设高斯脉冲传输)。$c(t) > 0$ 时为正

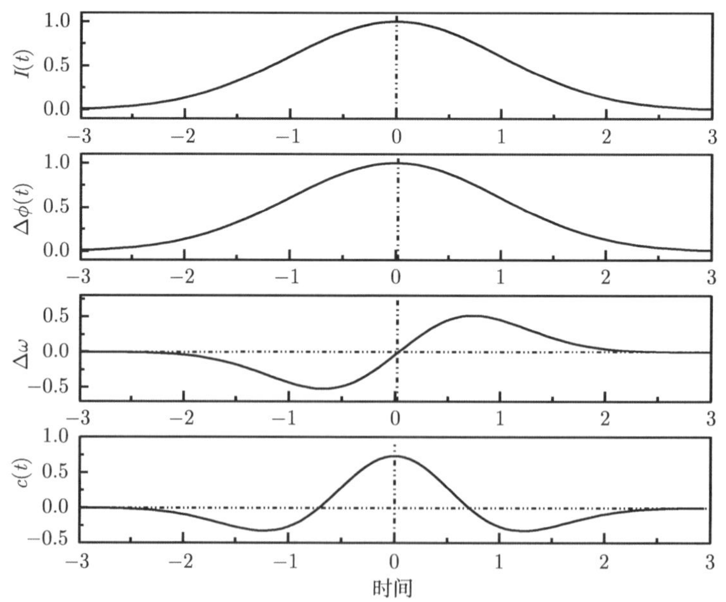

图 3.16　超短脉冲在光纤中传输的 SPM 效应

啁啾，$c(t)<0$ 时为负啁啾，脉冲的前后沿具有负啁啾，脉冲的中间具有正啁啾。这种啁啾由 SPM 引起，随传输距离的增大而增大。尽管 SPM 效应引起光脉冲频谱展宽，然而仅 SPM 并不能引起光脉冲在时域的加宽和变窄，SPM 所加宽的光谱成分在光脉冲的前沿和后沿部分，导致光脉冲成为一个非变换极限的啁啾脉冲。

3.4.2 群速度色散

当电磁场与电介质的束缚电子相互作用时，介质的响应通常与光波频率 ω 有关，这种特性称为色散，它表明折射率对频率的依赖关系。由于不同的频率分量对应于不同的脉冲传输速度，因此色散在短脉冲传输中起关键作用。由于群速度色散 (GVD) 效应，脉冲不同频率分量在光纤内以略微不同的速度传播，从而导致脉冲展宽。

在数学上，光纤的色散效应可以通过在中心频率 ω_0 处展开成模传输常数 β 的泰勒级数来解决，$\beta(\omega)=n(\omega)\dfrac{\omega}{\lambda}=\beta_0+\beta_1(\omega-\omega_0)+\dfrac{1}{2}\beta_2(\omega-\omega_0)^2+\cdots$，参量 β_1 为群速度色散的倒数，参量 β_2 表示群速度色散，β_1、β_2 与折射率有关，脉冲包络以群速度传播。对于熔石英 β_2 在波长 1.27μm 附近趋于零，成为零色散波长。当 $\lambda<1.27\mu\mathrm{m}$，光纤呈现正常色散，而当光波长超过零色散波长时呈现反常色散。

光脉冲在光纤中传输时基本方程通过归一化，在不考虑自相位调制的影响时，考虑入射光场为高斯脉冲 $U(0,T)=\exp\left(-\dfrac{T^2}{2T_0^2}\right)$ 的情形 (T_0 为脉冲的半宽度)，光脉冲通过长度为 L 的光纤后，光脉冲在光纤中输出过程形状不变，脉冲宽度变为 $T_1=T_0\left[1+\left(\dfrac{L}{L_\mathrm{D}}\right)^2\right]^{\frac{1}{2}}$，式中，$L_\mathrm{D}=\dfrac{T_0^2}{|\beta_2|}$ 为色散长度。经过输出后，光脉冲附加了与时间有关的相位 $\phi(t)$，这个相位隐含了中心频率为 ω_0 的脉冲从中心到两侧有不同的瞬时频率 $\Delta\omega=-\dfrac{\partial\psi}{\partial T}=\dfrac{2\operatorname{sgn}(\beta_2)(L/L_\mathrm{D})T}{1+(L/L_\mathrm{D})^2T_0^2}$，公式表明，经过脉冲的频率变化是线性的且 $\Delta\omega$ 与 β_2 的符号有关。在反常色散区 ($\beta_2<0$) 脉冲前沿 ($T<0$) 的 $\Delta\omega$ 为正，后沿 ($T>0$) 为负且线性减少，从而使得脉冲的高频部分处于光脉冲的头部，而低频部分在光脉冲的尾部，上述各效应如图 3.17(a) 所示。负的 GVD 引起的频率啁啾与 SPM 引起的频率啁啾符号相反，当负的 GVD 和 SPM 引起的啁啾量正好相等时，在光脉冲传输过程中不附加任何的频率啁啾，光脉冲的形状和光谱不发生变化，形成光孤子。

而在正常色散区 ($\beta_2>0$) 脉冲前沿 ($T<0$) 的 $\Delta\omega$ 为负，后沿 ($T>0$) 为正且线性增大，从而使得脉冲的低频部分处于光脉冲的头部，而高频部分在光脉冲的尾部，上述各效应如图 3.17(b) 所示，正的 GVD 引起的频率啁啾与 SPM 引起的频率啁啾符号相同，且相互加强。为有效地消除或补偿光脉冲在输出过程中引入的频

率啁啾，则需进行色散补偿。

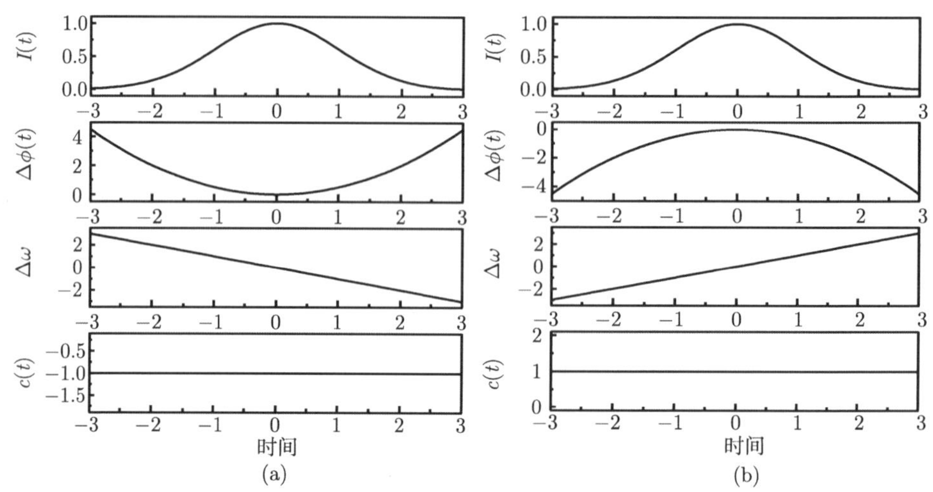

图 3.17　超短脉冲在光纤中传输的色散效应

(a) 负色散; (b) 正色散

3.4.3　色散补偿

在超短脉冲光纤激光器中，两种主要的色散源是自相位调制和掺 Yb^{3+} 光纤增益介质与腔内光纤器件附带光纤引入的正常色散。从上述讨论可以看出，锁模脉冲由于在光纤中的自相位调制和正常色散而使得脉冲带有很大的啁啾，光纤中正啁啾可以用基于光栅对、棱镜对、啁啾光纤光栅和在 1μm 附近呈现负色散的光子晶体光纤的色散延迟线来进行色散补偿，这些色散延迟线的作用就是在光纤激光器的振荡腔内提供负色散。以技术上较为成熟的光栅对加以说明。

一对平行放置的光栅 (G_1 和 G_2) 可以作为色散延迟线，如图 3.18 所示，其作用是对通过的脉冲提供一个反常 GVD(即光栅对对脉冲的作用相当于一段具有反常 GVD 的光纤)。当光脉冲入射到两个相互平行光栅中的一个光栅上时，脉冲的不同频率分量以稍有不同的角度衍射。结果当它们到达第二个光栅时，各自经历不同的

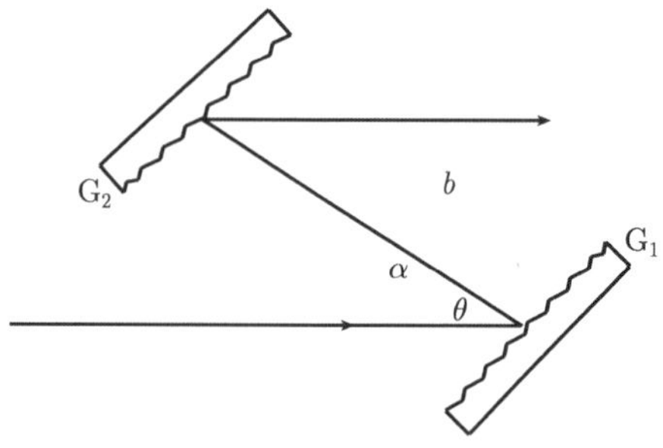

图 3.18　光栅对色散补偿的原理图

时间延迟，蓝移分量比红移分量提前到达。对正啁啾脉冲，脉冲的后沿产生蓝移分量，而前沿产生红移分量。这样，当脉冲通过光栅对时，后沿将赶上前沿，脉冲被压缩。

脉冲通过光栅对时，特定频率为 ω 的频谱分量获得的相移为

$$\phi_{\mathrm{g}}(\omega)=\frac{\omega L_{\mathrm{p}}(\omega)}{c} \tag{3.4.1}$$

式中，$L_{\mathrm{p}}(\omega)$ 是光程长度。由图中简单的关系得到

$$L_{\mathrm{p}}(\omega)=b\sec(\alpha-\theta)(1+\cos\theta) \tag{3.4.2}$$

b 为光栅之间垂直间距，α 为光入射角，θ 为光入射角与衍射角之差。

光栅衍射方程

$$d[\sin\alpha\pm\sin(\alpha-\theta)]=j\lambda \tag{3.4.3}$$

其中，d 为光栅常数，j 为衍射级数且假定是一级衍射。

利用光栅衍射方程中光栅对引起的色散与衍射角对频率的依赖关系。

若光脉冲频谱宽远小于其中心频率 ω_0，利用泰勒级数将 $\phi_{\mathrm{g}}(\omega)$ 在 ω_0 附近展开：

$$\phi_{\mathrm{g}}(\omega)=\phi_{\omega_0}+\left(\frac{\mathrm{d}\phi}{\mathrm{d}\omega}\right)_{\omega_0}(\omega-\omega_0)+\frac{1}{2}\left(\frac{\mathrm{d}^2\phi}{\mathrm{d}\omega^2}\right)_{\omega_0}(\omega-\omega_0)^2+\frac{1}{6}\left(\frac{\mathrm{d}^3\phi}{\mathrm{d}\omega^3}\right)_{\omega_0}(\omega-\omega_0)^3+\cdots \tag{3.4.4}$$

通过将 $L_{\mathrm{p}}(\omega)$ 按泰勒级数展开以及光栅衍射方程可以得出。

由此可求得光栅的色散补偿公式

$$\frac{\mathrm{d}^2\phi}{\mathrm{d}\omega^2}=-\frac{\lambda^3 b}{2\pi c^2 d^2\cos^3(\alpha-\theta)} \tag{3.4.5}$$

$$\frac{\mathrm{d}^3\phi}{\mathrm{d}\omega^3}=-\frac{\mathrm{d}^2\phi}{\mathrm{d}\omega^2}\bullet\frac{\lambda}{2\pi c}\left[\frac{1+\sin\alpha\sin(\alpha-\theta)}{\cos^2(\alpha-\theta)}\right] \tag{3.4.6}$$

从式 (3.4.5) 可以看出 $\dfrac{\mathrm{d}^2\phi}{\mathrm{d}\omega^2}$ 为负值，光栅引入反常 GVD，实现脉冲压缩所需光栅对的距离取决于正的啁啾量。对于超短脉冲光纤激光器来说，取决于自相位调制和群速度色散引入的啁啾量。一般来说，超短脉冲激光器内的色散效应降到最小，光纤激光腔中要求尽量减小腔内光纤器件附带光纤的长度。

3.4.4 锁模光纤激光器腔形比较

锁模光纤激光器采用的腔体形式主要有线形腔、环形腔、“8” 字形腔。

线形腔为 F-P 结构，一般采用可饱和吸收体作为锁模器件，为传统的固体激光器腔体，其集成度低、环境稳定性差、腔内需要精密调节的器件多、自启动困难，

且由于非全光纤结构，损耗比较大。但因所需的光纤比较短，易于进行色散补偿，易于产生窄线宽的激光脉冲。

“8” 字形腔为 NOLM 及 NALM 常用的腔形结构，腔长比较长，从而使光脉冲的重复频率低，且激光器容易工作在多脉冲状态下，且自启动阈值较高。但由于 Sagnac 环路自身的特性 (小信号完全反射，强信号透过) 可以使激光器具有较低的背景噪声。

环形腔为主动锁模激光器及非线性偏振旋转被动锁模光纤激光器常用的腔体。这种腔体由于采用行波腔结构，避免了驻波腔内的空间调制，具有易于实现自启动、结构简单、便于调节、抽运阈值低、输出脉冲质量高等优点，从而成为锁模光纤激光器首选腔体。

3.5　锁模光纤激光器新发展

3.5.1　高重复频率飞秒光纤激光器

高重复频率超短脉冲光纤激光器是进行超高速光通信的不可缺少的超快光源之一。主动锁模光纤激光器可以产生高重复频率的锁模脉冲，但脉冲较宽，而被动锁模光纤激光器的重复频率普遍不高。Y. Deng 等报道了在非线性偏振被动锁模的基础上，加上碰撞脉冲结构实现被动谐波锁模光纤激光器，获得重复频率为 605MHz、脉冲宽度为 380fs 的超短脉冲, 如图 3.19 所示。

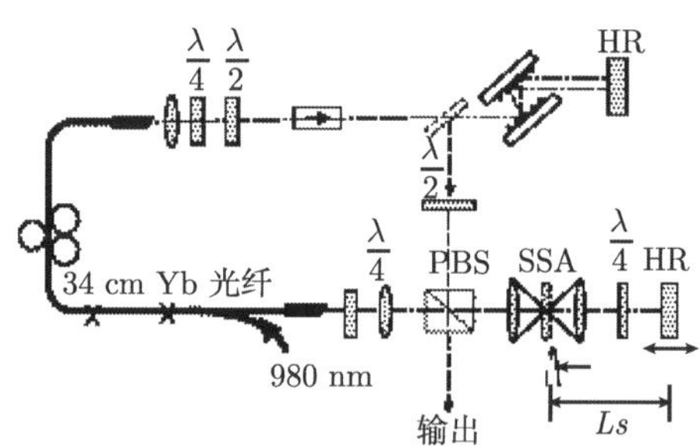

图 3.19　被动谐波锁模光纤激光器结构图

3.5.2　多波长锁模光纤激光器

多波长锁模光纤激光器一直是光纤激光器技术重要的研究领域。图 3.20 为 2003 年，Rie Hayash 等所报道的 16 波长锁模光纤激光器的结构图[30]。他们在主动锁模掺铒光纤激光器的基础上，利用液氮冷却方式实现多波长输出。

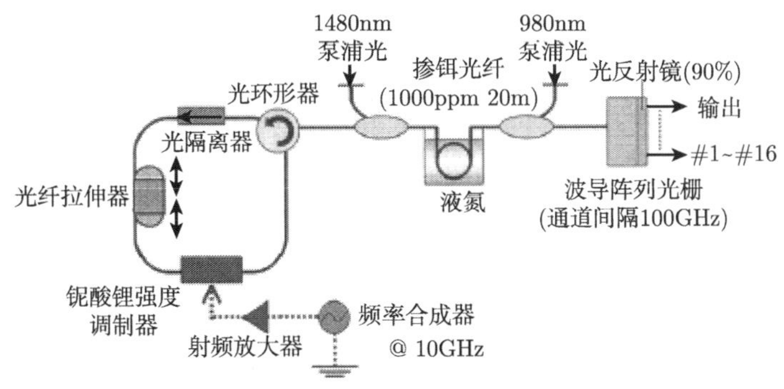

图 3.20 多波长锁模光纤激光器结构图

3.5.3 展宽脉冲锁模光纤激光器

由于光纤介质具有较高的色散和非线性系数，限制了锁模激光器输出能量。对于 fs 脉冲，其典型的单脉冲能量在 pJ 量级。1993 年，Tamura 等提出展宽脉冲锁模技术，在非线性偏振旋转锁模腔内加入一段正常色散光纤，与反常色散光纤一同构成激光器腔体，提高输出脉冲的单脉冲能量，减小脉冲宽度[31]。2005 年，Axel Ruehl 等利用展宽脉冲技术获得单脉冲能量达 6.2nJ、脉冲宽度 64fs 的超短脉冲(图 3.21)。

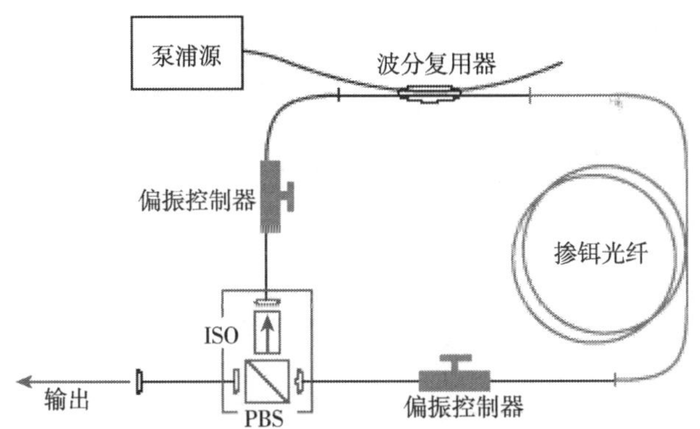

图 3.21 展宽脉冲锁模光纤激光器结构图

参 考 文 献

[1] 蓝信炬. 激光技术. 北京：科学出版社，2000.

[2] 顾畹仪, 李国瑞. 光纤通信系统. 北京：北京邮电大学出版社, 1999.

[3] 周炳琨, 高以智, 陈倜嵘, 等. 激光原理. 北京：国防工业出版社, 2000.

[4] 顾畹仪, 张杰. 全光通信网. 北京：北京邮电大学出版社, 1999.

[5] 赵德双. 高性能锁模光纤激光器研究. 合肥：中国科学技术大学出版社, 2005.

[6] 高伟清. NPR 被动锁模掺铒光纤激光器和免调试 Nd：YAG 固体激光器的研究. 成都：电子科技大学出版社, 2007.

[7] 王云. 增益开关半导体激光器在外光注入下脉冲抖动的实验研究. 物理学报, 2003, 52(9): 2190-2193.

[8] Yang S Q, Ponomarev E A, Bao X Y. 80-GHz pulse generation from a repetition-rate-doubled FM mode-locking fiber laser. IEEE Photonics Technology Letters, 2004, 17(2): 300-302.

[9] Yoshida E, Nakazawa M. Low-threshold 115-GHz continuous-wave modulational-instability erbium-doped fiber laser. IET Electronics Letters, 1996, 22(18): 1409-1411.

[10] Mollenauer L F, Stolen R H, Gordon J P. Experimental observations of picosecond pulse narrowing and solitons in optical fibers. Physical Review Letters, 1980, 45: 1095-1098.

[11] Menyuk C R. Stability of solitons in birefringent optical fibers. Ⅰ: Equal propagation amplitudes. Optics Letters, 1987, 12: 614-616.

[12] Menyuk C R. Stability of solitons in birefringent optical fibers. Ⅱ: Arbitrary amplitudes. Journal of The Optical Society of America B-optical Physics, 1988, 5: 392-402.

[13] Ialam M N, Poole C D, Gordon J P. Soliton trapping in birefringent optical fibers. Optics Letters, 1989,18: 1011-1013.

[14] De Souza E A, Soccolich C E, Pleibel W, et al. Saturable absorber modelocked polarisation maintaining erbium-doped fiber laser. Electronics Letters, 1993, 29(5): 447-449.

[15] Okhotnikov O G, Jouhti T, Konttinen J, et al. 1.5-μm monolithic GaInNAs semiconductor saturable-absorber mode locking of an erbium fiber laser. Optics Letters, 2003, 28(5): 364-366.

[16] Richardson D J, Lanming R I, Payne D N, et al. 320 fs soliton generation with passively mode-locked erbium fiber laser. Electronics Letters, 1991, 27(9): 730-732.

[17] Richardson D J, Lanming R I, Payne D N, et al. Selfstarting, passively mode-locked erbium fiber ring laser based on the amplifying Sagnac switch. Electronics Letters, 1991, 27(6): 542-544.

[18] Wong W S, Namiki S, Margalit M, et al. Self-switching of optical pulses in dispersion imbalanced nonlinear loop mirrors. Optics Letters, 1997, 22(15): 1150-1152.

[19] Matsumoto M, Ohishi T. Time-domain transmission control of dispersion- managed solitons. Electronics Letters, 1998, 34(22): 2155-2157.

[20] Tamura K, Haus H A, Ippen E P. Self-starting additive pulse mode-locked erbium fiber ring laser. Electronics Letters, 1992,28(24): 2226-2227.

[21] Chen C J, Wai P K A, Menyuk C R. Soliton fiber ring laser. Optics Letters, 1992, 17(6)：417-419.

[22] Matsas V J, Newson T P, Richardson D J, et al. Selfstarting passively mode-locked fiber ring soliton laser exploiting nonlinear polarization rotation. Electronics Letters, 1992,28 (15): 1391-1393.

[23] Zhang H, Tang D Y, Zhao L M, et al. Induced solitons formed by cross-polarization coupling in birefringent cavity fiber laser. Optics Letters, 2008, 33(20): 2317-2319.

[24] Zhang H, Tang D Y, Zhao L M, et al. Coherent energy exchange between components of a vector soliton in fiber lasers. Optics Express, 2008, 16(17):12618-12623.

[25] Tang D Y, Zhang H, Zhao L M, et al. Observation of high -order polarization-locked vector solitons in a fiber laser. Physical Review Letters, 2008, 101 (15): 153904.

[26] Tang D Y, Zhao L M, Lin F. Numerical studies of routes to chaos in passively mode-locked fiber soliton ring lasers with dispersion-mansaged cavity. Europhysics Letters, 2005, 71(1):10052-0.

[27] Davey R P, Fleming R P E, Smith K, et al. Mode-locked erbium fibre laser with wavelength selection by means of fibre Bragg grating reflector. Electronics Letters, 1991, 27(22): 2087-2088.

[28] Carruthes T F, Duling III I N, Dennis M L. Active-passive modelocking in a single-polarisation erbium fibre laser. Electronics Letters, 1994, 30(13): 1051-1053.

[29] 彭璨, 姚敏玉, 张洪明, 等. 10GHz 主动锁模光纤激光器. 中国激光, 2003, 30(2): 101-105.

[30] Man W S, Tam H Y, Demokan M S, et al. Mechanism of intrinsic wavelength tuning and sideband asymmetry in a passively mode-locked soliton fiber ring laser. Journal of Optical Society of American, 2000, 17(1): 28-33.

第 4 章　掺铒光纤激光器

由于掺铒光纤激光器具有很高的增益和泵浦效率，其增益谱很宽，且能在光通信窗口 (1.55μm 波段) 工作，因此一直以来引起人们的关注，被认为是未来长距离大容量的光纤通信系统的理想光源。与现行的光通信系统中的半导体激光器和发光二极管相比，掺铒光纤激光器以其容易实现波长调谐和波长选择、激光中心波长处于通信窗口 1.55μm 波段、损耗小、与光纤通信系统完全兼容等优点而受到广泛重视。

4.1　掺铒光纤激光器工作原理

4.1.1　掺铒光纤

铒离子在未受任何光激励时，处于最低能级 (基态)$^4I_{15/2}$ 上，当泵浦光射到掺铒光纤中时，基态铒离子吸收泵浦光能量，向高能级跃迁。由于斯塔克 (Stark) 效应，原子能级产生分裂，铒离子的能级展宽为带状。泵浦光的波长不同，粒子所跃迁到的高能级也不同。当离子吸收泵浦光后先跃迁到上能级，并迅速以非辐射跃迁的形式跃迁至亚稳态。在亚稳态，粒子有较长的存活时间，由于源源不断进行泵浦，粒子数会不断积累，从而实现了粒子数反转。当具有 1500~1600nm 波长的光信号通过掺铒光纤时，亚稳态粒子以受激辐射的形式跃迁到基态，并产生和入射信号中的光子一模一样的光子，即实现了信号光在掺铒光纤的传输过程中不断被放大的效果，掺铒光纤放大器也由此得名。

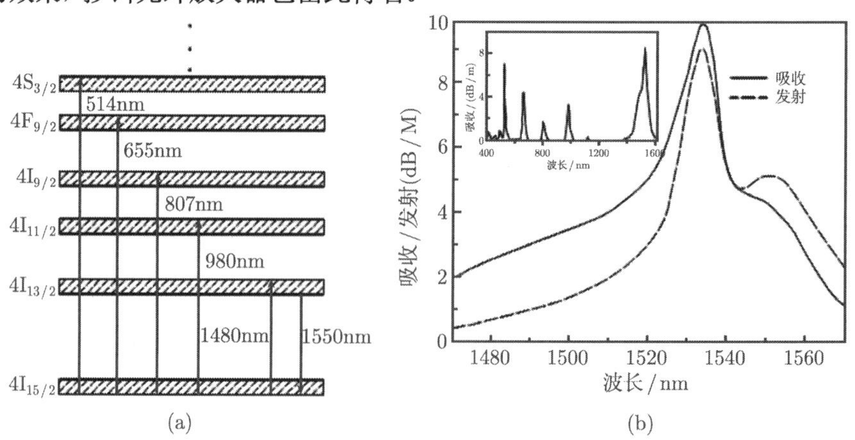

图 4.1　石英光纤中 Er^{3+} 的相关能级 (a) 和掺铒光纤的吸收和增益谱 (b)

从图 4.1 可以看出，掺铒光纤放大器 EDFA 的泵浦波长可以有多个。早期 EDFA 实验中，曾有使用可见光作泵浦源的，但由于激发态吸收 (ESA) 效应，泵浦效率相当低。而使用工作波长为 980nm 和 1480nm 的光源泵浦时，则可以获得比较高的泵浦转换效率。因此，目前掺铒光纤激光器普遍采用的是 980nm 或 1480nm 半导体激光器作为泵浦源。

4.1.2 泵浦特性及阈值特性

若采用 980nm 作为泵浦源，泵浦模型可看作准三能级结构。其粒子数的速率方程为

$$\frac{\mathrm{d}N_1}{\mathrm{d}t} = -R_{13}N_1 + \frac{N_2}{\tau_{21}} + (N_2 - N_1)W_2 \tag{4.1.1}$$

$$\frac{\mathrm{d}N_2}{\mathrm{d}t} = \frac{N_3}{\tau_{32}} - \frac{N_2}{\tau_{21}} + (N_2 - N_1)W_2 \tag{4.1.2}$$

$$\frac{\mathrm{d}N_3}{\mathrm{d}t} = R_{13}N_1 - \frac{N_3}{\tau_{32}} \tag{4.1.3}$$

其中，N_i 为在第 i 能级粒子数 (i=1，2，3)，$R_{13}N_1$ 为从能级 1 到能级 3 的泵浦速率，τ_{ij} 为两能级间的粒子寿命 (j=1，2)，$(N_2 - N_1)W_2$ 为受激发射率。达到稳定时，有

$$\mathrm{d}N_i/\mathrm{d}t = 0 \tag{4.1.4}$$

由式 (4.1.3) 得

$$N_{31}/\tau_{32} = R_{13}N_1 \tag{4.1.5}$$

由式 (4.1.2)、式 (4.1.5) 可得

$$N_2 = \frac{R_{13}N_1 + W_2N_1}{1/\tau_{12} + W_2} \tag{4.1.6}$$

而泵浦速率可表示为

$$R_{13}N_1 = \frac{I_\mathrm{p}\sigma_\mathrm{p}}{h\gamma_\mathrm{p}}N_1 \tag{4.1.7}$$

其中，σ_p 为光纤对泵浦光的吸收截面，I_p 为泵浦光强。由式 (4.1.6) 得

$$N_2 - N_1 = \frac{R_{13} - 1/\tau_{21}}{1/\tau_{21} + W_2}N_1 \tag{4.1.8}$$

将式 (4.1.7) 代入式 (4.1.8) 得

$$N_2 - N_1 = \frac{I_\mathrm{p}\sigma_\mathrm{p}/(h\gamma_\mathrm{p}) - 1/\tau_{21}}{I_\mathrm{p}\sigma_\mathrm{p}/(h\gamma_\mathrm{p}) + 1/\tau_{21}}N_1 \tag{4.1.9}$$

当泵浦光增大到一定程度，以致使能级 E_2 上的粒子数 N_2 大量积累，满足粒子数反转条件时，当式 (4.1.8) 满足 $N_2 > N_1$ 条件时, 则

$$I_{\mathrm{p}} > \frac{h\gamma_{\mathrm{p}}}{\sigma_{\mathrm{p}}\tau_{21}} \tag{4.1.10}$$

由此得到当泵浦阈值 $I_{\mathrm{th}} > \dfrac{h\gamma_{\mathrm{p}}}{\sigma_{\mathrm{p}}\tau_{21}}$，泵浦功率大于一定值时，能够得到激光输出。

4.1.3 泵浦源的选择

光纤激光器实质上是一个波长转换器，通过它可以将泵浦波长转换为特定的激光波长。泵浦源作为激光产生的条件之一，它的选择有着重要的作用。从前面的理论分析可以知道，泵浦光的波长要小于输出激光的波长，因此，要根据不同的情况来选择泵浦光的波长。从物理学观点可知，产生激光或激光放大过程的原则是，在其吸收的波长上有效地提供泵浦，以促使激光介质充分获取能量进而被激活，并在其荧光波长上正确提供形成激光放大或振荡的条件。由此可见，对于掺杂光纤激光器而言，掺杂材料的不同，所对应的吸收波长和荧光波长也是不一致的。因此光纤激光器中掺杂光纤中掺杂物不同，对泵浦光波长的要求就不同。

光纤激光器泵浦源的最佳选择标准:

(1) 泵浦效率高。泵浦效率影响泵浦功率的提高，泵浦功率越高所得到的调谐范围越大。

(2) 激发态吸收 (ESA) 效应要小。通常用 $\sigma_{\mathrm{ESA}}/\sigma_0$ 的比值大小来衡量 ESA 的影响程度，其中 σ_{ESA}、σ_0 分别代表掺杂光纤的激发态吸收截面和基态吸收截面，显然比值 $\sigma_{\mathrm{ESA}}/\sigma_0$ 越小越好。

光纤激光器的特性对泵浦源的性能有很大的依赖性，泵浦源的泵浦效率、寿命、尺寸和价格都会直接影响器件的最终性能，泵浦源的选择对光纤激光器的研制具有决定性的影响。波长为 980nm 的光源可以选用较大功率的半导体激光器，由于器件体积小、效率高、价格较低，因此是理想的泵浦光源。

4.2 非线性偏振旋转锁模实验研究

基于非线性偏振旋转锁模技术，采用增益平坦型掺铒光纤放大器组成锁模光纤激光器进行实验，利用耦合比为 20:80 的输出耦合器获得单脉冲能量高达 1.8nJ 的锁模脉冲。实验研究了输出耦合器、抽运功率等对输出锁模脉冲的影响。同时观察到光纤激光器的双峰值波长锁模输出。

4.2.1 实验装置及测量系统

非线性偏振旋转锁模光纤激光器如图 4.2 所示，该光纤激光器由掺铒光纤放大

器 (EDFA)、偏振相关光隔离器 (PDI)、两个光纤偏振控制器 (PC_1 和 PC_2)、输出光纤耦合器 (OC) 等组成。

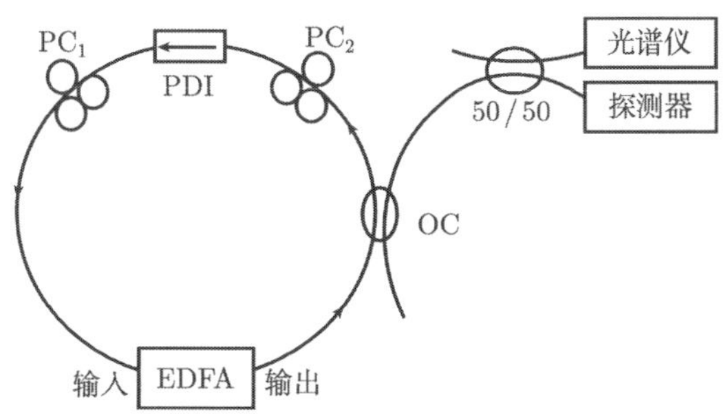

图 4.2 非线性偏振旋转锁模光纤激光器实验装置图

实验所用掺铒光纤放大器 (EDFA–BA) 为武汉邮电研究所生产，可以通过微机控制改变其抽运功率调节增益。其典型小信号增益谱线如图 4.3 所示 (抽运功率为 150mW，输入信号为 0dBm)，在 C 波段 (1530~1565nm) 增益起伏小于 0.1dB，且由于具有 59nm 的 3dB 增益带宽，根据锁模理论，可以支持 fs 量级光脉冲的产生。

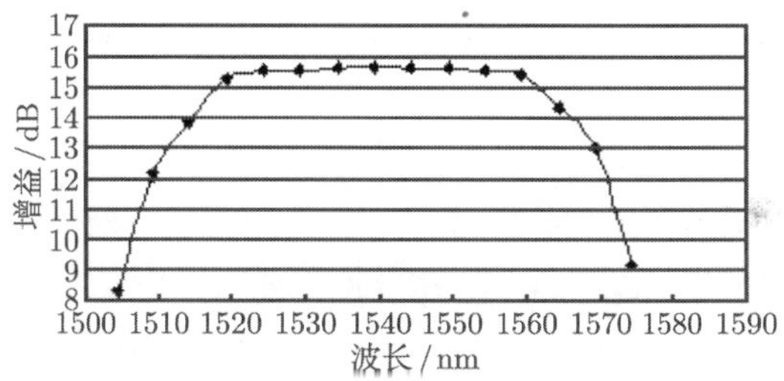

图 4.3 掺铒光纤放大器增益与波长关系

光纤偏振控制器利用弯曲光纤的双折射效应制成。其工作原理是，利用弯曲光纤双折射效应制成波片，两个主轴方向可改变的四分之一波片可以将输入的任意偏振光变为所需要的任何偏振光。实验所用光纤偏振控制器由三个利用光纤缠绕成的工作波长在 1550nm 的波片组成，两个四分之一波片，中间为二分之一波片。

偏振相关光隔离器的偏振相关损耗为 30dB。在本实验中的作用相当于一个光隔离器和一个偏振片。光纤耦合器的分光比为 10:90。各光纤元器件通过光纤连接器连接，实验测量整个激光器谐振腔的损耗为 2.8dB。实验中利用带宽 500MHz 的示波器 (TDS3052) 结合超快光电探测器 (XPDV2020) 来观测激光器输出的时域特性，采用光谱仪 (Agilent86140B) 观测激光器输出的频域特性，该光谱仪的一些具体技术参数为，波长范围：600~1700nm，波长精度：±0.01nm，最小分辨率带宽：0.06nm，最大测量功率：30dBm，幅度灵敏度：−90dBm，幅度动态测量范围：−70dB，输入回波损耗：>35dB，最大扫描速率：40nm/50ms。

锁模脉冲的脉宽由自相关仪 (APE-Pulse Check TC) 测量，其具体技术参数为，波长范围：1500~1600nm，灵敏度：$10^{-7}W^2$，分辨率：1fs(扫描范围为 15ps)、2fs(扫描范围 50ps)、6fs(扫描范围为 150ps)，测量范围：120~35ps。自相关仪基于二次谐波法进行脉冲进行测量，它将脉冲宽度转化为其自相关函数进行测量，而其强度自相关波形的半高全宽 $\Delta\tau$ 与被测脉冲的半高全宽 t_p 成正比，比例系数为一常数，大小与被测脉冲形状有关，表 4.1 给出了常见脉冲形状 (强度波形) 的 $\Delta\tau$ 与 t_p 的比值，这样若被测脉冲形状已知，就可以求得其脉冲宽度。

表 4.1 不同强度波形对应的 $\Delta\tau/t_p$ 值

强度波形	$\Delta\tau/t_p$
矩形	1
高斯	1.41
双曲正割	1.55
洛伦兹	2

利用光功率计 (PMS-1BF) 测量光纤激光器的输出功率。其工作波长为 1300nm、1310nm、1480nm、1550nm，测量范围为 -50~30dBm，分辨率为 0.01dBm。

4.2.2 锁模脉冲的产生

当激光器达到锁模阈值功率后，通过适当调节两个偏振控制器即可实现激光器的自启动，并稳定工作在锁模状态。图 4.4 为抽运功率为 100mW 时得到的稳定锁模脉冲序列 [图 4.4(a)]、光谱图 [图 4.4(b)] 和自相关图 [图 4.4(c)]。得到的光脉冲重复频率为 6.495MHz，中心波长为 1560nm，相应的光谱带宽为 10nm。自相关曲线半高全宽为 2.32ps，通过对自相关图进行拟合比较，可以推断产生的光脉冲为双曲正割形，脉冲宽度为 1.5ps。计算得到锁模脉冲的时间带宽积为 1.9。而双曲正割形脉冲的变换极限为 0.315，这说明输出脉冲啁啾较大。这是因为光纤激光器的腔长比较长，总色散比较大。此时利用光功率计测得锁模光纤激光器的平均输出功率为 4.38mW，则其单脉冲能量为 0.7nJ。

通过实验测得光纤激光器自启动锁模阈值为 67mW，达到阈值功率后，抽运功率变化对锁模脉冲脉宽几乎没有影响，而改变光纤偏振控制器的状态，锁模脉冲的中心波长、脉宽及光谱均受到影响，如图 4.5(同样抽运功率下，不同偏振控制器状态获得的锁模脉冲，光谱带宽为 10nm，脉冲宽度为 1.7ps) 所示。这是由于通过改变偏振控制器的状态改变了自幅度调制的参数，从而得到不同参数的脉冲，中心波长的改变则是由锁模器件的线性特性所致，且激光器实现锁模后，降低抽运功率到锁模阈值以下时，激光器仍能实现锁模输出，但当抽运功率降到 20mW 时，从示波器上可以看到，激光脉冲变得较不稳定。降低抽运功率，降低了光纤激光器的增益，从而使激光器的稳定性降低。当激光器抽运功率降到 9.3mW 以下时，激光器转为连续输出，这时提高抽运功率到 9.3mW 以上，仍不能实现锁模运转，直到将抽运功率提高到 67mW 时，激光器才再次工作在锁模状态。

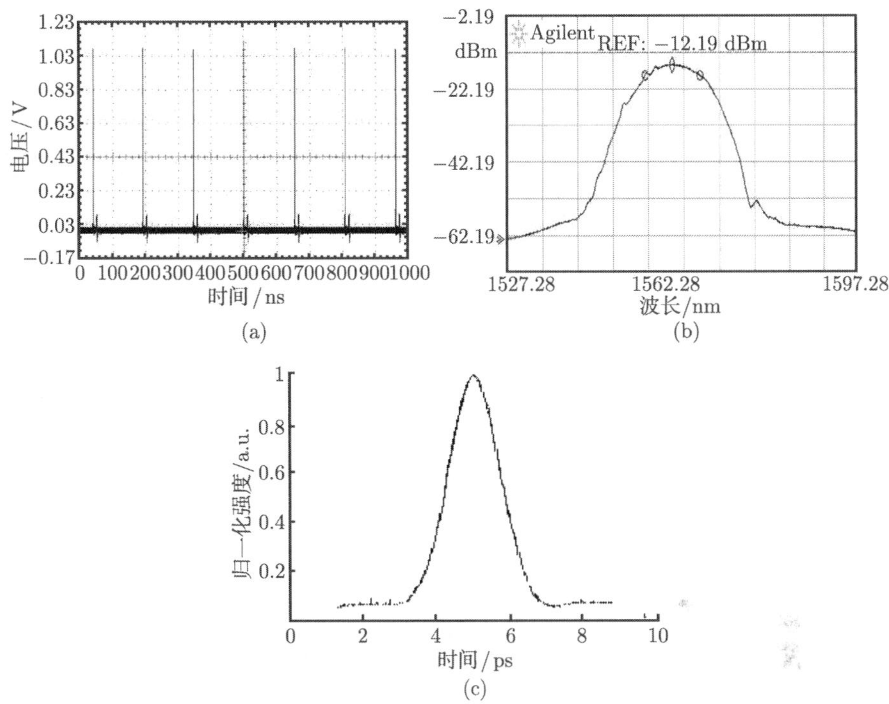

图 4.4 抽运功率为 100mW 时的锁模脉冲输出脉冲序列(a)、相应的光谱(b) 及脉冲自相关图(c)

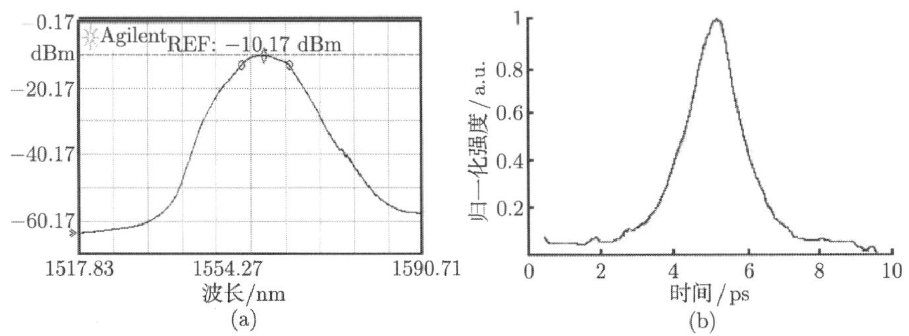

图 4.5 不同偏振控制器状态下得到锁模脉冲的光谱图(a)和自相关图(b)

4.2.3 双峰值波长锁模脉冲的获得

保持抽运功率为 100mW，调节偏振控制器波片在某角度时，激光器工作在双峰值波长锁模状态，即锁模脉冲的输出光谱出现双峰结构，如图 4.6 所示，峰值波长为 1557nm 和 1570nm。锁模脉冲宽度、重复频率与单峰值波长锁模时比较没有明显变化。当将抽运功率降低到锁模阈值以下时，光纤激光器输出具有两个峰值波长的连续光。其原因如下：利用非线性偏振旋转锁模技术时，激光腔内损耗与激射光的初始偏振态有一定关系，而不同波长的光通过偏振控制器后的偏振状态的改变不同，这样通过偏振控制器改变偏振态来实现锁模的同时，可能使得增益线宽内某些波长的损耗相对较低，而其增益相差不大，从而形成双峰值波长的锁模状态。

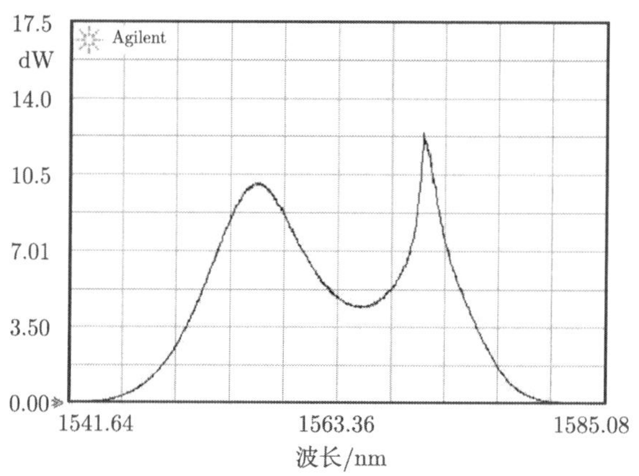

图 4.6 输出的双峰值波长光谱图

4.2.4 高单脉冲能量锁模脉冲的获得

利用较高输出耦合比的输出耦合器，不仅使输出脉冲能量占较大百分比，同时减小了光纤环内运行的脉冲的能量，提高了光纤激光器发生孤子分裂所需的抽运功率，从而获得较高单脉冲能量的锁模脉冲。实验中，利用输出耦合比为 20:80 的光纤耦合器代替 10:90 的光纤耦合器，获得了单脉冲能量更高、脉冲更短的超短光脉冲，其重复频率为 6.510MHz，脉冲光谱带宽为 10.6nm，自相关曲线半高全宽为 1.65ps，则脉冲宽度为 1.1ps，如图 4.7 所示。

利用光功率计测量其输出功率为 11.67mW，这样得到的脉冲单脉冲能量为 1.8nJ。脉冲输出功率与抽运功率的关系如图 4.8 所示。从图中可以看到，输出功率与抽运功率呈线性关系，当抽运功率为 100mW 时，发现激光器输出功率未出现饱和的趋势，如果能够增加抽运功率，单脉冲能量仍有较大的增加余地。当抽运功率减小时，从自相关仪上看出，激光器输出脉冲的脉冲宽度会增加。我们认为这是由于随着抽运功率的降低，激光器的稳定性有所降低，脉冲的噪声增大，从自相关仪上表现为自相关曲线宽度的增加。

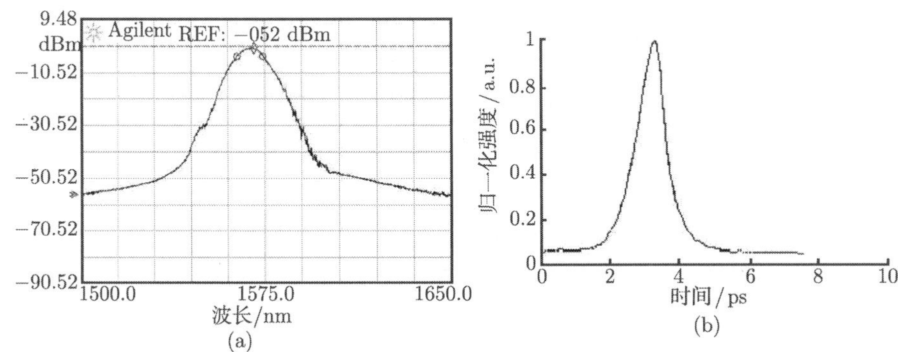

图 4.7 输出耦合比为 20:80 时锁模脉冲的光谱图 (a) 自相关图 (b)

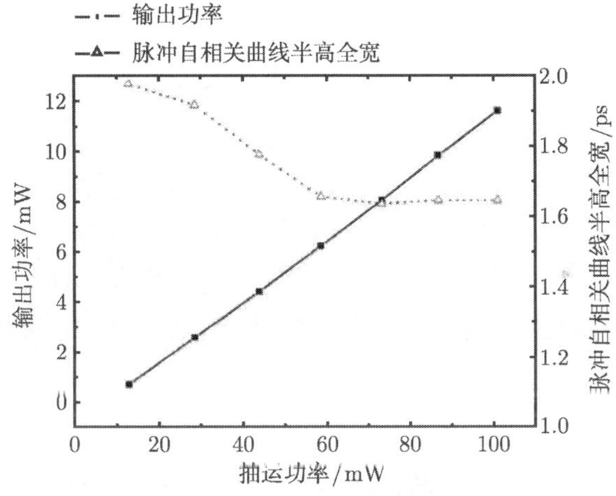

图 4.8 输出耦合比为 20:80 时，输出功率及自相关曲线半高全宽与抽运功率的关系

尽管利用较高耦合比的输出耦合器可以提高脉冲的单脉冲能量，但同时也提高了激光器自启动阈值功率，因为采用较高输出比的输出耦合器，增加了环内损耗。根据自启动理论分析，损耗增大，则激光器不容易自启动锁模，需要提高激光器小信号增益，使激光器可以自启动锁模。实验测得，输出耦合比为 20:80 时，光纤激光器的自启动阈值功率为 93.6mW，作为比较，耦合比为 10:90 时，光纤激光器自启动阈值功率为 66.6mW。当采用输出耦合比为 30:70 的输出耦合器时，激光器很难实现自启动锁模。

经过实验研究，非线性被动锁模光纤激光器的输出受到抽运功率、输出耦合器耦合比大小及位置、偏振控制器的状态等影响。

1. 偏振控制器对锁模脉冲的影响

当输出耦合器固定后，激光器的工作状态主要取决于光纤激光器的抽运功率及偏振控制器的状态。当激光器的抽运功率高于锁模阈值时，通过调节偏振控制器的状态，激光器可能会工作在锁模状态、连续工作状态、不稳定输出状态，且不同的偏振控制器的状态所得到的锁模脉冲也不相同。非线性偏振旋转光纤激光器的工作状态有三种：①锁模状态；②稳定连续输出状态 [图 4.9(a)]；③不稳定状态 [图 4.9(b)]。这是由于激光器的自启动与自振幅调制系数有关，对于非线性偏振旋转来说，自振幅系数取决于光纤偏振控制器的状态。自振幅系数不同所获得的脉冲不同，这是不同偏振控制器得到不同脉冲的原因。当抽运功率低于锁模阈值且接近锁模阈值时，激光器可以工作在稳定连续输出状态以及不稳定输出状态。随着抽运功率的降低，不连续工作时的幅值越来越低，直至连续输出。激光器的不稳定工作状态是由环形光纤激光器调制的不稳定性造成的。

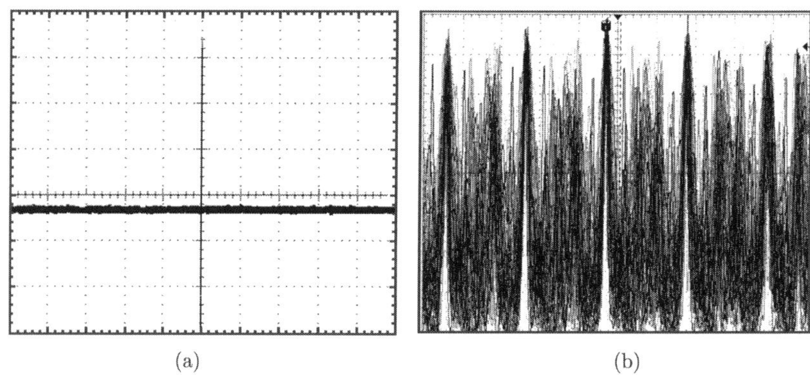

(a)　　(b)

图 4.9　当激光器稳定连续输出时 (a) 不稳定输出时 (b) 示波器上波形

我们在调节光纤偏振控制器时还发现，调节偏振控制器，激光器的输出波长会随之发生变化，可以利用这一特性实现光纤激光器波长可调谐输出。另外，从图 4.8 发现，当抽运功率为 100mW 时，光纤激光器未出现饱和的趋势，也没有观察到多脉冲现象，若采用增益更高的掺铒光纤放大器或降低腔内损耗，应可得到单脉冲能量更高的超短脉冲。

2. 输出耦合器耦合比大小对锁模脉冲的影响

输出耦合器耦合比大小对光纤激光器的影响主要有两个方面：阈值抽运和输出功率。表 4.2 给出了不同输出耦合比下激光器的锁模阈值抽运功率、输出功率及单脉冲能量。

从表 4.2 中可以看出，选用的输出耦合比越大，获得脉冲的输出功率越大，单脉冲能量也越大。然而，光纤激光器自启动锁模的阈值抽运功率也越大。

表 4.2 不同输出耦合比下激光器输出参数

输出耦合比	重复频率/MHz	锁模阈值功率/mW	输出功率/mW	单脉冲能量/nJ
1%	6.336	59	0.55	0.09
10%	6.495	67	4.4	0.7
20%	6.509	94	11.7	1.8

3. 输出耦合器位置对锁模脉冲的影响

输出耦合器的位置对输出脉冲也有一定的影响。根据非线性偏振旋转锁模原理，若将输出耦合器放置于偏振相关光隔离器之后，由于减少了脉冲在光纤中的传输距离，光脉冲受色散影响较小，可得到更窄的光脉冲输出。然而此时由于增加了从掺铒光纤放大器输出脉冲传输距离，故输出功率有所降低。实验中采用 10:90 的耦合器，仍将抽运功率设置为 100mW，获得了 1.2ps 的锁模脉冲，对应光谱宽度为 12nm，输出功率为 2.35mW，由于没有改变激光器腔长，重复频率仍为 6.495MHz。

4.3 偏振控制可调谐掺铒光纤激光器

在非线性偏振旋转锁模实验中，观察到了波长随偏振控制器状态可调，在此基础上提出了一种结构简单、利用偏振控制的波长可调谐光纤激光器，利用琼斯矩阵分析激光腔内偏振态的演变以及由偏振引起的波长相关损耗，从而对光纤激光器实现可调谐输出及双波长输出给出理论解释。实现了光纤激光器波长调谐范围达 22nm 的连续可调输出，以及双波长连续输出。研究了不同输出耦合比对可调谐范围、输出线宽、输出功率等的影响。

4.3.1 锁模光纤激光器连续工作状态下的可调谐实验

图 4.3 所示的锁模光纤激光器在连续工作状态时，其输出波长会随着光纤偏振控制器状态的变化而变化。当抽运功率为 65mW 时，通过改变偏振控制器的状态，得到了不同的输出波长，如图 4.10 所示。

波长可调谐的范围为 14nm，光谱线宽在 0.93~1.25nm 变化；输出功率的起伏为 4.5dB，从 0.5~5.0dBm 变化，如图 4.11 所示。其波长可调谐的原因如下：掺铒光纤在常温下表现为均匀加宽介质，因此掺铒光纤激光器的输出为单波长，且由于模式竞争，输出的波长为净增益最大的波长成分，而偏振相关光隔离器将波长不同而导致的偏振态的差异转变为其损耗的差异。通过偏振控制器调节各个波长成分的偏振态进而调节其损耗，实现波长调谐。

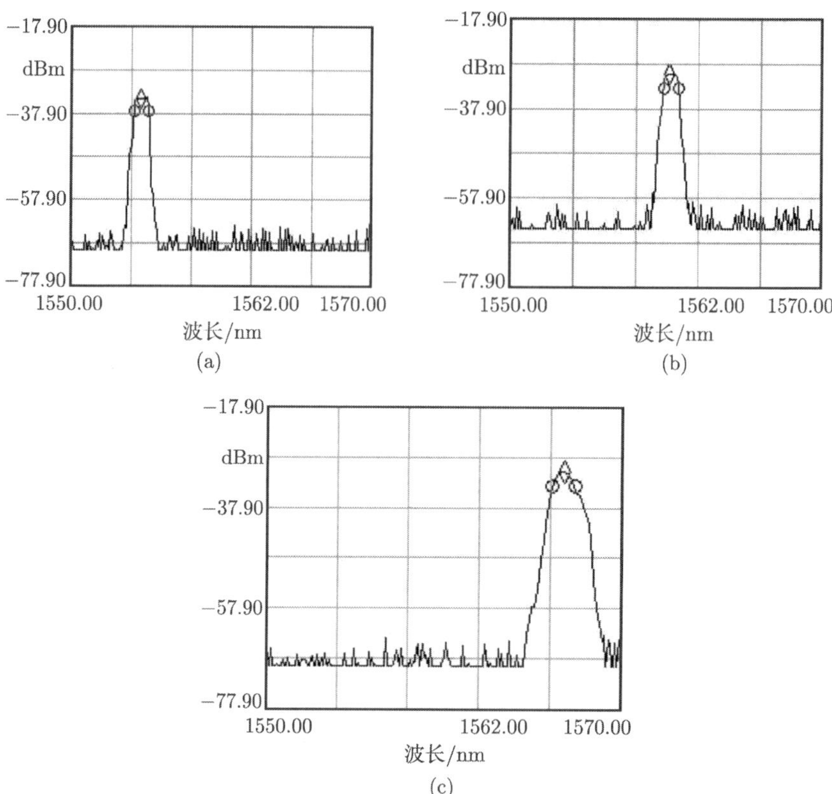

图 4.10　光纤激光器输出不同波长时的光谱图

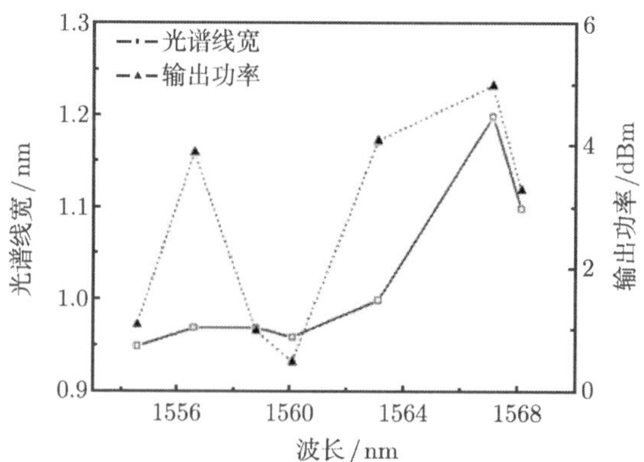

图 4.11　激光器输出不同波长时的光谱线宽及输出功率

从上述实验中发现，该光纤激光器可调谐范围较小，线宽变化较大，输出功率起伏也较大。可调谐范围小是由非线性偏振器件所导致的调制不稳定性[1]，激光器容易工作在不稳定状态。其输出功率起伏，是由于偏振相关光隔离器前面偏振控制器的作用，使进入偏振相关光隔离器前的偏振态不同，导致偏振相关损耗不同，从而引起输出功率起伏。

去掉偏振相关光隔离器前的偏振控制器，得到改进的偏振控制波长可调谐掺铒光纤环形激光器 (EDFRL)，如图 4.12 所示。

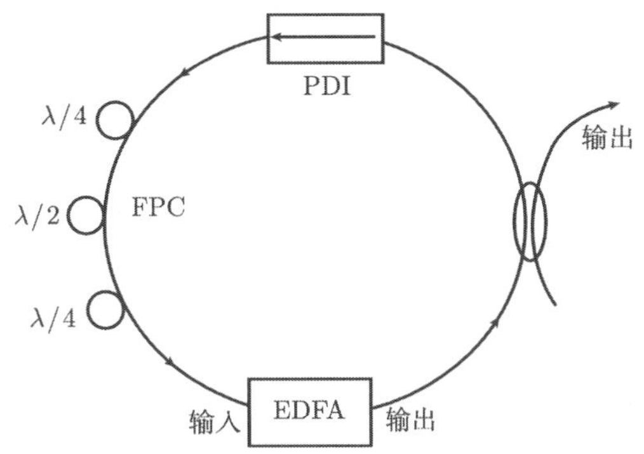

图 4.12 波长可调谐掺铒光纤环形激光器结构示意图

4.3.2 偏振控制可调谐光纤激光器理论研究

图 4.12 中的波长可调谐光纤激光器由掺铒光纤放大器 (EDFA)，偏振相关光隔离器 (PDI)，光纤偏振控制器 (FPC) 和光纤耦合器等组成。实验采用的掺铒光纤放大器、偏振相关光隔离器、光纤偏振控制器与非线性偏振旋转锁模光纤激光器相同，将光纤耦合器的耦合比选为 50:50。

激光器实现可调谐输出的关键器件是偏振相关光隔离器和偏振控制器，偏振相关光隔离器相当于一个偏振片和一个光隔离器的组合，对不同偏振状态光的损耗不同。经过偏振相关光隔离器后不同波长的线偏振光在通过偏振控制器时经历了不同的相移，其偏振状态改变不同，形成不同偏振态的椭圆偏振光。偏振相关光隔离器将偏振态的差异转变为损耗的差异，也就是说，光纤偏振控制器对不同波长偏振态的调节等效于对其腔内损耗的调节，从而实现掺铒光纤激光器的波长可调谐输出。

光在激光腔内的偏振变化采用琼斯矩阵来分析。假定光纤的双折射程度不变，并忽略光纤的非线性效应，分别取光纤的快、慢轴方向为琼斯矢量的 x、y 轴。设从偏振相关光隔离器输出光的琼斯矢量为 $\boldsymbol{S}=\begin{pmatrix} U \\ V \end{pmatrix}$。激光器内其余光纤的传输矩阵为 $\boldsymbol{M}(\lambda)$，偏振相关光隔离器的传输矩阵为 $\boldsymbol{P}(\theta_0)$，即为偏振片的传输矩阵，θ_0

为偏振相关光隔离器损耗最小的偏振方向与光纤快轴之间的夹角，则

$$\boldsymbol{M}(\lambda)=\begin{pmatrix}1 & 0\\ 0 & \exp\left(\mathrm{i}\dfrac{2\pi BL}{\lambda}\right)\end{pmatrix} \tag{4.3.1}$$

$$\boldsymbol{P}(\theta_0)=\begin{pmatrix}\cos^2\theta_0 & \sin\theta_0\cos\theta_0\\ \sin\theta_0\cos\theta_0 & \sin^2\theta_0\end{pmatrix} \tag{4.3.2}$$

偏振控制器可以简化为由两个四分之一波片 (工作波长为 1550nm) 组成，两个波片传输矩阵可写为 $\boldsymbol{Q}(\theta_1,\theta_2)$，其中 θ_1,θ_2 分别为两个波片与光纤快轴之间的夹角，则

$$\begin{aligned}\boldsymbol{Q}(\theta_1,\theta_2)&=\begin{pmatrix}\cos\theta_2 & \sin\theta_2\\ -\mathrm{i}\sin\theta_2 & \mathrm{i}\cos\theta_2\end{pmatrix}\begin{pmatrix}\cos\theta_1 & \sin\theta_1\\ -\mathrm{i}\sin\theta_1 & \mathrm{i}\cos\theta_1\end{pmatrix}\\&=\begin{pmatrix}\cos\theta_1\cos\theta_2-\mathrm{i}\sin\theta_1\sin\theta_2 & \sin\theta_1\cos\theta_2+\mathrm{i}\cos\theta_1\sin\theta_2\\ \sin\theta_1\cos\theta_2-\mathrm{i}\cos\theta_1\sin\theta_2 & -\cos\theta_1\cos\theta_2-\mathrm{i}\sin\theta_1\sin\theta_2\end{pmatrix}\end{aligned} \tag{4.3.3}$$

光纤偏振控制器的原理是根据弹光效应[2]：

由光纤绕成的波片折射率为

$$\delta n=\frac{n^3}{4}\mu(\boldsymbol{P}_{11}-\boldsymbol{P}_{12})(r/R)^2 \tag{4.3.4}$$

其中，n 为折射率，μ 为泊松比，r 为光纤半径，R 为光纤弯曲的曲率半径，$\boldsymbol{P}_{ij}$ 为光纤的弹光张量。则长 L 的波片引起的相位差即为 $\delta n\cdot L/\lambda$，即不同波长成分的光经历的相位差不同，故在上述两个波片方程前乘上一修正系数，则偏振控制器的传输矩阵 $\boldsymbol{F}(\lambda,\theta_1,\theta_2)$ 应为

$$\boldsymbol{F}(\lambda,\theta_1,\theta_2)=\boldsymbol{B}(\lambda)\boldsymbol{Q}(\theta_1)\boldsymbol{Q}(\theta_2) \tag{4.3.5}$$

其中，$\boldsymbol{B}(\lambda)=\begin{pmatrix}1 & 0\\ 0 & \exp\left(\mathrm{i}\dfrac{\lambda-\lambda_0}{\lambda_0}\right)\end{pmatrix}$，式中，$\lambda_0=1550\text{nm}$。

仅考虑腔内偏振的变化，则光经过激光器一周后的琼斯矢量为

$$\boldsymbol{S}'=\begin{pmatrix}U'\\ V'\end{pmatrix}=\boldsymbol{P}(\theta_0)\cdot\boldsymbol{M}(\lambda)\cdot\boldsymbol{F}(\lambda,\theta_1,\theta_2)\cdot\boldsymbol{S} \tag{4.3.6}$$

由偏振引起的损耗可写为

$$L=-10\times\lg\frac{|U'|^2+|V'|^2}{|U|^2+|V|^2} \tag{4.3.7}$$

我们数值模拟了当光纤偏振控制器两个四分之一波片与光纤快轴之间的夹角分别为 $\theta_1=\theta_2=0;\theta_1=\dfrac{\pi}{6}\theta_2=\dfrac{\pi}{3};\theta_1=\dfrac{\pi}{3},\theta_2=-\dfrac{\pi}{6}$ 时，由偏振引起的损耗与波长的关系，如图 4.13 所示。为简化处理，取偏振相关光隔离器的偏振方向与光纤的快轴成 45°，光纤双折射系数取 $B=2.6\times10^{-6}$。从图 4.13 中可以看出不同波长具有不同的损耗，且当其他参数不变时，其损耗取决于偏振控制器波片的方位角。因此通过调节偏振控制器波片的方位角，就可以调节激光器振荡波长的损耗，从而调节激光器的输出波长。还可以看出偏振引起的损耗随波长呈近周期性变化，其周期与波长、光纤的双折射程度及光纤偏振控制器的位置等有关系。因为两个波长成分的光在腔内运行一周所经历的相移相差为 2π 的整数倍时，由偏振引起的损耗相同。

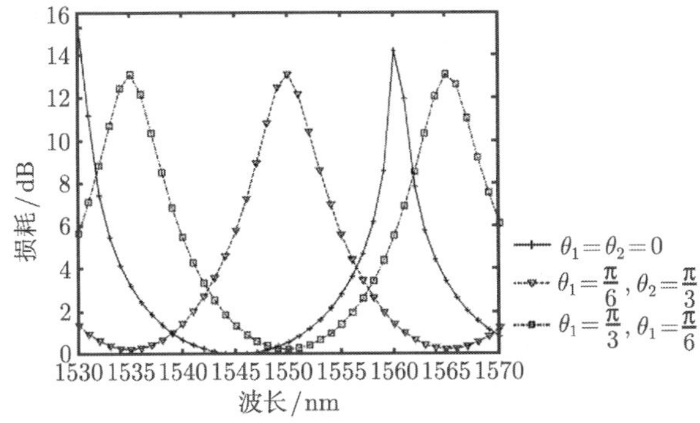

图 4.13 不同偏振状态时输出光谱图

4.3.3 偏振控制可调谐光纤激光器实验研究

理论上讲，图 4.3 所示的光纤激光器的波长调谐范围与所用掺铒光纤放大器的增益带宽相同。然而，在实验中由于掺铒光纤放大器增益曲线不完全平坦、其他波长相关性损耗及光纤中非线性效应的影响，实际的调谐范围小于理论值，输出功率有微弱起伏。

实验上通过调节偏振控制器波片的方位角，实现输出波长在 1542~1564nm 连续可调谐，波长调谐范围为 22nm[图 4.14(a)]，输出功率在 4.2~4.8dBm 变化，边模抑制比在 35dB 以上 [图 4.14(b)]，3dB 线宽在 0.5nm 左右。

此外，通过改变光纤偏振控制器波片方位角，得到了波长为 1543nm 和 1562nm 的双波长连续激光输出 (图 4.15)。原因如下：由偏振引起的损耗随波长呈近周期性变化，其周期小于掺铒光纤激光器的增益谱线，通过调节偏振控制器，就可以在激光器的增益谱线内形成两个低损耗窗口，从而形成光纤激光器的双波长输出。

还研究了不同输出耦合比对激光器可调谐输出特性的影响。表 4.3 给出了实验结果。

表 4.3　不同输出耦合比下，可调谐激光器输出特性

输出耦合比	调谐范围/nm	输出功率/dBm	输出波长范围/nm	边模抑制比/dB
70%	17	4.5~5.3	1538~1555	⩾ 30
50%	22	4.2~4.8	1542~1564	⩾ 35
30%	24	0.5~1.6	1545~1569	⩾ 34
20%	21	−0.5~0.8	1547~1568	⩾ 30

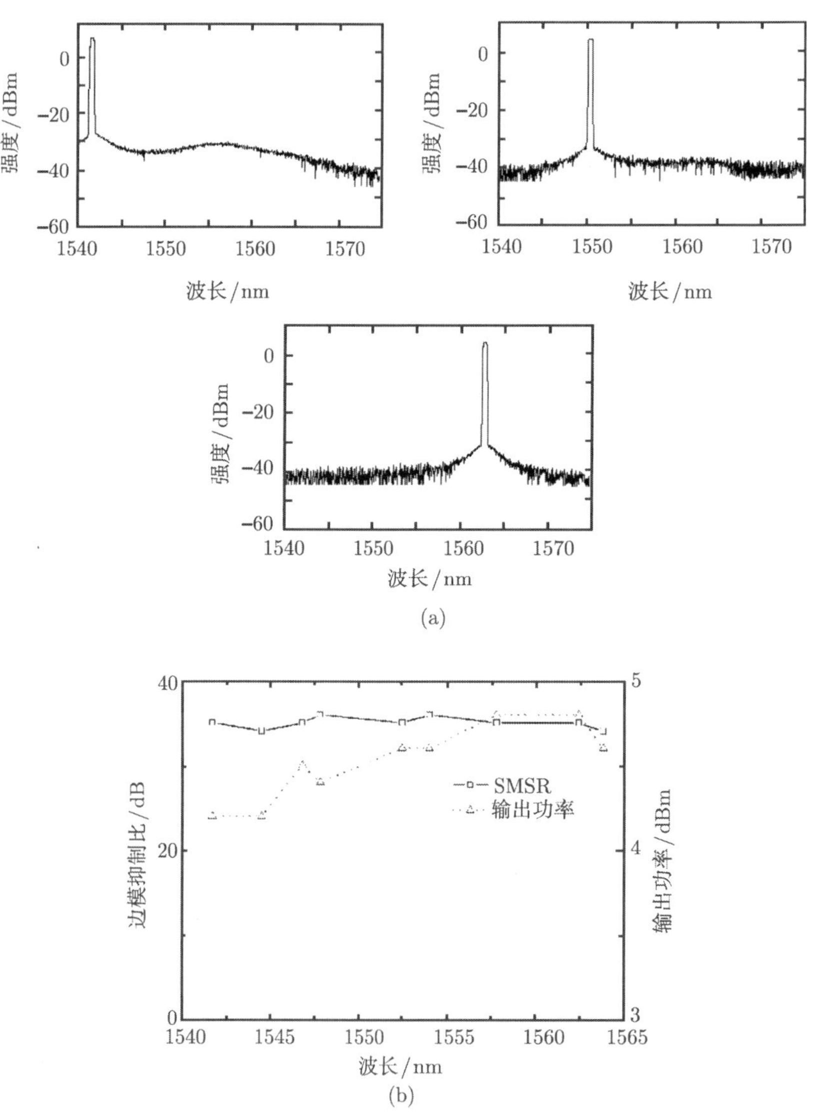

图 4.14　激光器输出不同波长的光谱图 (a) 及边模抑制比和输出功率 (b)

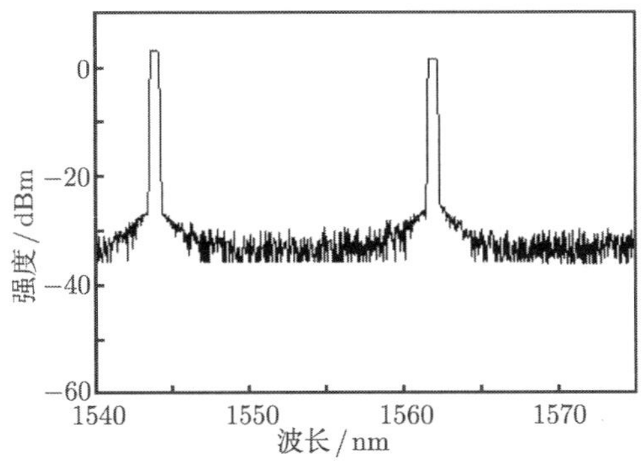

图 4.15 激光器双波长输出时的光谱

综合考虑调谐范围、输出功率及其起伏、边模抑制比，我们认为，选用 50%的输出耦合器可以获得较佳的结果。

4.4 被动锁模光纤激光器多脉冲演化及其机理探讨

在被动锁模的光纤激光器中，多孤子输出是一种比较常见的现象。在实验中，通常可以通过增加泵浦功率或者调节偏振控制器来改变腔内的类可饱和吸收体的阈值，从而实现多孤子脉冲的输出[3,4]。在负色散区域，当多孤子脉冲之间的距离比较远且相对稳定的时候，改变光纤激光器的泵浦功率可以对多孤子脉冲的能量“量子化”[5]。脉冲能量量子化的出现，使激光器内部运行的多脉冲具有相同的峰值能量和脉宽，但是它也限制多脉冲能量的进一步增加。通过增加泵浦功率，无论通过实验还是理论模拟都很容易得到多脉冲输出。Kärtner 等[6] 从理论上指出多脉冲的形成主要是由脉冲分裂所引起。当增加泵浦功率的时候，激光器内部的脉冲被整形成孤子脉冲，进一步增加泵浦功率，不仅可以使脉冲的峰值功率增加，也可以使脉冲的宽度不断被压缩，然而脉冲宽度的不断压缩，使有效增益带宽附加给孤子脉冲一个额外的损耗，从而使腔内的脉冲发生分裂，最终形成多孤子脉冲。在 Ti:sapphire 激光器中，Lederer 等[7] 在非线性薛定谔下考虑有效带宽滤波器的作用，从理论上解释了多孤子脉冲的形成。然而在通常被动锁模光纤激光器中，并没有有效带宽滤波器的存在。基于相同的原理方程，同时将腔内的非线性作用考虑在内，Komarov 等[8] 从理论上论证了多孤子脉冲之间的演化和磁滞现象的存在。然而，在他们的模型中，忽略了光纤的线性双折射的作用和存在。众所周知，在利用非线性偏振旋转被动锁模的光纤激光器中，光纤的线性双折射是一条很重要并且不能被忽略的因素。最近 Tang 等[3] 从理论和实验中同时论证了多孤子脉冲运行和脉冲能量量子化的存在。他们提出，多脉冲的形成主要由脉冲底部噪声所激发出来，然而通过相同的模型和理论方程，我们发现单纯的基底噪声是不能够激发出多脉冲的，必须要有脉冲分裂存在。当脉冲基底的噪声随着泵浦功率的增加而不断加强时，基底的噪声在腔内可饱和吸收体的作用下，可以逐渐成为另外一个脉冲。但是并不是每一个基底的脉冲都满足腔内的振荡频率，因此在这里，脉冲分裂就起着刷选合适的满足腔内振荡频率种子脉冲的作用，这样才能激发出多孤子脉冲。

在本节中，重点研究在被动锁模的光纤激光器中，多脉冲之间的演化及其迟滞现象的存在，也从理论上分析了多脉冲形成的物理机制。在利用非线性偏振旋转锁模的光纤激光器中，通过增加泵浦功率，多孤子脉冲往往很容易得到。当腔内形成多孤子脉冲时，通过增加泵浦功率，详细研究了多孤子脉冲之间的演化过程和脉冲能量量子化这种现象。理论分析表明，对于多脉冲这种现象，脉冲基底噪声和脉冲分裂是两个密不可分同时都不能或缺的重要因素。

4.4.1　多孤子脉冲之间的演化

图 4.16 为利用非线性偏振旋转被动锁模光纤激光器的原理图。在这里，产生多脉冲的光纤激光器装置和第 3 章图 3.15 产生锁模单脉冲装置一致。只是在光纤激光器运行的过程中，产生多脉冲时的泵浦功率要明显高于产生单脉冲时的泵浦功率。所以数值模拟用到的方程为光在光纤介质中传输的非线性薛定谔方程

$$\begin{aligned}\frac{\partial u}{\partial Z}=&\mathrm{i}\frac{\Delta\beta}{2}u-\delta\frac{\partial u}{\partial T}-\mathrm{i}\frac{\beta_2}{2}\frac{\partial^2 u}{\partial T^2}+\frac{\beta_3}{6}\frac{\partial^3 u}{\partial T^3}\\&+\mathrm{i}\gamma\left(|u|^2+\frac{2}{3}|v|^2\right)u+\frac{\mathrm{i}\gamma}{3}v^2u^*+\frac{g}{2}u+\frac{g}{2\Omega_{\mathrm{g}}^2}\frac{\partial^2 u}{\partial T^2}\end{aligned}\tag{4.4.1}$$

$$\begin{aligned}\frac{\partial v}{\partial Z}=&-\mathrm{i}\frac{\Delta\beta}{2}v+\delta\frac{\partial v}{\partial T}-\mathrm{i}\frac{\beta_2}{2}\frac{\partial^2 v}{\partial T^2}+\frac{\beta_3}{6}\frac{\partial^3 v}{\partial T^3}\\&+\mathrm{i}\gamma\left(|v|^2+\frac{2}{3}|u|^2\right)v+\frac{\mathrm{i}\gamma}{3}u^2v^*+\frac{g}{2}v+\frac{g}{2\Omega_{\mathrm{g}}^2}\frac{\partial^2 v}{\partial T^2}\end{aligned}\tag{4.4.2}$$

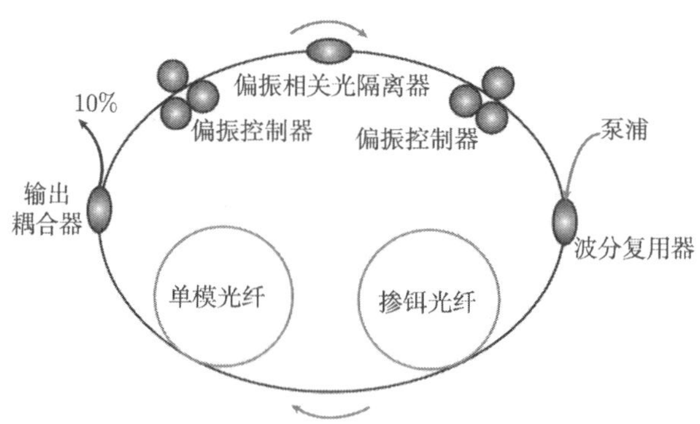

图 4.16　利用非线性偏振旋转被动锁模光纤激光器的原理图

在数值模拟中，一段 40m 的掺铒光纤的二阶群速度色散参数为 −8ps/nm/km，两段单模光纤的二阶群速度色散参数分别为 −14ps/nm/km 和 −1ps/nm/km。其他在模拟中用到的参数分别为 $\gamma=3\text{W}^{-1}/\text{km}$, $\beta_3=0.1\text{ps}^3/\text{km}$, $\Omega_\text{g}=25\text{nm}$, $P_\text{sat}=1000\text{pJ}$, $L_\text{B}=L/4$，其中，L 是腔的长度。$\gamma=3\text{W}^{-1}/\text{km}$，装置中起偏器和光纤快轴之间的夹角为设置为 $\theta=0.125\pi$。

当将偏振控制器调至合适的位置时，增加泵浦功率，光纤激光器便可以输出稳定的单脉冲。图 4.17(a) 为光纤激光器在线性相移为 1.3π，小信号增益为 285 时输出的稳定的单脉冲。图 4.17(b) 为其激光器输出单脉冲光谱。固定腔内线性相移，适当增加泵浦功率至 305 时，被动锁模的光纤激光器便输出双脉冲。图 4.18(a) 为光纤激光器在线性相移为 1.3π，小信号增益为 305 时输出的稳定的双脉冲。图 4.18(b)

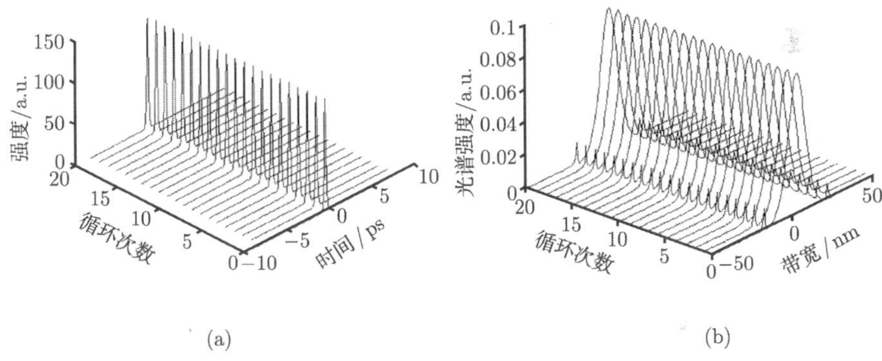

(a) (b)

图 4.17 单脉冲输出

(a) 线性相移为 1.3π，小信号增益为 285 时输出的稳定的单脉冲；(b) 单脉冲光谱

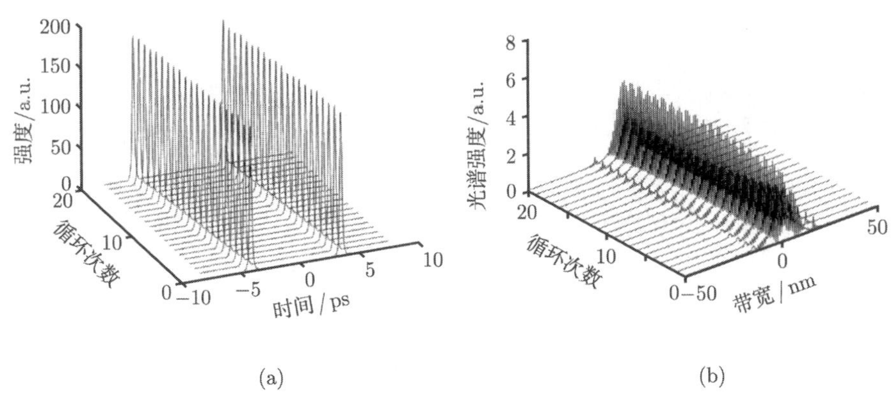

(a) (b)

图 4.18 双脉冲输出

(a) 线性相移为 1.3π，小信号增益为 305 时输出的稳定的双脉冲；(b) 双脉冲光谱

为其激光器输出双脉冲光谱。继续增加光纤激光器的泵浦功率，光纤激光器的输出便进入三脉冲状态。图 4.19(a) 为光纤激光器在线性相移为 1.3π，小信号增益为 319 时输出的稳定的三脉冲。图 4.19(b) 为三脉冲时候的光谱。当将泵浦功率增加至 338 时，激光器输出四脉冲。图 4.20(a) 为光纤激光器在线性相移为 1.3π，小信号增益为 338 时输出的稳定的四脉冲。图 4.20(b) 为四脉冲时候的光谱。当将泵浦功率增加至 359 时，激光器输出五脉冲。图 4.21(a) 为光纤激光器在线性相移为 1.3π，小信号增益为 359 时输出的稳定的五脉冲。图 4.21(b) 为五脉冲时候的光谱。当将泵浦功率增加至 378 时，激光器输出六脉冲。图 4.22(a) 为光纤激光器在线性相移为 1.3π，小信号增益为 378 时输出的稳定的六脉冲。图 4.22(a) 为光纤激光器在线性相移为 1.3π，小信号增益为 378 时输出的稳定的六脉冲。

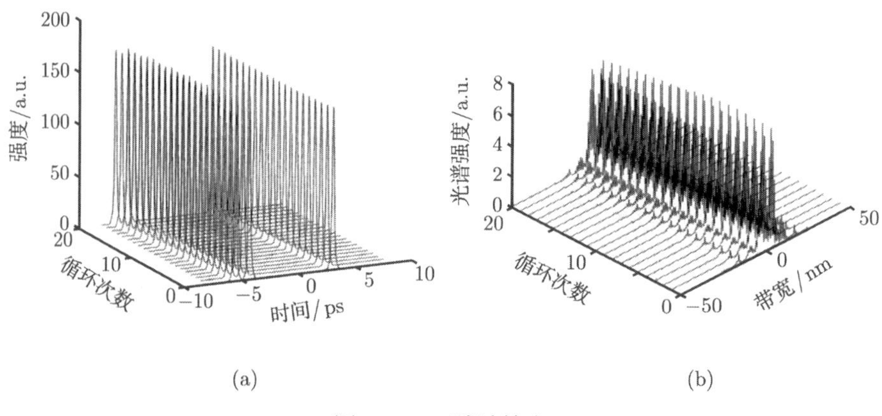

图 4.19　三脉冲输出

(a) 线性相移为 1.3π，小信号增益为 319 时输出的稳定的三脉冲；(b) 三脉冲光谱

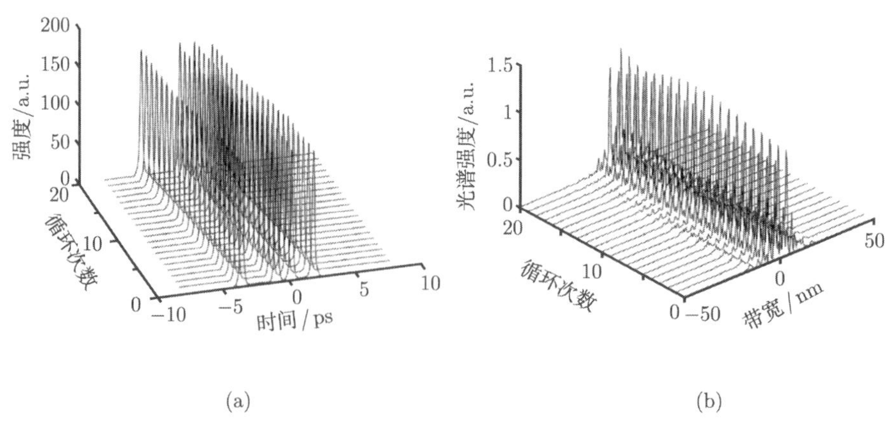

图 4.20　四脉冲输出

(a) 线性相移为 1.3π，小信号增益为 338 时输出的稳定的四脉冲；(b) 四脉冲光谱

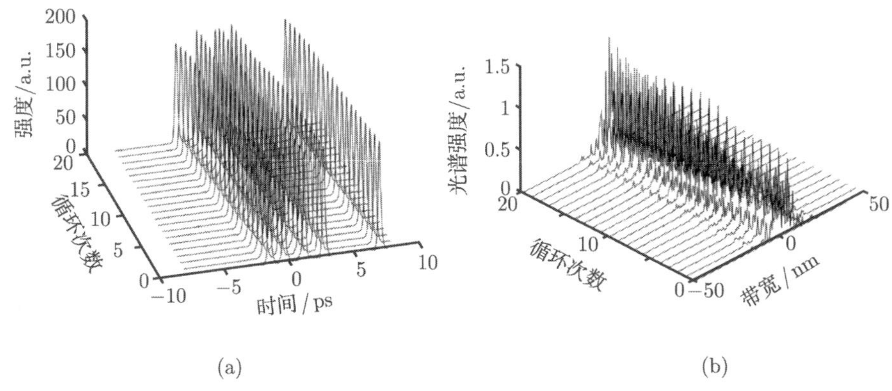

图 4.21 五脉冲输出

(a) 线性相移为 1.3π，小信号增益为 359 时输出的稳定的五脉冲；(b) 五脉冲光谱

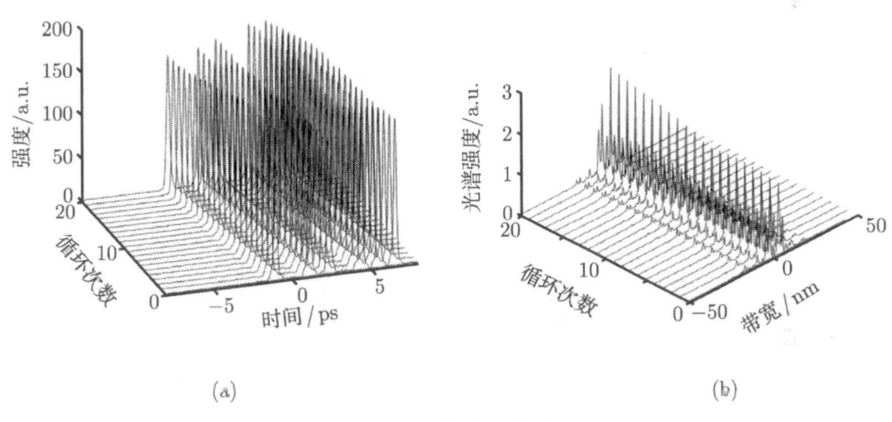

图 4.22 六脉冲输出

(a) 线性相移为 1.3π，小信号增益为 378 时输出的稳定的六脉冲；(b) 六脉冲光谱

当被动锁模的光纤输出六脉冲的时候，减小光纤激光器的泵浦功率，同时也发现在运行的激光器系统中存在迟滞现象。图 4.23 为在利用非线性偏振旋转的光纤激光器中存在的迟滞现象图。当被动锁模的光纤激光器输出六个脉冲时，减小激光器的泵浦功率，发现当泵浦功率减小至原来五个脉冲和六个脉冲临界泵浦功率时，激光器仍然输出六个脉冲，此时，只有继续减小光纤激光器的泵浦功率至某个特定的小于原来临界泵浦功率值时，激光器的输出才从原来的六个脉冲减小至五个脉冲，这就是在被动锁模的光纤激光器系统中存在的迟滞现象。同样，迟滞现象也存在于其他个数脉冲的演化过程中。当激光器输出的多脉冲之间的距离足够远，同时被动锁模系统比较稳定的时候，激光器便输出多个脉冲高度相同，脉宽一样的多脉

冲序列。这是脉冲能量量子化现象。如图 4.24 所示，此时被动锁模光纤激光器输出的多脉冲序列呈现脉冲能量量子化现象。此时被动锁模的光纤激光器输出的五个脉冲具有相同的峰值功率和脉宽。

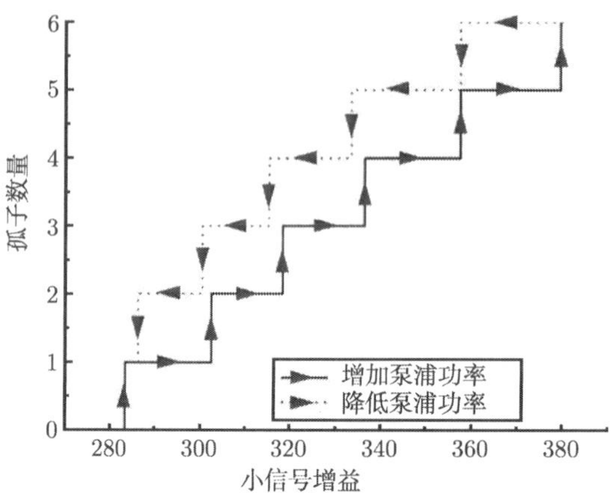

图 4.23　迟滞现象

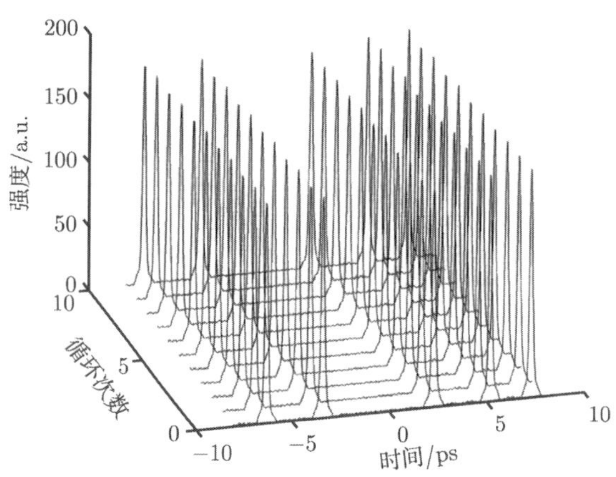

图 4.24　脉冲能量量子化现象

4.4.2　多脉冲形成的物理机制

在数值模拟中，利用非线性偏振旋转对光纤激光器进行被动锁模。由于被动锁模光纤激光器输出多脉冲和输出单脉冲一样，都是基于脉冲光场的非线性效应和偏振控制器所形成的类可饱和吸收体来实现脉冲的输出。当脉冲光场在腔内传输时，脉冲光场的偏振态主要由腔内线性相移和腔内非线性相移组成。腔内线性相移一般由光纤的线性双折射和偏振控制器引起的。而腔内非线性相移一般由与脉冲峰值有关的自相位调制组成。当脉冲在腔内传输的时候，由于脉冲峰值和两侧的能量是不相同的，所以脉冲在光纤中传输的时候，不同能量部分积累的非线性相移也是不同的。对于腔内的偏振相关光隔离器而言，它在腔内主要起着起偏器和检偏器的作用。当一个光纤激光器腔体确定后，起偏器和检偏器能通过的主轴光场就已经确定了。所以，此时腔内偏振控制器的作用就是将脉冲峰值处的光场偏振态调节至与检偏器一致。这时候，由于脉冲两侧的光场偏振态和检偏器有一定的夹角，所以当脉冲光场传输至检偏器处，脉冲两侧受到比较大的损耗，而脉冲峰值处由于偏振态和检偏器一致，受到的损耗很小，这样在下一圈的运行中，脉冲峰值继续受到掺铒光纤的受激放大，而脉冲两侧由于光场能量很小，受到的增益有限，经过这样可饱和吸收体的作用，腔内便可以进行锁模。在利用非线性偏振旋转的被动锁模光纤激光器时，无论是固定线性相移增加泵浦功率，还是固定泵浦功率减小线性相移，都可以使光纤激光器的输出从单脉冲状态、双脉冲状态、多个脉冲状态进入混沌脉冲状态。从图 4.25(a) 中可以看到，在第 17 圈的时候，两个脉冲中的一个的峰值功率变得很高，同时脉冲的宽度被压缩得很窄。然后在这个被压缩得很窄的脉冲底部，可以看到从基底的噪声中出现了一个小的脉冲。但是在激光器下面的运行过程中，我们发现在腔内的可饱和吸收体的作用下，那个底部的小脉冲并没有在下面的运行中成为一个新的脉冲，而是不断地改变在脉冲底部的位置和强度。从图 4.25(b) 中可以看到，第 21 和 22 圈时，脉冲和它底部的几个小脉冲合并为一个峰值能量比较低而脉宽比较宽的脉冲。在第 23 圈的时候，我们发现，那个合成的脉冲发生了分裂，同时脉冲底部的基底噪声包络也比以前明显多了，在激光器下面的运行过程中可以看到，此时分裂出的小脉冲和原来存在的二个脉冲一起共同分享

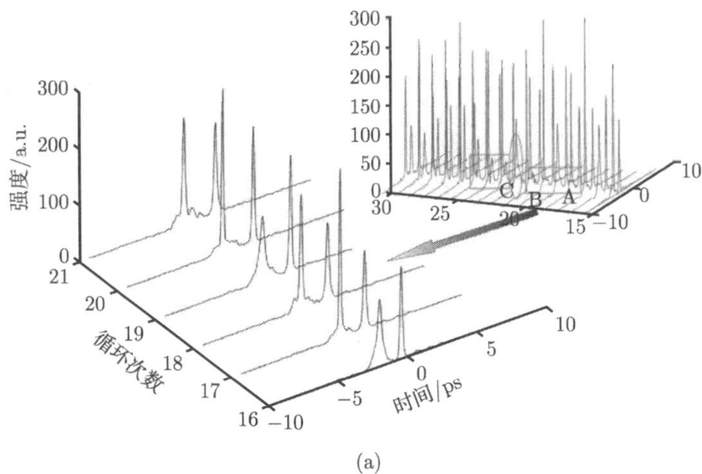

(a)

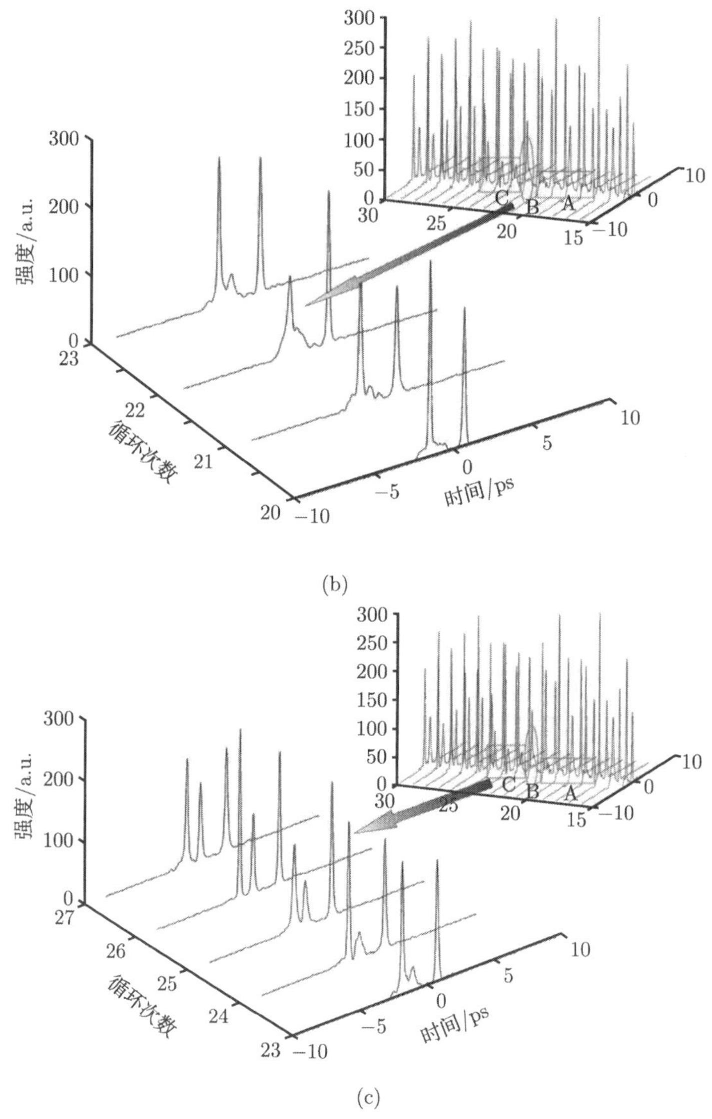

图 4.25　基底噪声和脉冲分裂形成多脉冲

腔内的增益，同时和原来分裂前的脉冲之间的距离也越来越远，峰值功率也越来越高。对于数值模拟中出现的脉冲之间的合并和分裂的过程，对于任何激光器系统，谐振频率都是一个不可或缺的因素，只有当腔内的脉冲的谐振频率和腔内的振荡频率一致时，脉冲才可以在腔内起振，并不断地增益放大。当你所激发的基底噪声和光纤激光器本身的谐振频率不一致时，激发的基底噪声和原来的脉冲合并，并且在下面的运行中发生分裂过程，刷选出一个满足腔内谐振频率的种子噪声脉冲，这样便可以在腔内增益放大，成为另外一个新的脉冲。新产生的脉冲和原来腔内的脉冲一起共享激光器内部的增益。当这几个峰值功率和脉宽不同的脉冲在腔内运行的时候，它们发生增益竞争，一般峰值功率比较高的脉冲使激光器工作在正反馈区域，当它经过检偏器的时候，脉冲的偏振态和检偏器之间的夹角比较大，受到的损耗也就比较大。而脉冲峰值功率比较低的脉冲使激光器工作在负反馈区域，当它经过检偏器的时候，偏振态和检偏器的夹角比较小，受到的损耗也就比较小。这种增益竞争和动态损耗之间的平衡使激光器腔内的脉冲在相距比较远的时候拥有相同的峰值能量和脉宽，这就是脉冲能量量子化现象。基于此，对于多脉冲形成的物理机制已经比较明确，主要是由脉冲基底的噪声和脉冲之间的分裂过程同时引起，并且缺一不可。

4.5 暗 孤 子

孤子是 soliton 的中文译名。随着信息高速公路和互联网的推广，人们对信息传输的高效性、稳定性、价格低廉性等越来越关注。由于有很好的保形性和抗干扰性，孤子再次成为研究的热点之一。

4.5.1 暗孤子的历史背景

孤子波也就是常说的孤子。实际上，孤子的历史可以追溯到 1834 年。在这一年，James Scott Russell 在河面上观察到单个凸起的水峰在没有扰动时进行了几千米保形运动。后来这种波就叫作孤子波。但是直到建立合适的数学模型和逆散射解法在 20 世纪 60 年代的发展[13]，孤子波的性质才被很好地描述与了解。1965 年，孤子作为专业术语首次被提出，它指的是孤子波的类离子特性，即孤子波在发生相互作用后仍保持原来的形状不变[14]。在非线性光学领域，光孤子用来描述光脉冲包络在非线性色散介质中可以保持形状不变的特征。

自从有研究者可以描述孤子的保形性后，研究者就孤子受色散非线性和耗散非线性的影响进行了大量的工作。

随着信息技术的不断发展和人们对信息传输效果越来越高的要求，光孤子通信是一种全光非线性通信技术，基于孤子的保形性，它具有传输距离长、容量客观、传播速度高等优点，使得光孤子的研究成为热点之一[15,16]。

4.5.2 孤子的介绍

在非线性光学中，孤子的分类标准为不变形的光孤子包络在传输过程中是依赖时间、空间还是时间和空间。根据上述分类标准，光孤子可以分为时间光孤子、空间光孤子、时空光孤子。

时间光孤子的特点是在传输的过程中，光脉冲保持形状不变；空间孤子的特点是与传播方向正交的横向光束保持不扩散；时空光孤子具有上述两类孤子的特征。

在时域里，具有一定宽度的光脉冲，在非线性介质中传输时，介质中存在色散，导致脉冲被展宽，但是介质的非线性效应导致了光脉冲的频谱展宽，上述二者相互作用达到平衡，就可以使光脉冲在传输过程中保持形状不变，这种光脉冲称为时间光孤子。

在空域中，一束非常窄的光束在介质中传输时，若光场对介质没有丝毫影响，则该光束会出现衍射，且随着传输距离的增加，衍射现象越来越明显，即该光束越来越宽，如图 4.26(b) 所示。同时入射的初始脉冲越窄，展宽越明显。但是在非线性介质中，光场的存在会影响传输介质的光学性质。介质的折射率与该处的光强有关。在光束的中心，介质的折射率增加；在光束的边缘，折射率维持不变，形成一种与汇聚透镜作用类似的效应即光束会聚，这种效应称为自聚焦，如图 4.26(a) 所示。当光束的衍射现象和光束的自聚焦效应达到平衡时，光束就会自陷在比较窄的空间宽度，称为空间光孤子，如图 4.26(c) 所示[17]。

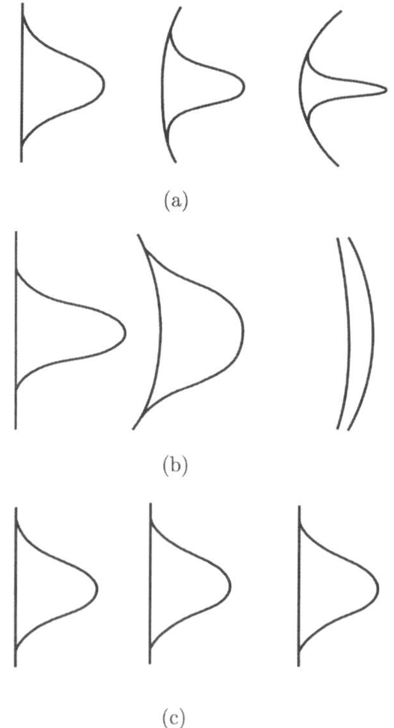

图 4.26 光束的自聚焦 (a)、光束衍射 (b)、空间孤子的形成 (c)

实线和虚线分别代表光束轮廓图和相前的轮廓图

使光波包络展宽的衍射、色散与使光波络变窄的自聚焦，非线性自相位调制相互平衡就可以形成时空光孤子。在时间和横向空间上都可以局域化的光波是在光学领域研究非线性光波的主要目的之一。这种局域化的光波就是 (2+1+1) 维时空光孤子。按维数来下定义，(2+1+1) 维时空光孤子就是由 2 维的空间变量，加上 1 维的时间变量，在空间 1 维上传播形成的。与时空光孤子的有关的预言很早就出现了。1990 年，Silberberg 不仅提出了克尔介质中的 (2+1+1) 维时空光孤子[18]。与时间孤子和空间孤子相比，时空孤子在实验方面的进展还比较缓慢。目前看来，虽然与时空光孤子有关的研究面临着比较大的挑战，但由于它有广泛的应用前景及在物理的其他领域有重要影响，仍吸引着人们继续去研究和探索它。

按光强分布的不同情况，空间光孤子可以分为空间亮孤子和空间暗孤子。空间亮孤子指的是光场能量主要集中分布在光束中心的狭小区域，远离光束中心后，光场能量很快降为零或接近于零的空间光孤子。相对应地，当光束附近的光强最小，远离光束中心，光强迅速增大并趋于一稳定值，这样的空间光孤子就是空间暗孤子。

时间光孤子也类似于空间光孤子，时间光孤子可分为时间亮孤子和时间暗孤子。形状类似于标准脉冲的时间光孤子就是时间亮孤子。在一个连续的光背景中有光强突然下降的时间光孤子就是时间暗孤子。

在光通信系统中，与亮孤子相比，存在噪声时，暗孤子在传播过程中更稳定；有损耗存在时，暗孤子传播得更远[19]。由于暗孤子具有这些特点，它在光通信系统中有很好的应用前景。

4.5.3 时间暗孤子的发展现状

由于暗孤子具有更低的固有传输损耗、高抗干扰性、相邻暗孤子间的作用力弱、放大的自发辐射噪声小等优点，它在超高码率、长距离越洋的光通信系统中有很好的应用前景。这些广泛的潜在应用吸引了很多研究者的关注。

2001 年, 香港理工大学的 Li Hong 研究小组[20] 数值模拟了随机改变的双折射对多暗孤子传播的影响。理论研究表明：随机变化的双折射可以使暗孤子产生频移、色散辐射波、不稳定暗孤子传播。当双折射随机改变比较大和传播距离比较远时，暗孤子脉冲会发生分裂和失真。非线性增益虽然可以使暗孤子稳定传播但不能阻止暗孤子频移。通过使用同步相位调制技术，可以有效抑制暗孤子频移、暗孤子脉冲分裂和失真。

2010 年，南洋理工大学的唐定远课题组[21] 在净色散为正常色散的掺铒环形激光器中，实验和理论研究了色散管理暗孤子。研究结果表明：与正常色散腔相比，在色散管理腔中，暗孤子不仅形成阈值比较低，而且单个稳定的暗孤子更易获得。除此之外，在数值模拟的过程中该课题组发现暗孤子的输出是正常色散光纤激光器的固有本质特性。

近年来，华南师范大学的徐文成老师课题组[22~24] 也对暗脉冲、暗孤子的产生进行了研究。2010 年，徐文成老师课题组在实验中发现在全光纤掺铒环形激光器中输出的暗脉冲光谱有边带。光谱边带效应是暗孤子光纤激光器的一个本质属性。同一年，他们在实验中观察到色散管理的环形激光器可以输出暗脉冲且暗脉冲有三个波长。2011 年，通过自脉冲技术，该课题组在全光纤掺铒环形激光器中观察到亮暗脉冲对的输出。

随着光纤技术的发展，2012 年，通过使用非线性偏振旋转锁模技术，电子科技大学的 Li[24] 课题小组研究了色散管理的掺铒光纤激光器环形光纤激光器的输出特性。当抽运功率为 100mW，腔的净色散为反常色散，实验观察到激光器暗脉冲的产生。

4.6 掺铒环形激光器产生暗孤子的理论研究

基于被动锁模的孤子光纤激光器可以作为光纤通信系统的理想光源。近年来，许多研究者对其进行了广泛研究[26~29]。而被动锁模作为一种全光非线性技术，它的最大特点是在腔内不需要用调制器之类的任何有源器件就可以实现脉冲态输出。被动锁模的基本原理是非线性器件对输入光脉冲的响应是强度相关的，从而使得输出脉冲比输入脉冲窄。常见的被动锁模主要有可饱和吸收体[30~31]、非线性光纤环形镜[32~34]、非线性偏振旋转[24]。与传统的锁模技术相比，非线性偏振旋转技术有许多优势。诸如，偏振控制器的不同位置相当于可饱和吸收体的不同强度，损耗阈值比较高，基于非线性克尔效应，响应时间短等。

本节主要进行基于非线性偏转旋转技术的掺铒环形光纤激光器产生暗孤子的理论研究。首先，在不同参数的掺铒环形光纤激光器中，通过改变线性相移或小信号增益，研究激光器输出暗孤子对的性质变化。在不同参数的环形腔形结构下，保持小信号增益或线性相移不变，观察激光器输出暗孤子族的性质变化。

4.6.1 暗孤子的理论模型

图 4.27 是基于非线性偏振旋转的掺铒环形光纤激光器的原理图。该掺铒环形光纤激光器的环形腔结构包括一个 980nm/1550nm 的波分复用器 (WDM)、一段掺铒光纤 (EDF)、一个耦合比为 90:10 的光耦合输出端 (OC)、两段参数不同的单模光纤 (SMF1、SMF2)、两个偏振控制器 (PC1、PC2)、一个偏振相关光隔离器 (PDI)。光纤激光器使用 980nm 半导体激光器为抽运源，抽运光通过 WDM 耦合到 EDF 中。其中，经 OC 后激光器总能量的 10%用于探测，90%在环形光纤激光器中继续运行。PC1 和 PC2 在该激光器中的作用为，不同位置表示腔的线性相位延迟不同，

以此来保证激光器的工作区域在负反馈，从而使得该激光器的输出是稳定的。PDI 的主要功能是，在环形腔内使光沿单一方向传输；自然光经过 PDI 后变为线偏振光；旋转的椭圆偏振光经过 PDI 时，PDI 相当于一个检偏器。

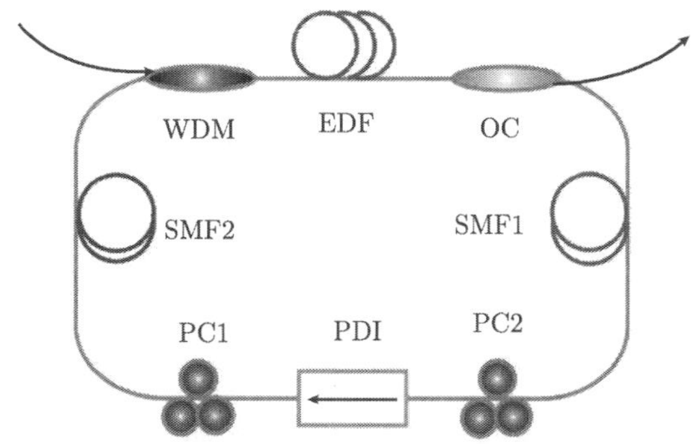

图 4.27 基于非线性偏振旋转的掺铒环形光纤激光器的原理图

为了进一步研究暗孤子在掺铒环形光纤激光器的运行规律，使用非线性耦合薛定谔方程来描述脉冲在光纤中的传播规律。使用基于脉冲轨迹模拟技术数值模拟脉冲在激光器腔内的传播规律。当脉冲在腔内经过分立的元器件时，如输出耦合器等，就可等效为光场乘上相应元器件的 2×2 琼斯矩阵。在数值模拟过程中，给定一个噪声光场作为模拟的初始状态。当光场在环形腔体内运行一圈后，把上一圈的输出当作下一圈的输入。在弱双折射光纤中，用下面描述的非线性耦合薛定谔方程表征光的传播规律[35~39]：

$$\begin{aligned}&\frac{\partial A_x}{\partial Z}+\delta\frac{\partial A_x}{\partial T}+\beta_2\frac{\mathrm{i}}{2}\frac{\partial^2 A_x}{\partial T^2}-\frac{\beta_3}{6}\frac{\partial^3 A_x}{\partial T^3}\\&=\mathrm{i}\gamma\left(|A_x|^2+\frac{2}{3}|A_y|^2\right)A_x+\mathrm{i}\frac{\gamma}{3}A_x^*A_y^2\exp(-\mathrm{i}2\Delta\beta z)\end{aligned}\tag{4.6.1}$$

$$\begin{aligned}&\frac{\partial A_y}{\partial Z}+\delta\frac{\partial A_y}{\partial T}+\beta_2\frac{\mathrm{i}}{2}\frac{\partial^2 A_y}{\partial T^2}-\frac{\beta_3}{6}\frac{\partial^3 A_y}{\partial T^3}\\&=\mathrm{i}\gamma\left(|A_y|^2+\frac{2}{3}|A_x|^2\right)A_y+\mathrm{i}\frac{\gamma}{3}A_y^*A_x^2\exp(-\mathrm{i}2\Delta\beta z)\end{aligned}\tag{4.6.2}$$

式中，

$$\beta_x(\omega)=\beta_{0x}+\beta_{1x}(\omega-\omega_0)+\frac{1}{2}\beta_{2x}(\omega-\omega_0)^2+\frac{1}{6}\beta_{3x}(\omega-\omega_0)^3+\cdots$$
$$\beta_y(\omega)=\beta_{0y}+\beta_{1y}(\omega-\omega_0)+\frac{1}{2}\beta_{2y}(\omega-\omega_0)^2+\frac{1}{6}\beta_{3y}(\omega-\omega_0)^3+\cdots$$

$\Delta\beta=\beta_{0x}-\beta_{0y}=2\pi B_{\mathrm{m}}/\lambda=2\pi/L_{\mathrm{B}}, L_{\mathrm{B}}=\lambda/B_{\mathrm{m}}$ 为拍长。$\Delta\beta$ 描述光纤的线性双折射性质。光纤的群速度色散、三阶色散参量分别用 β_2、β_3 表示。γ 描述光纤的非线

性系数,A_x 和 A_y 是沿光纤中两个正交光轴方向的归一化慢变电场包络 (在此，定义这两个正交的光轴分别为 x 轴、y 轴, 同时，x、y 分别是慢、快轴), $\delta=(\beta_{1x}-\beta_{1y})/2$ 表示的是两个不同偏振态间的群速度差。β_{1x}、β_{1y} 是分别是沿 x、y 轴的线性群速度。把 $T=t-\dfrac{z}{v_{\rm g}}=t-\dfrac{(\beta_{1x}+\beta_{1y})z}{2}, Z=z$, 引入所谓的延时系即以群速度 $v_{\rm g}$ 运动的参考系。

把$A_x=u\exp\left(\dfrac{-{\rm i}\Delta\beta z}{2}\right)$ 和 $A_y=v\exp\left(\dfrac{{\rm i}\Delta\beta z}{2}\right)$ 代入式 (4.6.1) 和式 (4.6.2) 中，进行等价变形，可得到如下方程:

$$\frac{\partial u}{\partial Z}={\rm i}\frac{\Delta\beta}{2}u-\delta\frac{\partial u}{\partial T}-{\rm i}\frac{\beta_2}{2}\frac{\partial^2 u}{\partial T^2}+\frac{\beta_3}{6}\frac{\partial^3 u}{\partial T^3}+{\rm i}\gamma\left(|u|^2+\frac{2}{3}|v|^2\right)u+\frac{{\rm i}\gamma}{3}v^2u^* \tag{4.6.3}$$

$$\frac{\partial v}{\partial Z}=-{\rm i}\frac{\Delta\beta}{2}v+\delta\frac{\partial v}{\partial T}-{\rm i}\frac{\beta_2}{2}\frac{\partial^2 v}{\partial T^2}+\frac{\beta_3}{6}\frac{\partial^3 v}{\partial T^3}+{\rm i}\gamma\left(|v|^2+\frac{2}{3}|u|^2\right)v+\frac{{\rm i}\gamma}{3}u^2v^* \tag{4.6.4}$$

光在掺铒光纤中的传播规律用如下方程表示:

$$\begin{aligned}\frac{\partial u}{\partial Z}=&{\rm i}\frac{\Delta\beta}{2}u-\delta\frac{\partial u}{\partial T}-{\rm i}\frac{\beta_2}{2}\frac{\partial^2 u}{\partial T^2}+\frac{\beta_3}{6}\frac{\partial^3 u}{\partial T^3}\\&+{\rm i}\gamma\left(|u|^2+\frac{2}{3}|v|^2\right)u+\frac{{\rm i}\gamma}{3}v^2u^*+\frac{g}{2}u+\frac{g}{2\Omega_{\rm g}^2}\frac{\partial^2 u}{\partial T^2}\end{aligned} \tag{4.6.5}$$

$$\begin{aligned}\frac{\partial v}{\partial Z}=&-{\rm i}\frac{\Delta\beta}{2}v+\delta\frac{\partial v}{\partial T}-{\rm i}\frac{\beta_2}{2}\frac{\partial^2 v}{\partial T^2}+\frac{\beta_3}{6}\frac{\partial^3 v}{\partial T^3}\\&+{\rm i}\gamma\left(|v|^2+\frac{2}{3}|u|^2\right)v+\frac{{\rm i}\gamma}{3}u^2v^*+\frac{g}{2}v+\frac{g}{2\Omega_{\rm g}^2}\frac{\partial^2 v}{\partial T^2}\end{aligned} \tag{4.6.6}$$

其中，$\dfrac{g}{2\Omega_{\rm g}^2}\dfrac{\partial^2 u}{\partial T^2}$、$\dfrac{g}{2\Omega_{\rm g}^2}\dfrac{\partial^2 v}{\partial T^2}$ 分别表示 EDF 在 u、v 方向上所产生的增益色散。$\Omega_{\rm g}$ 表示激光的增益带宽。$g=G\exp\left[-\dfrac{\displaystyle\int\left(|u|^2+|v|^2\right){\rm d}t}{P_{\rm sat}}\right]$ 表示掺铒环形光纤激光器的增益饱和效应。在该式中，G 表示小信号增益，归一化饱和能量用 $P_{\rm sat}$ 来表示。

在环形光纤激光器中，研究者发现它可以产生亮孤子[24]、暗孤子[40]。由于孤子间存在相互作用，在环形激光器中有产生亮亮孤子对、亮暗孤子对、暗孤子对的可能。随着研究的不断深入，有研究者在环形激光器中研究了亮亮孤子对[41]、亮暗孤子对[17,41,42]。与亮孤子相比，暗孤子具有更好的抗损耗扰动[43] 和抗相互作用[44] 的特性，同时又由于它在传播过程中具有很好的保形性，进而在长距离通信和传感有很广泛的应用前景。

光纤激光器原理图如图 4.27 所示，在数值模拟的过程中，使用一段长为 34m、群速度色散系数为−20ps/nm/km 的 EDF，一段长为10m、群速度色散系数为 16ps/nm/km 的单模光纤 (SMF1)，一段长为 10m、群速度色散系数为 20ps/nm/km 的单模光纤 (SMF2)。该环形激光器的腔总色散为 0.0907ps^2。其他相关的参数取值如表 4.4 所示。表格中，L 表示环形激光器的总腔长，使用傅里叶分步法来求解方程 (4.6.5) 和方程 (4.6.6)。在模拟过程中，采用自启动锁模技术，通过把偏振控制器固定在一个合适的位置，调节激光器的抽运功率实现。偏振控制器的位置不同，实现自启动锁模所需的抽运功率也不同。只要激光器工作在被动锁模的状态中，随着抽运源功率的增大，脉冲的峰值功率也增大。当脉冲的功率足够大时，脉冲的自相位调制效应与色散引起的脉冲展宽效应处于动态平衡状态。在上述情形中，当不存在被动锁模机制时，脉冲也能在激光器总腔色散为负值的光纤激光器中稳定运行。在数值模拟的过程中，调节线性相移 φ 的大小就相当于调整光纤激光器 θ 中偏振控制器的工作状态，改变小信号增益处 G 的大小就相当于调节激光器的抽运功率。在 φ、G 取不同的数值时，激光器的输出状态不同。如图 4.28 所示，当 φ= 1.30π 和 G= 305 时，环形光纤激光器的输出为暗孤子对。图 4.28(a) 是暗孤子对的时序演化图，说明该暗暗孤子对在掺铒环形光纤激光器中可以稳定传输。图 4.28(b) 是暗孤子对的光谱演化图。θ 为起偏器和双折射光纤 y 轴的夹角。

表 4.4 模拟参数

模拟参数	数值
γ	3 $\mathrm{W^{-1}km^{-1}}$
β_3	0.1ps^2/nm/km
Ω_g	25nm
P_{sat}	1000pJ
L	54m
$L_B = L/4$	13.5m
θ	0.125π

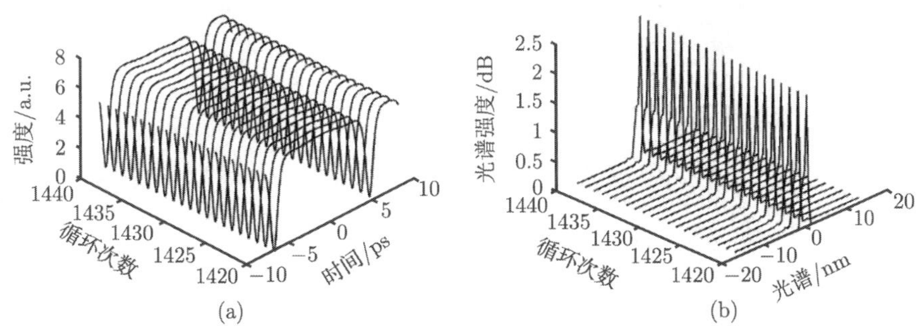

图 4.28 φ=1.30π, G=305 输出的暗孤子对

(a) 时序演化; (b) 光谱演化

1. 偏振控制器的工作状态对暗孤子对性质的影响及原因

当保持小信号增益 G=300 时 (保持激光器的抽运功率不变)，线性相移 φ 从 1.15π 变化到 1.35π(调节偏振控制器的位置) 时，掺铒环形光纤激光器输出暗孤子对。如图 4.29(a)、图 4.30(a) 和图 4.31(a) 所示，随着线性相移的增加，暗孤子对中两个暗孤子间的距离越来越远。这是因为改变线性相移引起决定两个暗孤子间的距离的暗孤子对的初始相位发生变化。在改变线性相移的过程中，暗暗孤子对的脉宽几乎不变，这说明暗孤子对的脉宽对腔内偏振状态不太敏感。与此同时，在线性相移越来越大时，暗孤子对光谱的旁瓣强度越来越大，如图 4.29(b)、图 4.30(b) 和图 4.31(b) 所示。旁瓣的产生是由环形光纤激光器调制的不稳定性引起的[45]。旁瓣的大小对偏振控制器的位置有很大的依赖[25]。同时，还观察到随着线性相移的增大，光谱的最大值越来越小。

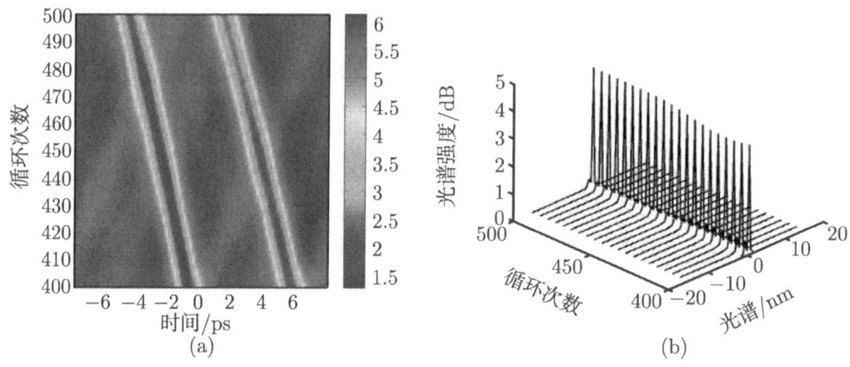

图 4.29　φ=1.15π, G=300 输出暗孤子对

(a) 时序演化; (b) 光谱演化

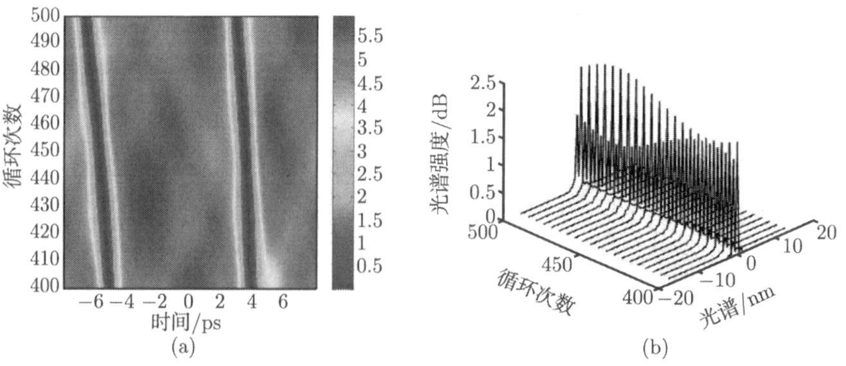

图 4.30　φ=1.30π, G=300 输出暗孤子对

(a) 时序演化; (b) 光谱演化

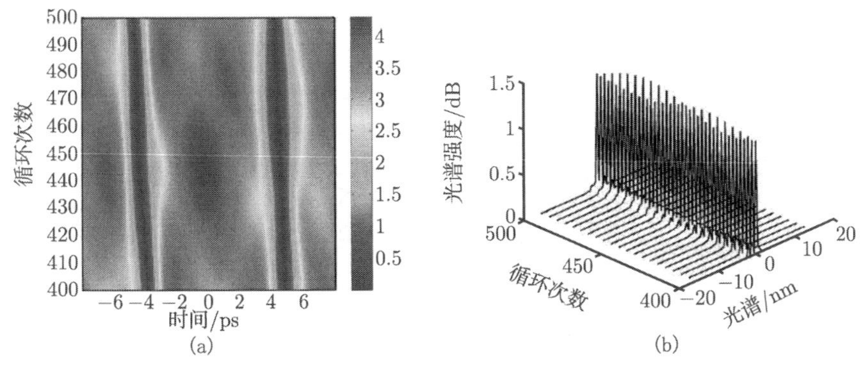

图 4.31 φ=1.35π, G=300 输出暗孤子对

(a) 时序演化; (b) 光谱演化

2. 抽运功率对暗孤子对性质的影响

在与前面一小节参数设定相同的情况下，当固定线性相移 φ 为 1.30π 不变 (把偏振控制器的位置固定)，小信号增益 G 从 280 增加到 370(增加抽运功率) 时，观察到暗孤子对的性质发生改变，如两个暗孤子间的距离、脉宽、背景强度、背景稳定性、旁瓣的强度，如图 4.32~4.34 所示。随着抽运功率的增加，两个孤子间的距离越来越远，这是由于抽运功率的改变引起暗暗孤子对的初始相位发生变化。在上述变化的情形下，研究随着抽运功率的增大，基于非线性偏振旋转锁模的光纤激光器的被动锁模所输出的脉冲脉宽越来越窄。这说明当激光器处于锁模状态时，抽运功率对输出脉冲的脉宽有很大的制约。在抽运功率增大的过程中，暗孤子对的背景强度越来越大。这是由于偏振控制器在固定的位置不变即环形光纤激光器的总损耗不变，当抽运功率增大即环形光纤激光器的输入增大时，该光纤激光器的输出必然增大。抽运功率的不断增大使得环形激光器越来越接近理想色散补偿条件，激

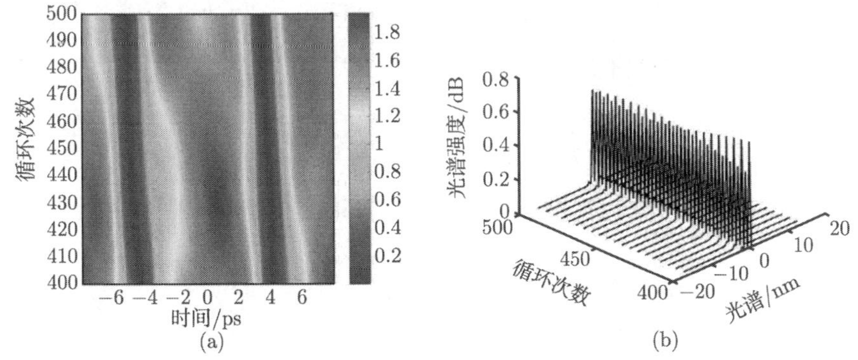

图 4.32 φ=1.30π, G=280 输出暗孤子对

(a) 时序演化; (b) 光谱演化

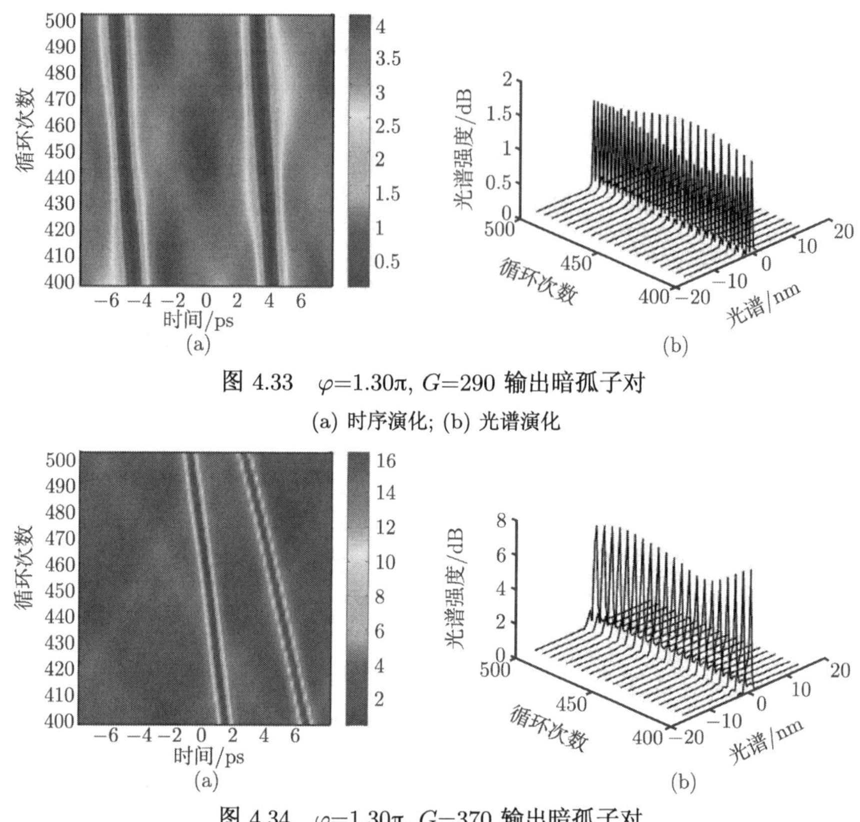

图 4.33　φ=1.30π, G=290 输出暗孤子对

(a) 时序演化; (b) 光谱演化

图 4.34　φ=1.30π, G=370 输出暗孤子对

(a) 时序演化; (b) 光谱演化

光器的输出越来越稳定，暗孤子对的背景越来越稳定。随着抽运功率的变大，观察到暗暗孤子对光谱的旁瓣越来越小。这是因为随着抽运功率的增大，光纤激光器的调制不稳定性得到抑制和光纤激光器的总损耗越来越小，进而使得光谱的旁瓣越来越小。此外，还观察到在小信号增益增大的过程中，光谱的最大值越来越大。

4.6.2　暗孤子族的理论研究

Mark J. Ablowitz 等理论研究了在强色散管理的光通信中暗灰孤子的产生机制和特性[52]。M. Stratmann 等理论研究了在不同的初始激发脉冲下时间暗孤子族的演化[46]。J. Ablowitz 等[47] 使用功率–能量可饱和模型研究了在锁模激光器中暗孤子的特性。

在本节，我们理论研究的掺铒环形光纤激光器如图 4.27 所示。在进行数值模拟时，模拟参数的取值如表 4.5 所示。表 4.5 中：L_{EDF}、L_{SMF1}、L_{SMF2}、L 分别表示 EDF、SMF1、SMF2 的长度和环形激光器的总腔长，$\beta_{2\mathrm{EDF}}$、$\beta_{2\mathrm{SMF1}}$、$\beta_{2\mathrm{SMF2}}$ 分别表示 EDF、SMF1、SMF2 的群速度色散系数。

表 4.5 模拟参数

模拟参数	取值	模拟参数	取值
L_{EDF}	35m	γ	3 $\mathrm{W^{-1}km^{-1}}$
L_{SMF1}	10m	β_3	0.1 $\mathrm{ps^2/nm/km}$
L_{SMF2}	10m	Ω_{g}	25nm
$\beta_{2\mathrm{EDF}}$	−21ps/nm/km	P_{sat}	1000pJ
$\beta_{2\mathrm{SMF1}}$	20ps/nm/km	L	55m
$\beta_{2\mathrm{SMF2}}$	20ps/nm/km	L_{B}	13.75m
OC 耦合比	90:10	θ	0.125π

1. 偏振控制器的工作状态对暗孤子族性质的影响

在环形光纤激光器参数给定的情况下，固定小信号增益 G=305(实验中等效于保持抽运功率不变)，改变线性相移的大小 (实验中等效于改变偏振控制器的工作状态)，观察到环形光纤激光器的输出分别为一个暗孤子、两个暗孤子和四个暗孤子。如图 4.35(a) 所示，当线性相移改变时，激光器输出为一个暗孤子。如图 4.36(a)、图 4.37(a) 和图 4.38(a) 所示，当线性相移继续增大时，激光器分别输出两个暗孤子

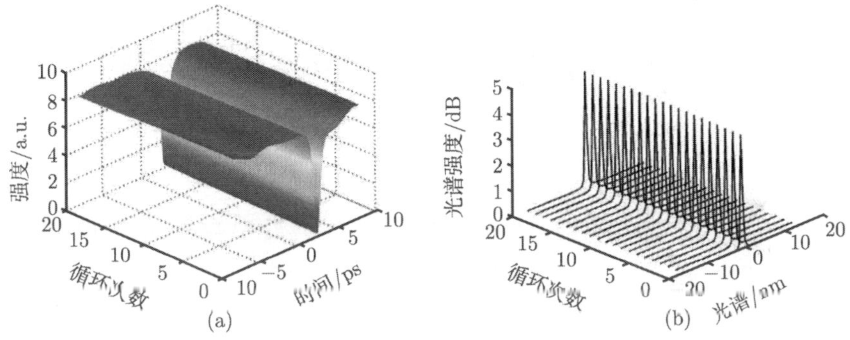

图 4.35 φ=1.23π, G=305 输出一个暗孤子

(a) 时序演化; (b) 光谱演化

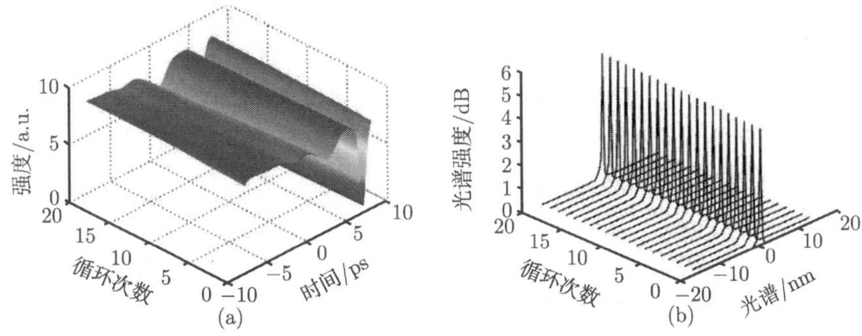

图 4.36 φ=1.24π, G=305 输出两个暗孤子

(a) 时序演化; (b) 光谱演化

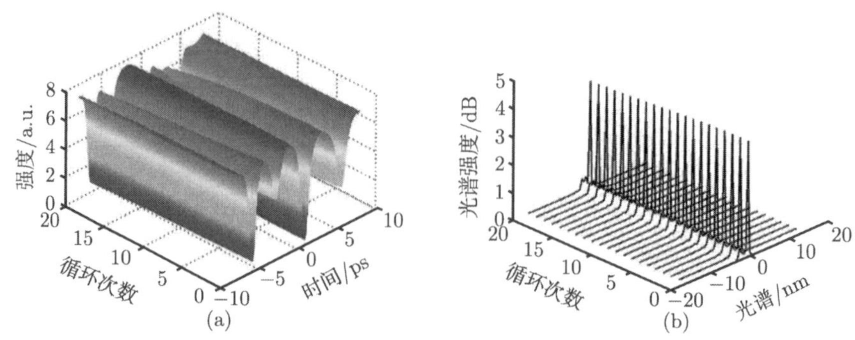

图 4.37　φ=1.30π, G=305 输出四个暗孤子

(a) 时序演化; (b) 光谱演化

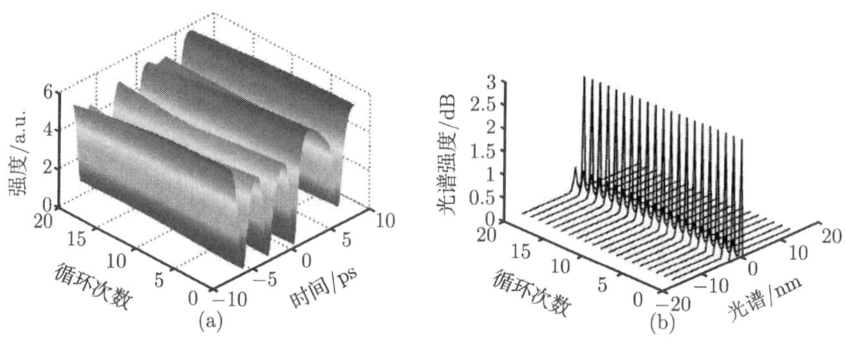

图 4.38　φ=1.35π, G=305 输出四个暗孤子

(a) 时序演化; (b) 光谱演化

和四个暗孤子。如图 4.37(a) 和图 4.38(a) 所示，随着线性相移的变大，四个暗孤子族中，暗孤子的下陷程度越来越大。在线性相移不断增大的变化过程中，暗孤子族的光谱出现旁瓣，如图 4.37(b) 和图 4.38(b) 所示。

2. 抽运功率对暗孤子族性质的影响

在与上一小节给定参数相同的情况下，固定线性相移 (在实验中等效于保持偏振控制器位置不变)，改变小信号增益的大小 (在实验中等效于调节抽运功率的大小)，观察到随着激光器抽运功率的增大，环形光纤激光器的输出分别为四个暗孤子、三个暗孤子、两个暗孤子和一个背景振荡的暗孤子。当抽运功率由 305 增大到 315 时，四个暗孤子构成的暗孤子族的下陷深度发生改变。当小信号增益 G 分别取 345、420、550 时，激光器分别输出三个暗孤子、两个暗孤子、一个背景振荡的暗孤子。如图 4.39(b) 和 4.40(b) 所示，随着 G 的增大，暗孤子族的光谱的旁瓣强度越来越小。

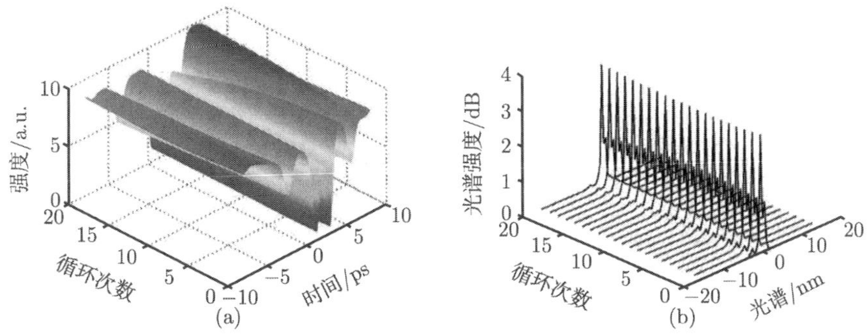

图 4.39 φ=1.30π, G=315 输出四个暗孤子

(a) 时序演化; (b) 光谱演化

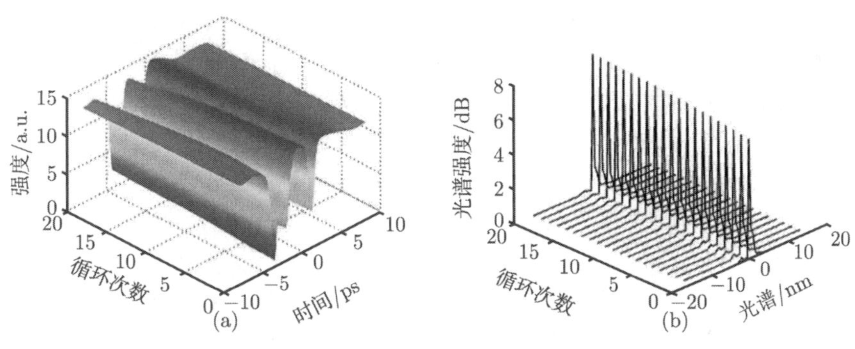

图 4.40 φ=1.30π, G=345 输出三个暗孤子

(a) 时序演化; (b) 光谱演化

3. 暗孤子族的暗孤子数变化的物理机制的探讨

基于非线性偏转旋转技术锁模的环形光纤激光器，其锁模装置的透射函数可以描述为[31]

$$T=\sin^2\theta\sin^2\varphi+\cos^2\theta\cos^2\varphi+\frac{1}{2}\sin(2\theta)\sin(2\varphi)\cos(\Delta\Phi_{\mathrm{l}}+\Delta\Phi_{\mathrm{nl}}) \tag{4.6.7}$$

这里，θ、φ 分别表征了光纤快轴与起偏器、检偏器之间的夹角，$\Delta\Phi_{\mathrm{l}}$ 表示由于光纤双折射所引起的线性相位延迟，$\Delta\Phi_{\mathrm{nl}}$ 代表由非线性效应引起的非线性相位延迟。

通过方程 (4.6.1) 可知，透射函数是与线性相位延迟和非线性相位延迟有关的周期函数。在一个周期里，对应不同的相位延迟，光纤激光器可以分别工作在正反馈和负反馈两个不同的区域。在正反馈区域时，脉冲的峰值功率会随着脉冲能量的增大而增加，而负反馈则与之相反。从图 4.38(a) 可以看出，在一定的参数情况下，暗孤子呈现稳定的单暗孤子输出。保持增益不变，调节偏振控制器的工作状态，透过率函数输出发生变化，对于稳定的单暗孤子在传播的过程中形成扰动。当扰动较大时，暗孤子不能克服扰动而呈现发散和分裂的趋势，在激光腔内暗孤子脉冲将重新分布，进而达到稳态输出。从图 4.35(a)、图 4.36(a)、图 4.37(a) 和图 4.38(a) 可以看出，随着参数的变化，透过率函数 T 值从一个峰值演变到两个乃至多个峰值，使激光器输出多个暗孤子脉冲，形成暗孤子族。

当保持偏振控制器的工作状态不变，调节抽运功率时，构成暗孤子族的暗孤子数目发生改变的原因与上述类似，不再叙述。

4. 暗孤子族光谱旁瓣产生的物理机制的探讨

从图 4.40(b)、图 4.41(b) 和图 4.42(b) 可以看出，暗孤子的光谱出现明显的旁瓣。旁瓣的产生是由光纤激光器调制不稳定性引起的[54]。在光纤中传播的暗孤子可以分解成两个正交偏振的分量，各分量的大小与偏振控制器的位置和抽运功率有关。在光纤中传播时，相互正交的偏振分量不同，由自相位调制和互相位调制作用所引起的非线性相移大小也不同。与时间有关的非线性相移变化导致暗孤子频

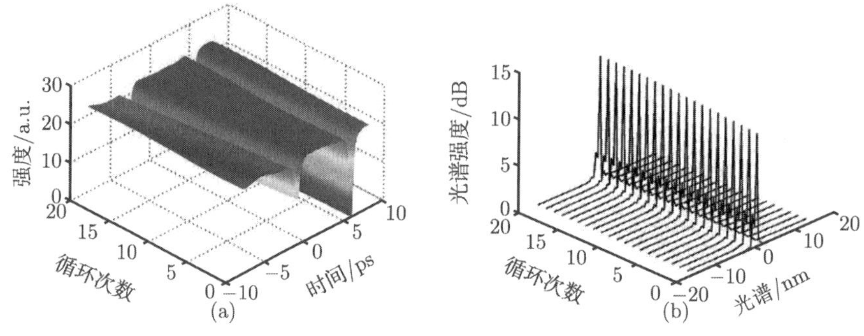

图 4.41　φ=1.30π, G=420 输出两个暗孤子

(a) 时序演化; (b) 光谱演化

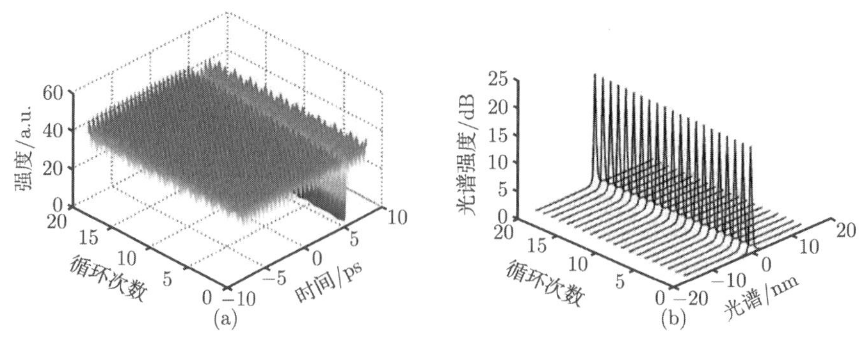

图 4.42　φ=1.30π, G=550 输出一个暗孤子

(a) 时序演化; (b) 光谱演化

谱变化，相同频率不同相位的波的相对相位可发生相长和相消的干涉，使得暗孤子的频谱展宽在整个频率范围会出现新的起伏即出现旁瓣。由于互相位调制的存在，激光器输出的光谱旁瓣是不对称的。

在介绍非线性偏振旋转技术的基础上，数值模拟了掺铒环形光纤激光器输出暗孤子的特性。研究暗孤子对产生的条件，分析偏振控制器的工作状态和抽运功率对暗孤子对产生的影响。研究改变偏振控制器的工作状态和抽运功率对暗孤子族性质的影响。结果表明，当小信号增益保持不变时，环形光纤激光器的锁模透过率函数影响构成暗孤子族中暗孤子的数目，暗孤子族中暗孤子的数目与暗孤子受到扰动时色散波的不同强度与损耗分布不同有关。暗孤子族光谱旁瓣的产生是由自相位调制和互相位调制所产生的非线性相移导致的相同频率不同相位的波的相对相位发生相长和相消的干涉的结果。

4.7　掺铒环形光纤激光器中暗孤子族产生的实验研究

4.7.1　掺铒环形激光器的实验装置

基于非线性效应在掺铒环形激光器中产生暗孤子族的实验装置如图4.43所示。

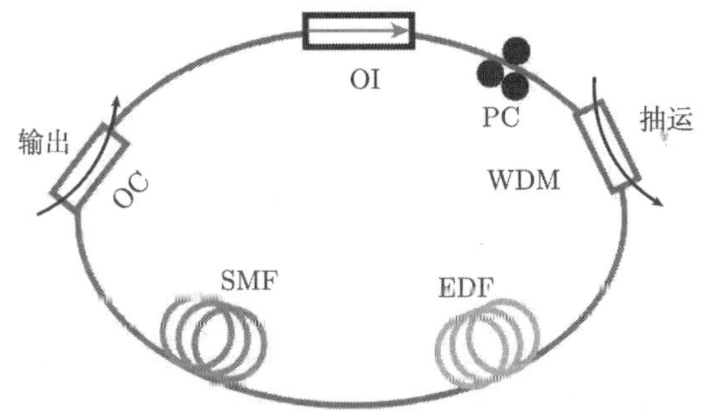

图 4.43　掺铒环形光纤激光器产生暗孤子族的实验装置

在实验过程中，该环形光纤激光器的抽运光源为 980nm 的半导体激光器，抽运光源输出功率的最大值为 250mW。在光纤激光器中，抽运光通过 980nm/1550nm 的波分复用器 (WDM) 耦合到掺铒光纤 (EDF) 中。整个环形光纤激光器的腔长约 20m，其中，EDF 的长度为 8m，单模光纤 (SMF) 的长度为 12m。光隔离器 (OI) 用来保证光在环形腔中单向运行，偏振控制器 (PC) 用于控制环形腔中光的偏振态。环形光纤激光器使用耦合比为 90:10 的光耦合器 (OC) 作为输出端，90%的光在环中继续循环传播，10%的光用来探测激光器的输出特性。实验中使用 2GHz 带宽的光电探测器和 500MHz 带宽、5GS/s 采样率的实时示波器来探测激光器输出的特性。

4.7.2 掺铒环形激光器产生暗孤子族的实验

将所用元器件按图 4.43 连接好，掺铒光纤环形激光器 (EDFRL) 的阈值电流是 60mA，光纤激光器输出的 P-I 曲线和光谱图如图 4.44 所示。从图 4.44(a) 可以观察到 EDFRL 的输出功率随着半导体激光器驱动源的电流变化情况，从图 4.44(b) 可知激光器输出的波长是 1556nm。

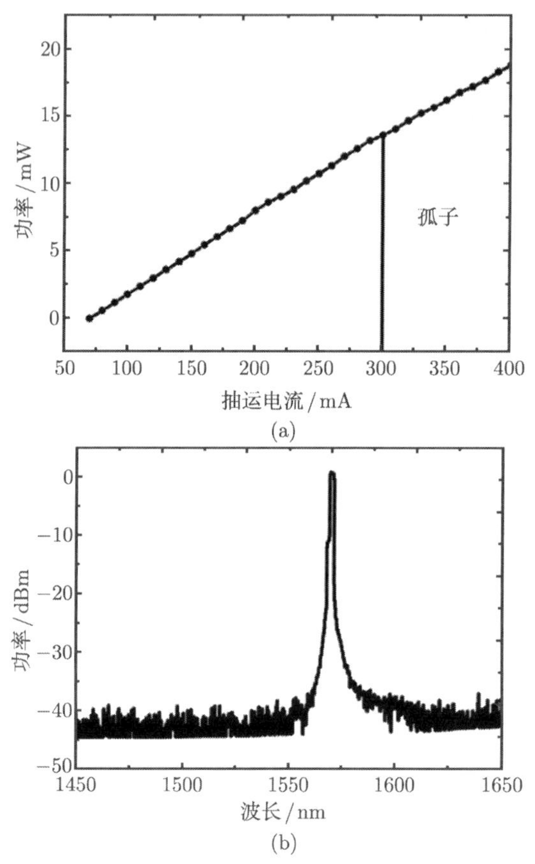

图 4.44 实验中 EDFRL 输出

(a) P-I 曲线；(b) 光谱

在实验过程中，通过改变偏振控制器的工作状态和抽运电流的大小来研究该 EDFRL 的输出特性。当抽运电流调至 320mA 保持不变，调节偏振控制器的工作状态时，激光器输出不同的暗孤子族。如图 4.45(a) 和 (b) 所示，当偏振控制器的工作状态不同时，激光器分别输出由一个暗孤子组成的暗孤子族和由三个暗孤子组成的暗孤子族。继续增大抽运电流，当抽运电流为 325mA 时，EDFRL 的输出状态为暗孤子对，但组成暗孤子对的这两个暗孤子的下陷深度不同，如图 4.46 所示。

如图 4.47 所示，当抽运电流增加到 365mA 时，通过调节偏振控制器的工作状态，观察到掺铒环形光纤激光器输出亮暗孤子对。当抽运电流调为 370mA 时，调节偏振器的工作状态，激光器的输出状态发生变化。当改变偏振控制器的工作状态时，

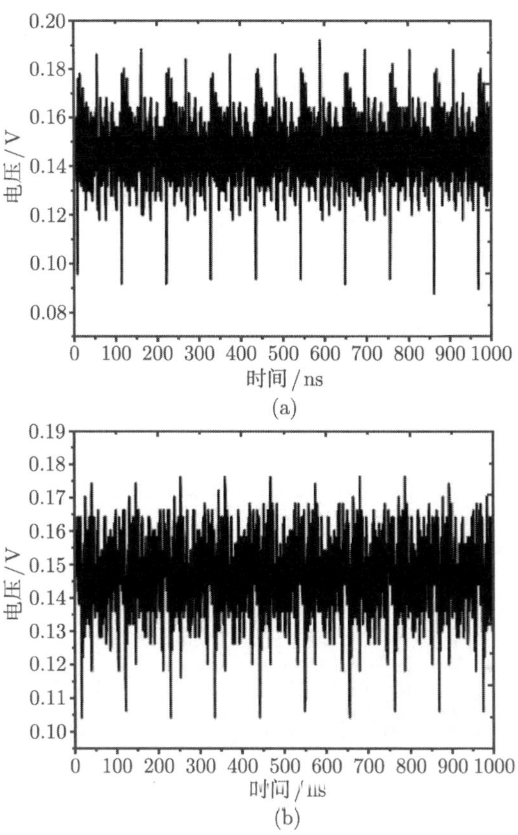

图 4.45 抽运电流为 320 mA，EDFRL 输出一个暗孤子 (a)、三个暗孤子 (b)

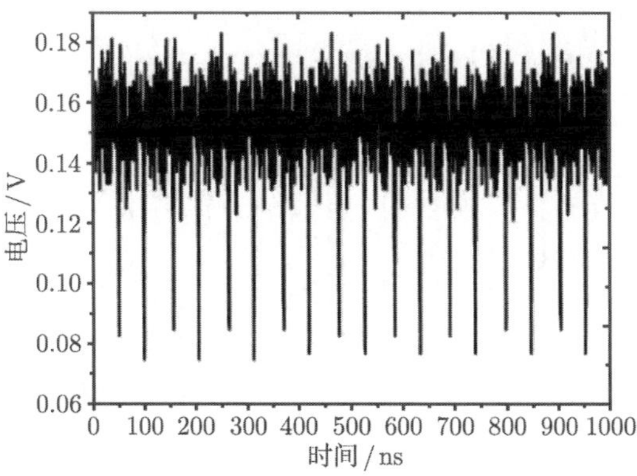

图 4.46 抽运电流为 325mA，EDFRL 输出暗孤子对

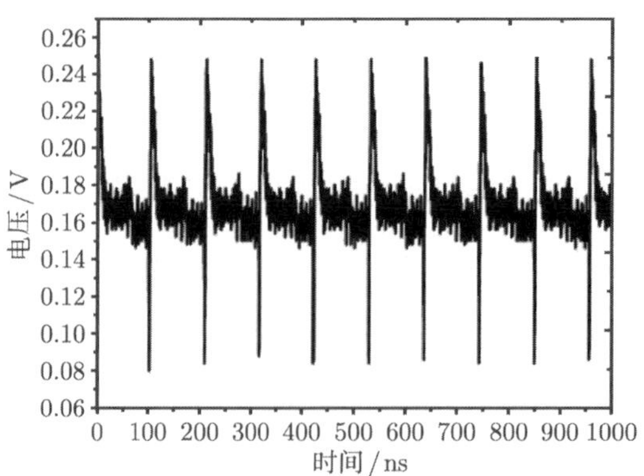

图 4.47　抽运电流为 365mA，EDFRL 输出亮暗孤子对

激光器分别输出一个暗孤子构成的暗孤子族和三个暗孤子构成的暗孤子族，如图 4.48 所示。虽然抽运电流分别为 320mA、370mA 时，EDFRL 都可以输出一个暗孤子组成的暗孤子族和三个暗孤子组成的暗孤子族，但是它们的背景强度和下陷深度明显不同。

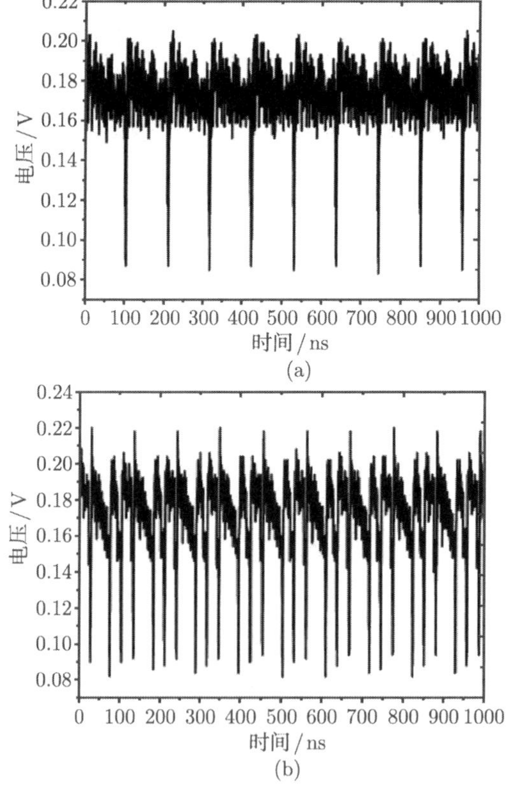

图 4.48　抽运电流为 370mA，EDFRL 输出一个暗孤子 (a)、三个暗孤子 (b)

从图 4.45~图 4.48 可以看出：对于单个暗孤子，相邻暗孤子之间的间隔为 T=98ns；对于多个孤子，强度相同的孤子之间的重复出现的时间间隔 T 也是 98ns。假设光在光纤中传播的平均折射率 n=1.46，光在真空中传播的速度为 c，根据 $L = Tc/n$，经计算可以得出光在掺铒环形光纤激光器中运行的长度是 20.1m，这与该环形光纤激光器的实际腔长相一致。在环形光纤激光器中，等强度暗孤子的输出周期性能很好地反映腔长信息，是环形激光器的特有性质。

除了上述现象外，抽运电流取不同的数值，通过改变偏振控制器的位置，还可以观察到亮脉冲的输出，如图 4.49 所示。

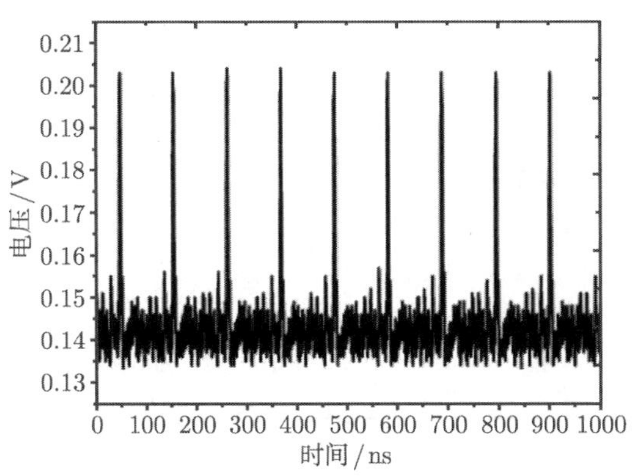

图 4.49 EDFRL 的不同输出形态 (亮脉冲)

本节对基于非线性效应的掺铒环形光纤激光器产生暗孤子族进行了实验研究。在实验中观察到：当固定抽运电流不变时，改变偏振控制器的工作状态，掺铒环形激光器输出由数目不同的暗孤子构成的暗孤子族；当抽运电流发生改变时，激光器的输出状态也会不同。等强度暗孤子的输出有明显的周期性，时间间隔 98ns，能很好地反映环形腔的腔长信息。

参 考 文 献

[1] 杨玲珍, 陈国夫, 王屹山, 等. 超短脉冲掺 Yb^{3+} 光纤激光器实验研究. 中国激光, 2005, 32(2): 153-155.

[2] 廖延彪. 偏振光学. 北京: 科学出版社, 2003.

[3] Tang D Y, Zhao L M, Zhao B, et al. Mechanism of multisoliton formation and soliton energy quantiation in passively mode-locked fiber lasers. Physical Review A, 2005, 72 (4): 043816.

[4] Tang D Y, Fleming S, Man W S, et al. Subsideband generation and modulational instablility lasing a fiber soliton laser. Journal of Optical Society of American, 2001, 18 (10): 1443-1450.

[5] Luo Z C, Xu W C, Song C X, et al. Modulation instability induced by periodic power variation in soliton fiber ring lasers. The European Physical Journal D, 2009, 54(10): 693-696.

[6] Chen C J, Wai P K, Menyuk C R. Soliton fiber ring laser. Optics Letters, 1992, 17(6): 417-419.

[7] Haboucha A, Komarov A, Leblond H, et al. Mechanism of multiple pulse formation in the normal dispersion regime of passively mode-locked fiber ring lasers. Optical Fiber Technology, 2008, 14(4): 262-267.

[8] Grudinin A B, Richardson D J, Payne D N. Energy quantisation in figure eight fibre laser. Electronics Letters, 1992, 28 (1):67-68.

[9] Kärtner F X, Aus der, Au J, Keller U. Mode-locking with slow and fast saturable absorbers-what's the difference. IEEE Journal of Selected Topics in Quantum Electronics, 1998, 4(2): 159-168.

[10] Lederer M J, Luther-Davies B, Tan H H, et al. Multipulse operation of a Ti:sapphire laser mode locked by an ion-implanted semiconductor saturable-absorber mirror. Journal of Optical Society of America B, 1999, 16(6): 895-904.

[11] Komarov A, Leblond H, Sanchez F. Multistability and hysteresis phenomena in passively mode-locked fiber lasers. Physical Review A, 2005, 71(5): 053809.

[12] Gardner C S, Green J M, Kruskal M D, et al. Korteweg-devries equation and generalizations. VI. methods for exact solution. Communications on Pure and Applied Mathematics, 1974, 27(1): 97-113.

[13] Zabusky N J, Kruskal M D. Interaction of "solitons" in a collisionless plasma and the recurrence of initial states. Physical Review Letters, 1965, 15(6): 240-243.

[14] 张妍. 光孤子通信系统传输特性及其偏振模色散的研究. 济南: 山东大学, 2004.

[15] 王志斌. 光孤子在光纤中传输的特性研究. 秦皇岛: 燕山大学, 2007.

[16] Stegeman G I, Segev M. Optical spatial solitons and their interactions: university and diversity. Science, 1999, 286(5444): 1518-1523.

[17] Silberberg Y. Collapse of optical pulses. Optics Letters, 1990, 15(22): 1282-1284.

[18] Tahmasebi Z, Hatami M. Study of the gain saturation effect on the propagation of dark soliton in Er^{3+}-doped, $Ga_5Ge_{20}Sb_{10}S_{65}$ chalcogenide fiber amplifier. Optics Communications, 2011, 284(2): 656-659.

[19] Li H, Wang D N. Influence of randomly varying birefringence on multiple dark soliton propation. Optics Communications, 2001, 191(3): 405-410.

[20] Zhang H, Tang D Y, Mustapha T, et al. Dispersion-managed dark solitons in erbium-doped fiber lasers. Quantum Physics,2010.

[21] Wang H Y, Xu W C, Luo Z C, et al. Experimental observation of dark soliton emitting with spectral sideband in an all-fiber ring cavity laser. Chinese Physics Letters, 2011, 28(2): 024207.

[22] Yin H S, Xu W C, Luo A P, et al. Observation of dark pulse in a dispersion-managed fiber ring laser. Optics Communications, 2010, 283(21): 4338-4341.

[23] Wang H Y, Xu W C, Cao W J, et al. Experimental observation of bright dark pulse emitting in an all-fiber ring cavity laser. Laser Physics, 2011, 22(1): 282-285.

[24] Li H P, Xia H D, Jing Z, et al. Dark pulse generation in a dispersion_managed fiber laser. Laser Physics, 2012, 22(1): 261-264.

[25] Tamura K, Haus H A, Ippen E P. Self-starting additive pulse mode-locked erbium fiber ring laser. Electronics Letters, 1992, 28(24): 2226-2227.

[26] Chen C J, Wai P K A, Menyuk C R. Soliton fiber ring laser. Optics Letters, 1992, 17(6): 417-419.

[27] Matsas V J, Newson T P, Richardson D J, et al. Selfstarting passively mode-locked fiber ring soliton laser exploiting nonlinear polarization rotation. Electronics Letters, 1992, 28(15): 1391-1393.

[28] Yang L Z, Zhu J F, Qiao Z D, et al. Periodic intensity variations on the pulse-train of a passively mode-locked fiber ring laser. Optics Communications, 2010, 283(19): 3798-3802.

[29] De Souza E A, Soccolich C E, Pleibel W, et al. Saturable absorber modelocked polarisation maintaining erbium-doped fiber laser. Electronics Letters, 1993, 29(5): 447-449.

[30] Okhotnikov O G, Jouhti T, Konttinen J, et al. 1.5-μm monolithic GaInNAs semiconductor saturable-absorber mode locking of an erbium fiber laser. Optics Letters, 2003, 28(5), 364-366.

[31] Tang D Y, Zhang H, Zhao L M, et al. Observation of high–order polarization-locked vector solitons in a fiber laser. Physical Review Letters, 2008, 101(15): 153904.

[32] Zhang H, Tang D Y, Zhao L M, et al. Induced solitons formed by cross-polarization coupling in birefringent cavity fiber laser. Optics Letters, 2008, 33(20): 2317-2319.

[33] Zhang H, Tang D Y, Zhao L M, et al. Coherent energy exchange between components of a vector soliton in fiber lasers. Optics Express, 2008, 16(17): 12618-12623.

[34] Noske D U, Pandit N, Taylor J R, Source of spectral and temporal instability in soliton fiber lasers. Optics Letters, 1992, 17(21): 1551-1517.

[35] Tamura K, Ippen E P, Haus H A, et al. 77-fs pulse generation from a stretched-pulse mode-locked all-fiber ring laser. Optics Letters, 1993, 18(13): 1080-1082.

[36] Tang D Y, Zhao L M, Zhao B, et al. Mechanism of multisoliton formation and soliton energy quantiation in passively mode-locked fiber lasers. Physical Review A, 2005, 72 (4): 043816.

[37] Man W S, Tam H Y, Demokan M S, et al. Mechanism of intrinsic wavelength tuning and sideband asymmetry in a passively mode-locked soliton fiber ring laser. Journal of Optical Society of American, 2000, 17(1): 28-33.

[38] Zhao L M, Tang D Y, Liu A Q. Chaotic dynamics of a passively mode-locked soliton fiber ring laser. Chaos, 2006, 16(1): 1054-1056.

[39] Zhao L M, Tang D Y, Lin F, et al. Observation of period-doubling bifurcations in a femtosecond fiber soliton laser with dispersion management cavity. Optics Express, 2004, 12(19): 4573-4578.

[40] Wu J, Tang D Y, Zhao L M, et al. Soliton polarization dynamics in fiber lasers passively mode-locked by the nonlinear polarization rotation technique. Physical Review E, 2006, 74(4): 046605.

[41] Zhang H, Tang D Y, Zhao L M, et al. Dark pulse emission of a fiber laser. Physical Review A, 2009, 80: 045803.

[42] Meng Y C, Zhang S M, Li X L, et al. Bright-dark soliton pairs emission of a fiber laser. Proc. of SPIE-OSA-IEEE Asia Communications and Photonics, SPIE, 2011, 8307: 83071S.

[43] Meng Y C, Zhang S M, Li H F, et al. Bright-dark soliton pairs in a self-mode locking fiber laser. Optical Engineering, 2012, 51(6): 064302.

[44] Lisak M, Anderson D, Malomed B A. Dissipative damping of dark solitons in optical fibers. Optics Letters, 1991, 16(24): 1936-1937.

[45] Zhao W, Bourkoff E. Interactions between dark solitons. Optics Letters, 1989, 14(24): 1371-1373.

[46] Luo Z C, Xu W C, Song C X, et al. Modulation instability induced by periodic power variation in soliton fiber ring lasers. The European Physical Journal D, 2009, 54(3): 693–697.

[47] Ablowitz M J, Musslimani Z H. Dark and gray strong dispersion-managed solitons. Physical Review E, 2003, 67: 025601.

[48] Stratmann M, Mitschke F. Chains of temporal dark solitons in dispersion-managed fiber. Physical Review E, 2005, 72: 066616.

[49] Mark J A, Theodoros P H, Sean D N, et al. Dark solitons in mode-locked lasers. Optics Letters, 2011, 36(6): 793-795.

第 5 章 掺镱光纤激光器

自从脉冲激光器问世以来，激光脉冲的宽度变得越来越窄，由 20 世纪 60 年代中期几个纳秒逐步过渡到几个飞秒，如此短的脉冲宽度在超快物理与化学过程研究、超高速通信等领域的应用正发挥着不可替代的作用。与此相对应的是激光脉冲的峰值功率也变得越来越高，如果把放大后的激光束聚焦，其峰值功率还能提高几个数量级，功率密度可达 $10^{20} \sim 10^{21}\text{W/cm}^2$，如此高的峰值功率将在激光与物质相互作用、受控核聚变、相对论、等离子体物理、激光加工以及其他领域中开辟更多的应用。

超短脉冲光纤激光器按照激光介质可分为掺 Er^{3+}、Yb^{3+}、Ho^{3+}、Tm^{3+} 等多种稀土离子激光器。受光纤通信的影响，以掺 Er^{3+} 超短脉冲激光器研究较多。除掺 Er^{3+} 光纤激光器以外，掺 Yb^{3+} 光纤以其简单的能级结构、宽的增益带宽、高的光转换效率、大的饱和因子以及容易产生超短脉冲等特点，成为超短脉冲产生和放大的激光增益介质，其增益带宽可支持小于 30fs 的变换极限脉冲[1]，得到研究者越来越多的注意，且已被广泛用于激光的放大，除了较宽的增益带宽外，掺 Yb^{3+} 光纤放大器还有其他许多优点，宽的吸收带宽允许使用多种抽运源，包括半导体激光器甚至可以是掺 Nd^{3+} 激光器。

5.1 掺镱光纤及其特点

光纤激光器所用的稀土离子激光发射波长覆盖了从可见光到红外 (0.55~2.9μm) 的范围，主要包括 Er^{3+}、Nd^{3+}、Yb^{3+}、Ho^{3+}、Tm^{3+}、Pr^{3+} 等离子，其中以 Er^{3+}、Nd^{3+}、Yb^{3+} 最为常用。掺 Yb^{3+} 玻璃中的激光振荡早在 20 世纪 60 年代已经实现，由于 Yb^{3+} 只有三能级和准四能级跃迁，在光纤激光器研究的初期，人们把注意力集中到具有四能级跃迁的掺 Nd^{3+} 光纤激光器。长期以来，Yb^{3+} 最重要的应用只是作为一种敏化离子 (激光激活离子) 与其他稀土元素离子共同掺杂，Yb^{3+} 吸收泵浦光子的能量后，把能量传递给其他受主离子，如 Er^{3+}、Ho^{3+}，Yb^{3+} 并不直接发生能级跃迁而产生激光，而只是作为一个能量传递工具。

掺 Yb^{3+} 光纤激光器的特性研究和发展从 20 世纪 80 年代中后期开始，掺 Yb^{3+} 光纤的突出优点已被注意到，掺 Yb^{3+} 光纤除了有较宽的增益带宽外还有其他许多优点，这应归于其简单的能级结构。

Yb^{3+} 电子构型为 $4f^{13}$，有两个能级即基态和激发态 ($^2F_{7/2}, {}^2F_{5/2}$)。在石英玻

璃中由于基质势场的作用，其能级发生 Stark 分裂，能级结构见图 5.1[2]，基态能级有四个 Stark 分量，即图 5.1 中的 a、b、c、d 能级。与激光跃迁有关的激发态能级有三个 Stark 分量，即图 5.1 中的 e、f、g 能级，其中的 Stark 能级 e 和 f 分别对应于 975nm 和 915nm 吸收峰。泵浦能级 f 上的粒子快速无辐射跃迁弛豫到能级 e 上，能级 e 的荧光寿命为 0.77ms，从 e 能级可发生两种不同类型的激光跃迁：一种从 1010nm 到 1200nm (对应于 e 到 b、c、d 跃迁)；另外一种从 1010nm 到 1160nm(对应于 e 到 b、c 跃迁)，为准四能级跃迁。通常较易获得激光振荡波长的主要为三能级和准四能级跃迁，与上述能级相对应的石英中 Yb^{3+} 离子吸收和发射光谱见图 5.2[2]。

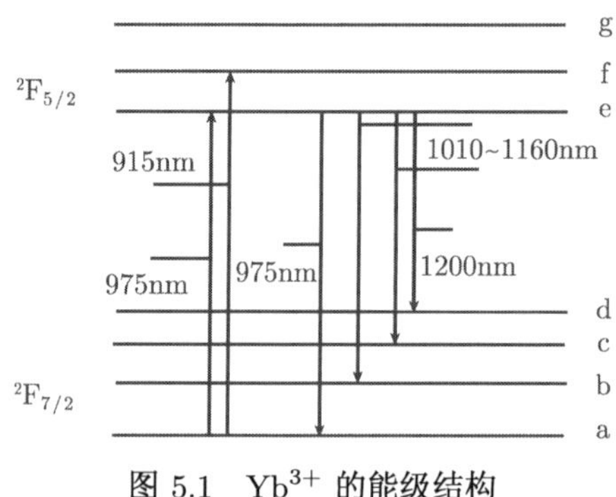

图 5.1 Yb^{3+} 的能级结构

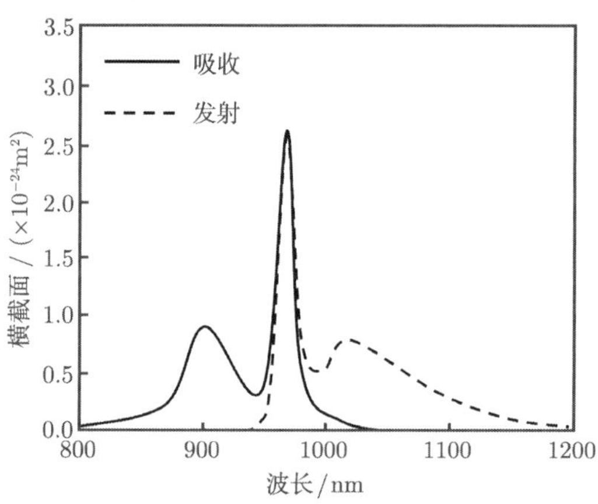

图 5.2 Yb^{3+} 的吸收谱和发射谱

根据图 5.2 能级结构图可知，与掺其他稀土离子的激光材料相比掺 Yb^{3+} 激光材料的优点如下：

(1) Yb^{3+} 吸收带较宽，在短波长的吸收截面变化较为缓慢，这对于输出波长易受环境温度影响，且发射带较窄的半导体激光器泵浦是十分有利的，即无须严格控制温度来获得相匹配波长的半导体激光输出。

(2) Yb^{3+} 能级结构简单，只包含两个多重态，因此在泵浦波长及信号波长都不存在激发态吸收[3,4]。光转换效率高，而大的能级间隔也排除了非辐射弛豫等现象的发生[5]。

(3) 激发态能级与亚稳态能级间隔小，热弛豫损耗小，量子效率高[6]。

(4) 材料中的热负荷低，仅为掺 Nd^{3+} 同种材料的三分之一。

(5) 荧光寿命长，一般为掺 Nd^{3+} 同种材料的三倍多，有利于储能。

掺 Yb^{3+} 激光材料的这些优点对激光技术发展有深远的意义。在传统的固体激光器中，增益介质为长棒状，热流方向垂直于激光束方向，易导致热透镜效应和温度升高造成激光性能的劣化与激光效率的降低。特别是三能级激光系统，由于要求高的泵浦功率，热效应更加突出。由于 Yb^{3+} 掺杂浓度可以很高，材料中的热负荷较低，即使在高泵浦功率密度下，材料中的温度变化也很小，因此大大降低了增益介质中的热应力和热畸变。

5.2 掺镱光纤振荡器和放大器发展

5.2.1 掺镱光纤振荡器

通信用波长可利用孤子脉冲成形来产生飞秒脉冲[7~9]，也可通过波导色散使得光纤在通信波段呈现正常色散，采用附加脉冲锁模产生飞秒脉冲，且实现了飞秒脉冲的全光纤化[10~12]。然而，在 1μm 附近由于光纤在此波长处呈现很强的正常色散，利用孤子脉冲成形技术无法得到此波段的飞秒脉冲，获得飞秒量级的脉冲输出，必须采用色散补偿元件。目前掺 Yb^{3+} 光纤脉冲激光器常采用的腔体形式主要有三种：① 线形腔；② “8” 字形腔体；③ 环形腔。其与掺铒光纤超短脉冲的锁模的机理是一致的。主要区别在于采用的色散补偿方式不同。

近些年来，通过运用大的色散补偿器件 (光栅或棱镜) 才得到 1μm 波段的飞秒脉冲。1993 年，澳大利亚的 M. H. Ober 等采用线形腔结构，利用棱镜进行色散补偿，在掺 Nd^{3+} 的光纤激光器中获得了 42fs 光脉冲[13]。1997 年，英国南安普敦大学的研究者在掺 Yb^{3+} 的光纤激光器中获得了 65fs 的脉冲输出[14]。激光器的结构图如图 5.3 所示采用环形腔结构，利用三个棱镜对进行色散补偿，因为采用的是分离的器件，光纤的长度较短，采用棱镜即可补偿光纤正的色散，但由于棱镜在单位距离内提供的色散较小，所以所需棱镜对距离很大才能补偿光纤正色散。2002 年，他们采用线形腔结构，采用 SESAM 镜用于自启动锁模，利用光栅对进行色散补偿，在掺 Yb^{3+} 的光纤激光器实现了 108fs 的脉冲输出，激光器的结构如图 5.3 所示。因为光栅对在单位距离内提供的色散较大，所以采用光栅对可以使得整个系统略微紧凑。由于线形腔实现自启动锁模较为困难，采用 SESAM 作为自启动装置，实现了自启动的飞秒脉冲输出[15]。2001 年，法国研究者采用 V 形槽技术，环形腔结构，用光栅对进行色散的补偿，获得了 670fs 的脉冲输出。通过优化腔内光栅对，经腔外压缩实现了 90fs 的脉冲输出[16]。近年来，随着光子晶体光纤的快速发展，研究者采用 "8" 字形腔结构，如图 5.4 所示，利用光子晶体光纤在 1μm 附近呈现负色散的特性进行色散补偿，实现了 850fs 的脉冲输出。从而使得飞秒脉冲光源在 1μm 附近实现全光纤化成为可能，也使得在 1μm 附近实现孤子脉冲锁模成为可能[17]。

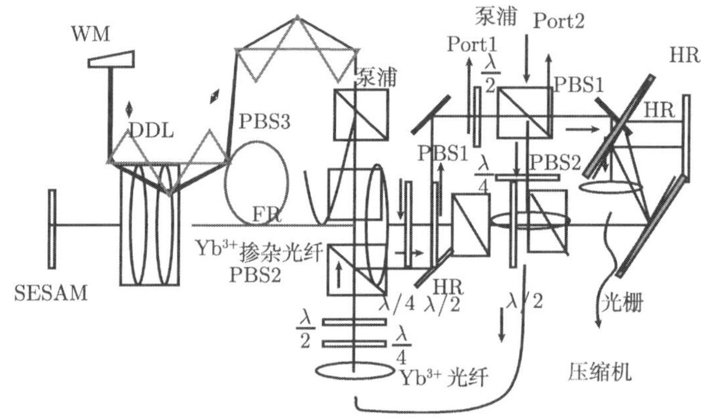

图 5.3　超短脉冲掺 Yb^{3+} 光纤激光器原理图

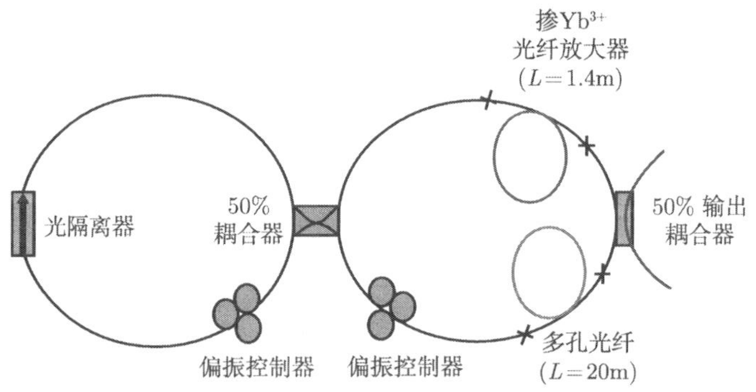

图 5.4　超短脉冲掺 Yb^{3+} 光纤激光器原理图

美国康奈尔大学应用物理系的研究者在掺 Yb^{3+} 光纤超短脉冲产生方面做了大量的实验研究工作。2002 年底，他们采用环形腔并结合光子晶体光纤实现了飞秒脉冲输出[18]。2003 年底，他们在环形腔内采用双光栅对实现了飞秒脉冲输出，实验结构如图 5.5 所示[19]。

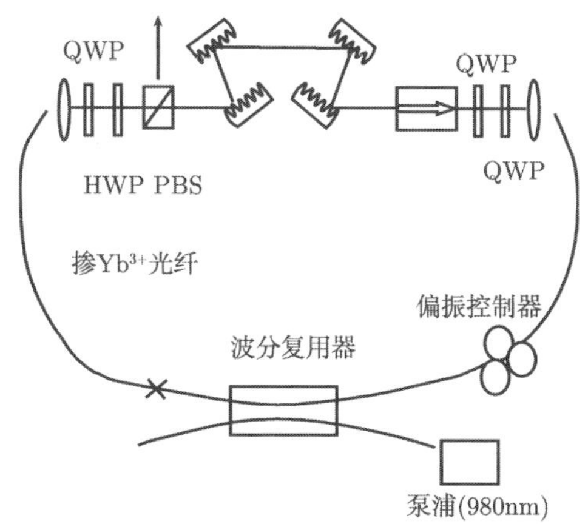

图 5.5 超短脉冲掺 Yb^{3+} 光纤激光器原理图

5.2.2 掺镱光纤放大器

从掺 Yb^{3+} 光纤振荡器输出的短脉冲由于单脉冲的能量比较低，其应用受到很大的限制，利用掺 Yb^{3+} 双包层光纤对掺 Yb^{3+} 光纤振荡器出来的脉冲进行放大，是得到高平均功率、大单脉冲能量、高脉冲峰值功率的有效手段。通常采用的方法如下。

1. 直接光纤放大

这种方法的特点是方法简单，但需要高掺杂浓度的掺 Yb^{3+} 光纤，而且光纤长度要短或者通过采用大模场面积的光纤[20,21]，以避免光脉冲放大过程中光纤的非线性效应作用对光脉冲的光谱和脉冲质量的破坏。这种方法适合光脉冲不太窄的放大。采用大的模场直径的双包层光纤实现了波长为 1064nm、平均功率为 51W，重复频率为 80MHz、脉宽为 10ps 的超短脉冲[21]。

2. 选择单脉冲，降低光脉冲重复频率后进行啁啾脉冲放大

这种方法可以降低进入光纤放大器脉冲重复频率，增大放大后光脉冲的单脉冲能量，提高光脉冲的放大效率[22,23]。这种技术的特点是可以通过降低光脉冲的重复频率获得较高的单脉冲能量，但缺点是技术比较复杂。对于某些应用，只需要单脉冲能量在纳焦、亚纳焦，高重复率 (几十 MHz)，脉宽在百飞秒的超短脉冲。采用这种方法，实现了脉宽为 ps 量级、最高平均功率为 22W、单脉冲能量为 130μJ 的超短脉冲[24]。

3. 啁啾脉冲放大技术

啁啾脉冲放大技术是在光脉冲放大前先将种子光脉冲在时域展宽，进行增益放大后，利用光脉冲压缩器进行压缩。这种方法技术上稍显复杂，适合重复频率比

较低的高功率放大[23~26]。啁啾脉冲放大是飞秒脉冲放大过程中最常用的方法。在飞秒脉冲的放大过程中，为了实现高的单脉冲能量，通常将三种方法结合使用。

5.3 掺镱光纤激光器

由于掺 Yb^{3+} 光纤具有很宽的吸收谱和发射谱，使得泵浦波长的选择范围很宽，信号激光波长可以在掺 Yb^{3+} 光纤增益带宽内进行选择，从而实现不同波长激光输出，以满足不同的需求。以掺 Yb^{3+} 石英光纤作为激光增益介质的光纤激光器，最近几年获得迅速的发展[27,28]，其中利用非线性偏振旋转锁模技术实现锁模的超短脉冲掺 Yb^{3+} 光纤环形腔激光器，具有腔体结构简单、锁模阈值低、可自启动、输出光脉冲质量高等特点，相对于目前成熟的固体激光器，它避免了固体激光器的系统复杂、调试要求高、价格昂贵等缺陷，利用它可以完全代替体积庞大且需水冷的固体激光器。超短脉冲掺 Yb^{3+} 光纤激光器作为一种新型实用化、仪器化超短脉冲光源，在超快光学技术研究中具有十分重要的应用。

本节进行了超短脉冲掺 Yb^{3+} 光纤激光器的设计和分析，详细叙述了超短脉冲泵浦波长、腔形结构、压缩结构的选择，结合现有的实验条件，确定实验采用的技术方案。理论分析超短脉冲掺 Yb^{3+} 光纤环形腔激光器在正色散区域，自相位调制和自幅度调制对啁啾、脉宽、带宽、稳定性的影响。理论分析超短脉冲锁模激光器实现自启动的有利因素。采用分步傅里叶方法，结合作用矩阵代替腔内锁模器件，对掺 Yb^{3+} 光纤产生超短脉冲的动力学过程进行数值模拟。

5.3.1 泵浦波长选择

掺 Yb^{3+} 光纤吸收谱宽，泵浦波长与激光输出波长非常接近，量子效率高达 80%，且不存在激发态吸收，光转换效率高。在高掺杂情况下，也不出现浓度淬灭，而且 Yb^{3+} 吸收带很宽，适用于半导体泵浦源。在石英玻璃中，Yb^{3+} 在 915nm 和 975nm 处分别有两个吸收峰 (如图 5.2 所示)。用波长为 915nm 和 975nm 的激光作泵浦源各自具有优点。Yb^{3+} 在 915nm 处吸收谱峰的半宽度比较宽，因而对泵浦源波长的稳定性要求相对较低；Yb^{3+} 在 975nm 处吸收峰值半宽度虽然比较窄，但吸收截面是 915nm 的两倍以上，因此泵浦效率高。我们采用国内购买的 976nm 的半导体激光器作为泵浦源，此光源内部置有光纤布拉格光栅结构，使得泵浦光源具有较高的稳定性和更低的噪声干扰，避免了由半导体光源模块的温度引起其输出波长漂移。

5.3.2 腔体结构选择

用于产生超短脉冲的光纤振荡器，现在主要采用的腔体形式有线形腔、环形腔和“8”字形腔。环形腔体由于采用行波腔结构，避免了驻波腔内的空间调制，易于实现自启动，消除由受激布里渊散射和受激拉曼散射而引起的激光脉冲的不稳定性。腔体结构简单且便于调节，结合啁啾光纤光栅和光子晶体光纤，该结构可实现全光纤飞秒脉冲激光器。

而线形腔腔形结构复杂，需要精密调节的器件多，但因所需的光纤比较短，易于进行色散补偿，易于产生窄脉宽的激光脉冲。由于 SESAM 研究技术的快速进展，采用 SESAM 可以解决线形腔锁模自启动困难这一难题。现已有采用线形腔结构、用 SESAM 实现自启动结合非线性偏振旋转实现锁模的掺 Er^{3+} 飞秒光纤激光器出现，且已经实现产品化。

“8”字形腔由于腔长很长，光脉冲的重复频率低，且激光器容易工作在多脉冲的状态下。且在“8”字形腔的非线形环是双向运行的，不易实现自启动。

考虑到便于调节，易于自启动，易于实现全光纤结构和仪器化，我们采用环形腔结构。

5.3.3 色散补偿元件选择

由于普通单模石英光纤在 1μm 呈现正常色散，为实现飞秒脉冲输出，需要采用色散补偿元件对其进行色散补偿，在 1μm 波段能提供负色散的器件有棱镜、体光栅、啁啾光纤光栅和光子晶体光纤。

环形腔结构中，耦合器、波分复用器及易于与光纤系统连接的光纤型偏振控制器的存在，使得光纤激光器呈现很强的正常色散。

用棱镜对进行色散补偿。由于棱镜对在单位距离内提供的负色散值相对较小，通常要完全补偿石英光纤提供的正色散，需要将棱镜间隔拉得很长，这样使得光纤激光器体积太大，但棱镜的三阶色散与光纤的三阶色散符号相反，在二阶色散得到补偿的同时三阶色散也能得到有效的补偿。

用体光栅进行色散补偿。要完全补偿腔内石英光纤的正色散，光栅对间隔可以控制到几个厘米，这样可以使得光纤激光器的体积大大减小。但在二阶色散得到补偿的同时，激光器内呈现很强的三阶色散，不利于脉冲的进一步压缩。

用啁啾光纤光栅进行色散补偿，最大的优点是可实现全光纤化的飞秒脉冲振荡器，由于采用全光纤结构，所以损耗较小。其缺点主要是啁啾光纤光栅一旦做好，其色散不能进行调节，而且 1μm 附近的啁啾光纤光栅还未产品化，价格较昂贵，其性能的稳定性还待通过实验进行验证。

利用光子晶体光纤零色散波长低于 750nm 的特点，其在 1μm 呈现反常色散的特性可用于进行色散补偿，但由于光子晶体光纤与现在普通的单模光纤的焊接技术尚未成熟，传输和焊接损耗较大，不利于自启动。光子晶体光纤尚处于研究阶段，用光子晶体光纤进行色散补偿，实验上尚处于尝试阶段[29,30]。

综合现有的实验条件和技术要求，我们采取技术上相对成熟的体光栅进行色散补偿。另外也尝试采用啁啾光纤光栅进行色散补偿，以便为全光纤飞秒脉冲光源提供实验和理论基础。

5.4　掺镱光纤激光器理论研究

5.4.1　掺镱光纤环形腔激光器附加脉冲锁模理论分析

在一个锁模的光纤激光器中，除 SPM、GVD 作用外，还有一些重要参数影响锁模光脉冲的工作状态，如增益带宽、增益、损耗、可饱和吸收参数等。如果每次循环变化很小的话，采用 H. A. Haus 教授发展的关于 APM 激光器的时域锁模方程来分析超短脉冲掺镱光纤激光器[31]。

一个简单环形腔内需要考虑的因素主要有线性损耗、增益、GVD、SPM 以及可饱和吸收体 (图 5.6)。假设：$u\,[=u(t)]$ 为频率为 $\omega_{\rm o}$ 的光脉冲振幅包络。每次循环由线性损耗引起光脉冲的改变为

$$\Delta u=-au \tag{5.4.1}$$

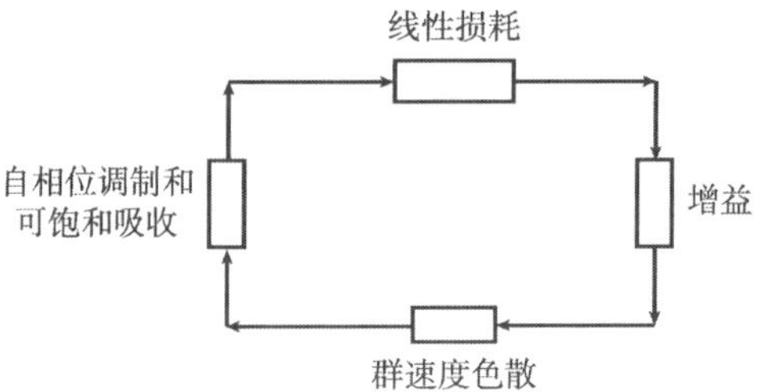

图 5.6　环形腔结构简图

增益在每次循环中对光脉冲振幅的影响为

$$\Delta u=g\left(1+\frac{1}{\varOmega_{\rm g}^2}\frac{{\rm d}^2}{{\rm d}t^2}\right)u \tag{5.4.2}$$

$\varOmega_{\rm g}$ 为增益介质的增益带宽。

由 GVD 引起的改变为

$$\Delta u={\rm i}D\frac{{\rm d}^2}{{\rm d}t^2}u \tag{5.4.3}$$

D 为色散值。

光纤非线性系数为 n_2，且 $|u|^2$ 是归一化的，则由 SPM 引起的改变为

$$\Delta u=-{\rm i}\delta\,|u|^2\,u \tag{5.4.4}$$

$\delta = \dfrac{\omega_0}{c}\dfrac{n_2 L}{A_{\text{eff}}}$，$A_{\text{eff}}$ 为模有效截面，L 为光纤长度。

饱和吸收作用引起的改变为

$$\Delta u = \gamma \left|u\right|^2 u \tag{5.4.5}$$

γ 与饱和强度的倒数成正比且为正值，这样，随饱和强度的增加，激光器损耗减少。激光器处于稳态时，所有的变化量之和应为零，得到如下公式：

$$\left[-a + g\left(1 + \frac{1}{\Omega_{\text{g}}^2}\frac{\mathrm{d}^2}{\mathrm{d}t^2}\right) + \mathrm{i}D\frac{\mathrm{d}^2}{\mathrm{d}t^2} + (\gamma - \mathrm{i}\delta)\left|u\right|^2\right] u = 0 \tag{5.4.6}$$

方程 (5.4.6) 在数值上有一个精确解

$$u = A\sec h\,(t/\tau)\exp\left[\mathrm{i}clm\sec h\,(t/\tau)\right] \tag{5.4.7}$$

一个光脉冲通过三个参数来描述：脉宽 τ，啁啾参数 c，脉冲振幅 A，这样方程 (5.4.7) 为啁啾脉冲的表示形式，求出二阶微分形式，将其代入式 (5.4.6)：

$$\tau^2\frac{\mathrm{d}^2}{\mathrm{d}t^2} = \left[-\left(2 + 3\mathrm{i}c - c^2\right)\sec h^2\left(\frac{t}{\tau}\right) + (1 + \mathrm{i}c)^2\right] u \tag{5.4.8}$$

方程式可分解为一个常数项和一个因子项 $\sec h^2$，根据方程左右因子项相等的原则可得

$$g - a + \frac{(1 + \mathrm{i}c)^2}{\tau^2}\left(\frac{g}{\Omega_{\text{g}}^2} + \mathrm{i}D\right) = 0 \tag{5.4.9}$$

$$\frac{1}{\tau^2}\left(\frac{g}{\Omega_{\text{g}}^2} + \mathrm{i}D\right)\left(2 + 3\mathrm{i}c - c^2\right) = (\gamma - \mathrm{i}\delta)\,A^2 \tag{5.4.10}$$

式 (5.4.9) 和式 (5.4.10) 两个复方程中有四个未知数，其中脉宽和啁啾参数在给定脉冲振幅 A 时可以从式 (5.4.10) 中得出。增益可以从式 (5.4.9) 中得出。在激光器中如果增益时间远大于腔内脉冲来回往复时间，增益可以认为是脉冲能量的函数，在激光器运行时，增益与激光器的损耗相等时得到最小增益，即 $g = a$，忽略有限带宽限制，假设增益由下面的式 (5.4.11) 决定：

$$g = \frac{g_0}{1 + 2A^2\tau/(P_{\text{s}}T_{\text{R}})} = \frac{g_0}{1 + W/(P_{\text{sat}}T_{\text{R}})} \tag{5.4.11}$$

$W = 2A^2\tau$ 为脉冲的能量，P_{sat} 为饱和功率，T_{R} 为腔内脉冲来回往复时间。方程 (5.4.10) 中脉宽和啁啾决定脉冲能量 W。

假设脉冲能量 W 由激光器振荡阈值决定，则引入光脉冲归一化宽度 τ_{n}

$$\tau_{\text{n}} = \frac{W\Omega_{\text{g}}^2}{2g}\tau \tag{5.4.12}$$

腔内归一化色散 D_{n} 为

$$D_{\text{n}} = \left(\Omega_{\text{g}}^2/g\right)D \tag{5.4.13}$$

则式 (5.4.10) 换算为下式：

$$(1/\tau_n)(1+jD_n)\left(2+3ic-c^2\right)=\gamma-i\delta \tag{5.4.14}$$

得到啁啾参数 c 等在不同的自幅度调制系数 γ 以及自相位调制系数 δ 下与腔内归一化色散 D_n 的关系

$$\frac{1}{\chi}=\frac{\delta+\gamma D_n}{\delta D_n-\gamma}=\frac{3c}{2-c^2} \tag{5.4.15}$$

$$c=-\frac{3}{2}\chi\pm\sqrt{\left(\frac{3}{2}\chi\right)^2+2} \tag{5.4.16}$$

$$\tau_n=\frac{2-3cD_n-c^2}{\gamma}=\frac{-2D_n-3c+D_nc^2}{\delta} \tag{5.4.17}$$

由上面这些归一化表达式可以求出 τ_n、c 与 D_n 在各种不同参数下的变化图，归一化带宽 ω_n 为

$$\omega_n=\frac{\sqrt{1+c^2}}{\tau_n} \tag{5.4.18}$$

稳定性需要脉冲增益要高于连续增益，这对于稳定性大于 0 的区域，只有在满足 $1+c^2-2cD_n>0$ 的条件下，系统才能稳定地运行。

图 5.7 是腔内锁模光脉冲在不同的自相位调制系数 δ(而自幅度调制系数 $\gamma=1$ 保持不变) 下光脉冲啁啾、最小脉宽、带宽、稳定性随腔内归一化腔体总色散的变化的关系。从这几个数值分析结果可以看出：

(1) 在零色散点附近，光脉冲的宽度最小，光谱带宽最大，但带有少量啁啾，而且稳定性较差。

(2) 当腔体总色散向正值绝对值增大时，锁模光脉冲宽度加宽，且加宽速度较负色散区域快，光脉冲啁啾量增大，但稳定性较好。

(3) 当自幅度调制系数 $\gamma=1$ 保持不变时，在正色散区，自相位调制系数 δ 值大小对光脉冲宽度和带宽影响比较大，且都随自相位调制作用的增强而增大。

(4) 当自幅度调制系数 $\gamma=1$ 保持不变时，在正色散区，自相位调制系数 δ 值大小对光脉冲稳定性和啁啾的影响较大，且都随自相位调制作用的增强而增大。

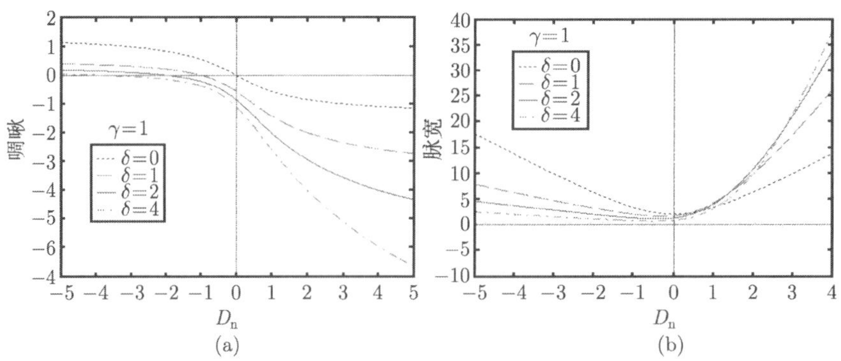

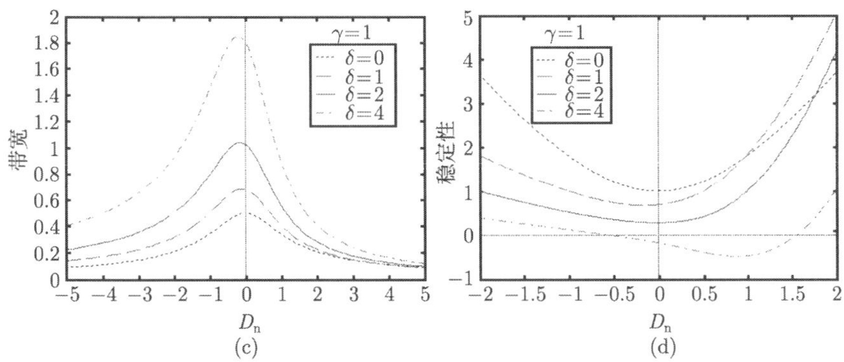

图 5.7 在自幅度调制系数 $\gamma = 1$ 的情况下，不同的自相位调制系数 δ 值时，色散与啁啾 (a)、脉宽 (b)、带宽 (c) 及稳定性 (d) 的关系

图 5.8 是腔内锁模光脉冲在不同自幅度调制系数 γ(而自相位调制系数 $\delta = 4$ 保持不变) 下光脉冲啁啾、最小脉宽、带宽、稳定性随腔内归一化腔体总色散的变化关系。从这几个数值分析结果可以看出：

(1) 在零色散点附近，光脉冲宽度最小，光谱带宽最宽，但光脉冲带有少量的啁啾，而且稳定性较差。

(2) 当腔体总的色散向正值绝对值增大时，锁模光脉冲脉宽加宽，且加宽的速度较负色散区域快，带宽变窄，光脉冲的啁啾增大得较快，但稳定性较相同绝对值的负色散区高。

(3) 当自相位调制系数 $\delta = 4$ 保持不变时，在正色散区域，锁模光脉冲的宽度随自幅度调制系数 γ 的增大而减小，且 γ 值的大小对光脉冲宽度的影响较大，而脉冲的带宽随 γ 的增大而增大。

(4) 当自相位调制系数 $\delta = 4$ 保持不变时，在正色散区域，随自幅度调制系数 γ 值的增大，光脉冲的稳定性增强，而啁啾量减少。

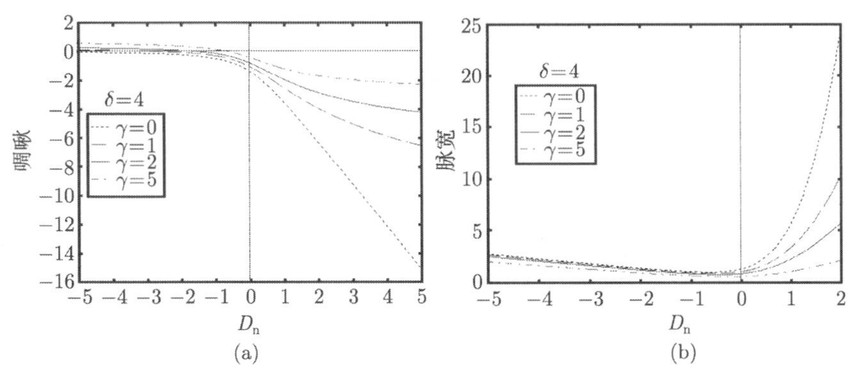

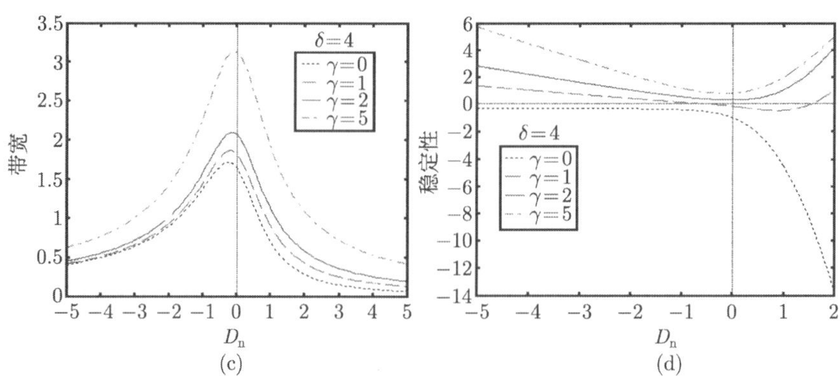

图 5.8　在自相位调制系数 $\delta = 4$ 的情况下，不同的自幅度调制系数 γ 时，色散与啁啾 (a)、脉宽 (b)、带宽 (c) 及稳定性 (d) 的关系

5.4.2　双包层掺镱光纤形成超短脉冲数值模拟

1. 模拟描述

一个实际超短脉冲光纤激光器中包含 SPM、GVD 和增益介质 (光纤) 的增益、增益饱和有限带宽的共同作用。因此对一个实际掺 Yb^{3+} 光纤激光器的数值模拟必须包含所有这些作用。

种子光脉冲是模拟在连续光场下的一个噪声脉冲。从偏振有关光隔离器输出的种子光脉冲 (仅有 X 方向) 与 $\lambda/4$ 波片相互作用后，经历腔内的群速度色散、SPM 效应、掺 Yb^{3+} 光纤增益、带宽限制元件的作用，经另一个 $\lambda/4$ 和 $\lambda/2$ 波片的作用后，最后经过偏振有关光隔离器，完成一个完整的循环。循环过程如图 5.9 所示，在数值模拟过程中，偏振有关光隔离器和偏振控制器的作用可采用作用矩阵来表示，偏振有关光隔离器的作用矩阵为 $\boldsymbol{X} = \begin{bmatrix} 1 & 0 \\ 0 & 0 \end{bmatrix}$，第一个 $\lambda/4$ 波片的作用矩阵

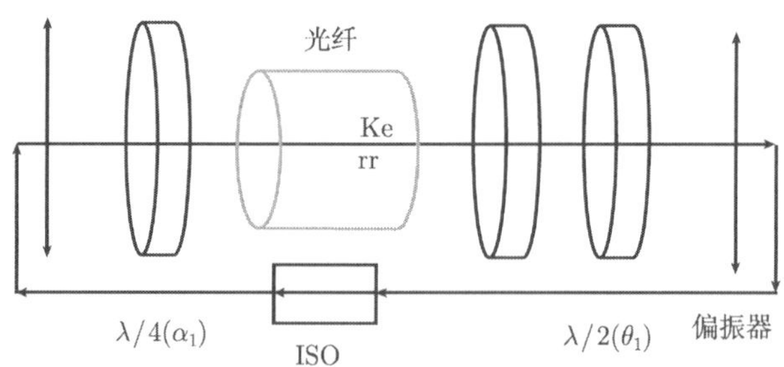

图 5.9　超短脉冲的工作原理

为 $\boldsymbol{QWP}_{\mathrm{XY}}(\alpha_1)=\dfrac{1-\mathrm{i}}{2}\begin{bmatrix}\mathrm{i}+\cos(2\alpha_1) & \sin(2\alpha_1)\\ \sin(2\alpha_1) & \mathrm{i}-\cos(2\alpha_1)\end{bmatrix}$，第二个 $\lambda/4$ 波片作用矩阵为 $\boldsymbol{QWP}_{\mathrm{XY}}(\alpha_2)=\dfrac{1-\mathrm{i}}{2}\begin{bmatrix}\mathrm{i}+\cos(2\alpha_2) & \sin(2\alpha_2)\\ \sin(2\alpha_2) & \mathrm{i}-\cos(2\alpha_2)\end{bmatrix}$，$\lambda/2$ 波片的作用矩阵为 $\boldsymbol{HWP}_{\mathrm{XY}}(\theta_2)=\begin{bmatrix}\cos(2\theta_1) & \sin(2\theta_1)\\ \sin(2\theta_1) & -\cos(\theta_1)\end{bmatrix}$，由这几个矩阵共同作用来调节进入光纤前与从光纤输出后的偏振状态。

2. 模拟实现

对于环形腔激光器来说，描述其腔内光脉冲的演化的动力学方程是一个改进的非线性薛定谔方程。经归一化后的方程为[32]

$$\frac{\partial U}{\partial z}+\frac{\mathrm{i}}{2}\frac{\partial^2 U}{\partial t^2}-\mathrm{i}\left|U\right|^2 U=\frac{g_0 L_{\mathrm{D}}}{1+p/p_{\mathrm{sat}}}\left(U+\frac{1}{\omega_{\mathrm{b}}^2 T_0^2}\frac{\partial^2 U}{\partial T^2}\right) \tag{5.4.19}$$

其中，g_0 为光纤增益，$L_{\mathrm{D}}=\dfrac{T_0^2}{\beta_2}$ 为色散长度，T_0 为脉冲的初始脉宽，β_2 为光纤的色散值，$\omega_{\mathrm{b}}=\dfrac{c\Delta\lambda}{\lambda_0^2}$，$\lambda_0$ 为激光的中心波长，$\Delta\lambda$ 为增益带宽，p 为入射脉冲的峰值功率，p_{sat} 为脉冲的饱和输出功率。可饱和吸收体的作用是通过偏振有关光隔离器和两个偏振控制器来实现的。经过偏振有关光隔离器的线偏振光，经过从第一个 $\lambda/4$ 波片 $\boldsymbol{QWP}_{\mathrm{XY}}(\alpha_1)$ 后成为椭圆偏振光，椭圆偏振光可以分解成两个不同强度且相互垂直的线偏振光，这两束光分别在增益光纤中得到传输放大的同时经历光纤的非线性效应。在光纤中传输时的数值模拟采用分步傅里叶变换方法来计算[32,33]。

图 5.10 是在光纤中光脉冲演化过程分步傅里叶变换方法数值计算的原理图。

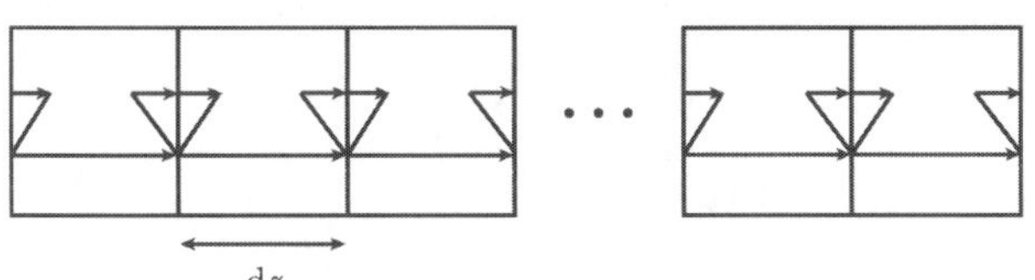

图 5.10 脉冲演化原理图

对于非线性部分 (如自相位调制) 的动力学模拟，采用时域来进行处理：

$$u(z+\mathrm{d}z,t)=u(z,t)\exp(\mathrm{i}\left|u\right|^2\mathrm{d}z) \tag{5.4.20}$$

对于线性部分 (如腔内色散、增益、有限带宽的滤波作用) 则采用频域进行处理：

$$u(z+\mathrm{d}z,t)=F^{-1}\left\{F\left[u(z,t)\right]\exp\left[\mu(\omega)\mathrm{d}z\right]\right\} \tag{5.4.21}$$

$$u(\omega) = -\frac{\mathrm{i}}{2}\omega^2 + \frac{g_0}{1+p/p_{\text{sat}}}\left(1 - \frac{1}{\omega_{\text{b}}^2 T_0^2}\omega^2\right) \tag{5.4.22}$$

F^{-1}、F 分别表示离散傅里叶反变换和傅里叶变换。

3. 模拟结果

根据图 5.9 的光脉冲循环过程，用于数值模拟的参数是 $T_0 = 1\text{ps}$，$\lambda_0 = 1053\text{nm}$，$\Delta\lambda = 40\text{nm}$，$g_0 = 20$，$\beta_2 = 30\text{ps}^2/\text{km}$。采用图 5.10 分步傅里叶方法来进行计算。图 5.11 为 $\alpha_1 = 30°$，$\alpha_2 = 33.5°$，$\theta_2 = -10°$ 的脉冲演化过程，从一个幅度较小的光脉冲，经历 SPM、GVD 和增益介质 (光纤) 的增益、增益饱和有限带宽的共同作用，在腔内经过几百次的循环后，再结合可饱和吸收体的自幅度调制作用，在腔内经过几百次的循环后，最终达到稳态。图 5.12 为 $\alpha_1 = 20°$，$\alpha_2 = 41.5°$，$\theta_2 = -10°$ 的脉冲演化过程，随着波片位置改变，在相同的初始条件下，光脉冲的工作区域发

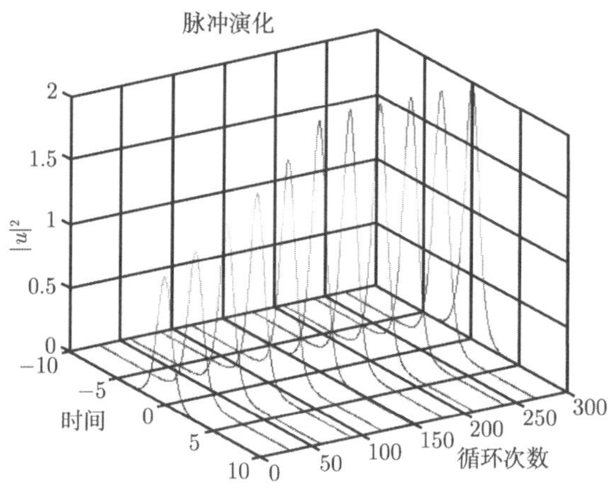

图 5.11 环形腔内超短脉冲演化图 ($\alpha_1 = 30°$，$\alpha_2 = 33.5°$，$\theta_2 = -10°$)

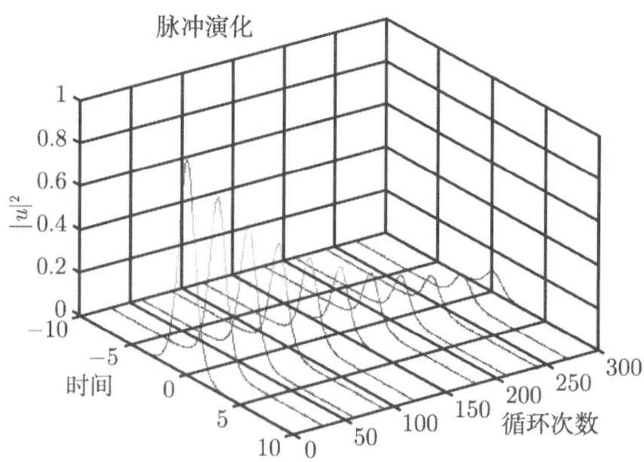

图 5.12 环形腔内超短脉冲演化图 ($\alpha_1 = 20°$，$\alpha_2 = 41.5°$，$\theta_2 = -10°$)

生了改变。由噪声引起的尖脉冲在各种影响作用下，在腔内经过几百次的循环后，最终消失，而使得光纤激光器工作在连续的状态下。模拟的过程表明，激光器的工作状态与波片的位置有很大的关系，不同的波片位置，将使得激光器工作在不同的区域，这与文献 [34] 报道的实验结果相一致。因此在环形腔激光器中通过简单地调节波片的位置，即可使得光纤激光器工作在不同的区域[34]。

4. 双包层掺 Yb^{3+} 的光纤超短脉冲激光器动力学实验

将波分复用器与掺 Yb^{3+} 光纤焊接构成如图 5.13 所示的环形结构，并耦合进 976nm 泵浦激光后，在掺 Yb^{3+} 光纤中进行增益放大，经过多次循环在腔内达到稳定的状态，图 5.13 中偏振有关光隔离器结合两个偏振控制器，利用光纤的非线性偏振旋转特性产生超短脉冲，其作用相当于被动锁模中快速可饱和吸收体的作用。在实验过程中可以通过简单地调节波片的位置而使激光器工作在不同的状态。由于掺 Yb^{3+} 石英光纤在 1μm 附近呈现很强的正色散，如果不采用色散补偿，在光纤腔内所获得脉冲的脉宽较宽。

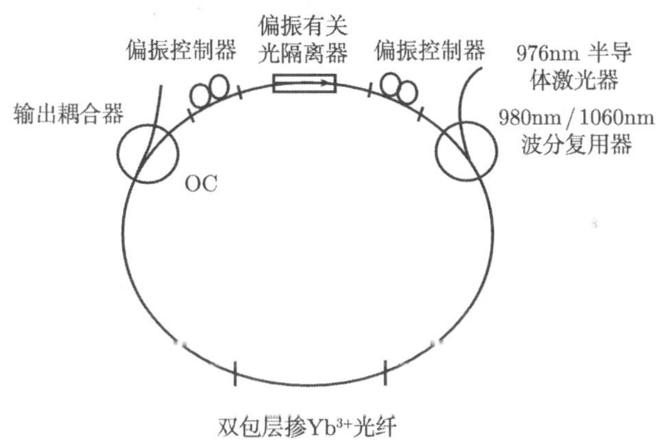

图 5.13 掺 Yb^{3+} 光纤环形激光器的实验装置

用光电探测器观察光纤激光器在时域的输出特性，在泵浦光一定的情况下，仔细调整光纤偏振控制器的状态，随着光偏振状态的变化，光纤激光器的输出信号呈现稳定和不稳定两个区域。在不稳定的输出区域，信号变成一些不规则的脉冲，由于采用的是偏振有关光隔离器，而隔离器能够有效地消除由布里渊和拉曼散射引起的非线性的影响，光纤激光器输出的这种动态的特性是由光纤激光器的自脉动输出引起的，且观察到这种自脉动具有一定的周期性，其周期由光纤激光器的腔长决定，这种自脉动输出是腔内存在可饱和吸收体的激光器具有的特性，其输出的脉冲图如图 5.14 所示。自脉动主要是由环形腔内的 RNGH 多模不稳定性引起的[35]，在保持偏振控制器位置不变时，当逐渐增大激光器的抽运功率时，自脉动的振幅越来越大。通过进一步优化腔长和用光纤焊接机焊接元器件时仔细操作，尽量减小光纤间的熔接损耗，降低各个器件的损耗，优化偏振控制器的性能，可使激光器工作在锁模的状态。

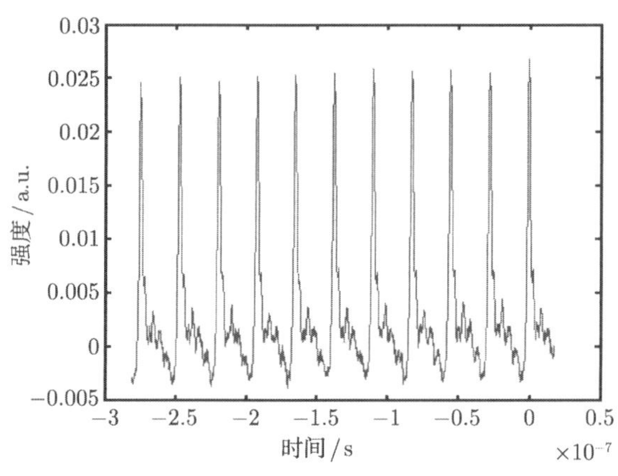

图 5.14　时域脉冲输出序列

5.5　腔外压缩超短脉冲掺镱光纤激光器实验研究

超短脉冲掺 Yb^{3+} 光纤激光器具有广泛的应用潜力，可以作为光参量振荡器和放大器的泵浦源[36,37]、超连续谱产生的激光源[38]；1053nm 超短脉冲掺 Yb^{3+} 光纤激光器还可作为光超大功率固体超短脉冲放大器的振荡级 (如激光核聚变前端系统)。

采用环形腔结构，利用非线性偏振旋转的被动锁模方式，采用半导体激光器泵浦掺 Yb^{3+} 光纤实现了全光纤化的皮秒光脉冲输出，保证了整个激光器系统的稳定性，从而为后续的放大和压缩提供了性能稳定的超短脉冲光源。利用自行研制的超短脉冲掺 Yb^{3+} 光纤振荡器进行了超短脉冲放大的实验研究。为获得飞秒量级的超短脉冲，采用光栅对进行了啁啾脉冲的腔外压缩。自行研制的超短脉冲掺 Yb^{3+} 光纤激光器，具有性能稳定、体积小、便于调节等特点，并已作为超短脉冲光源应用于激光核聚变前端系统的脉冲堆积实验。

5.5.1　超短脉冲掺镱光纤振荡器实验研究

1. 实验装置及原理

图 5.15 为超短脉冲掺 Yb^{3+} 光纤振荡器实验装置图。采用非线性偏振锁模技术在环形腔光纤激光器中自动形成类可饱和吸收体，从而在腔内光场中产生自幅度调制的被动锁模机制。采用环形腔结构，通过简单地调节偏振控制器，实现掺

Yb^{3+} 光纤振荡器皮秒脉冲输出。偏振有关光隔离器 (ISO) 既可以保证腔内激光的单方向运转，又可以抑制一些非线性影响 (如布里渊背向散射)。偏振控制器 (PC1 和 PC2) 是通过在线的对单模光纤挤压的方法来实现对单模光纤中传输光偏振态的控制。OC1、OC2 为光纤振荡器的耦合输出端口。超短脉冲振荡器采用的光纤参数为，纤芯直径 3.8μm，数值孔径 0.14，吸收系数 35dB/m(976nm 处)，通过多次反复的实验，采用 3.7m 掺 Yb^{3+} 光纤作为光纤振荡器的增益介质。图 5.16 为振荡器增益光纤实测的吸收系数与泵浦波长的关系。从图上可以看出掺杂光纤在波长 976nm 处具有最高的吸收系数，但由于在最高吸收系数处吸收的带宽较窄，如果泵浦源的波长受温度等外界条件的变化而产生漂移，则必然对光纤的吸收和振荡器的激光输出波长影响较大[39]，这就对半导体激光器中心波长的控制以及稳定性提出了更高的要求。实验采用的泵浦光源为波长 976nm 的半导体，光源内部置有

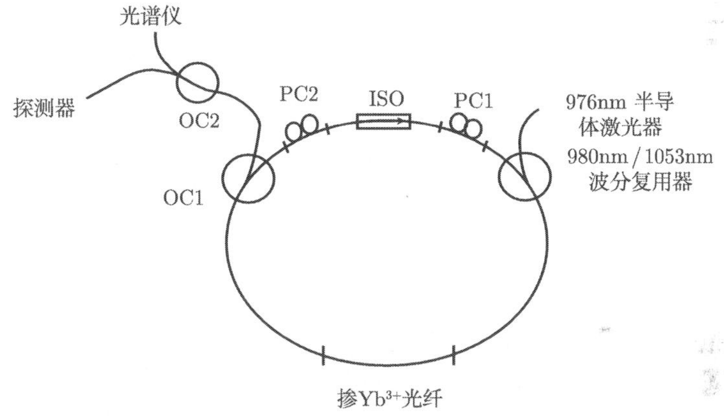

图 5.15 超短脉冲掺 Yb^{3+} 光纤振荡器实验装置

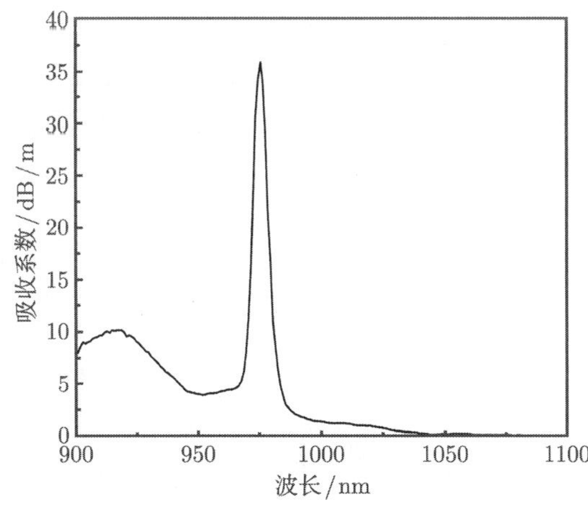

图 5.16 掺杂光纤吸收系数与波长的关系

光纤布拉格光栅结构，使得泵浦光源具有更高的稳定性和更低的噪声，避免了由半导体光源模块的温度变化引起的输出波长漂移。图 5.17 为实验采用的泵浦源输出光谱图，经过检测，泵浦源输出波长不随输出电流的变化而变化。实验采用藤苍公司的 50S 光纤焊接机，所有的光纤器件都是利用光纤焊接机连接在一起的。Ocean optics 光谱仪用于测量和记录脉冲的输出光谱。Tektronix 数字示波器用于记录和存储光脉冲在时域的输出，而 485MHz 模拟示波器用于观测锁模脉冲输出的稳定性以及锁模状态的好坏。德国 APE 公司的自相关仪用于测量输出脉冲的脉宽。

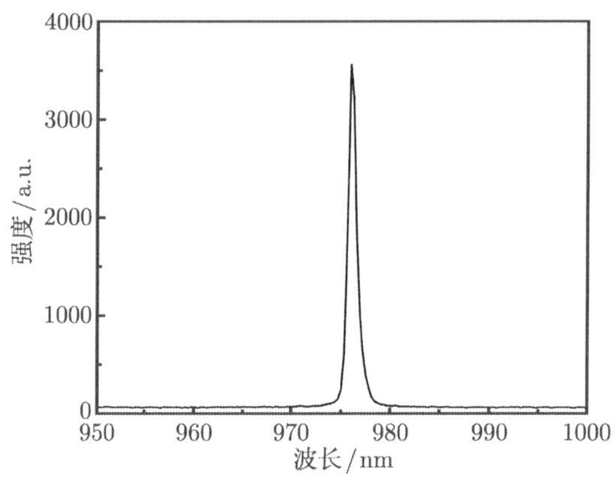

图 5.17　半导体激光器的输出光谱图

2. 实验结果

将 976nm 半导体激光器泵浦激光通过波分复用器 (980nm/1053nm) 耦合进环形腔内。根据图 5.15 所示，将所有的光纤器件通过焊接机连接在一起。在焊接元器件时仔细操作，以尽量减小光纤熔接损耗。在泵浦光功率一定的情况下，仔细调整光纤偏振控制器 PC1 和 PC2 的位置，随着光偏振状态的变化，光纤激光器输出信号的变化呈现稳定和不稳定两个区域。通过反复多次的调节，当偏振控制器在某一位置时，激光器工作在稳定的锁模状态。

当泵浦功率在 260mW 时，其输出脉冲如图 5.18 所示，从照片上看示波器处于稳定的锁模状态，脉冲重复频率为 25.4MHz，其重复频率由光纤振荡器腔长决定，示波器荧光屏上锁模脉冲串如一幅静止的图画，这样稳定的掺 Yb^{3+} 光纤振荡器将会获得广泛应用。此时处于锁模脉冲的光谱如图 5.19 所示，光脉冲中心波长接近于 1033nm，光谱宽度约 10nm。

图 5.20 为锁模光脉冲的二次谐波自相关曲线，假设光脉冲为高斯形，则光脉冲的脉宽为 37ps。结合光谱和自相关仪分析，自相关仪多个峰值可以推断出振荡器处于多脉冲输出状态，且脉冲之间的间隔相距很近。通过降低泵浦功率来观测

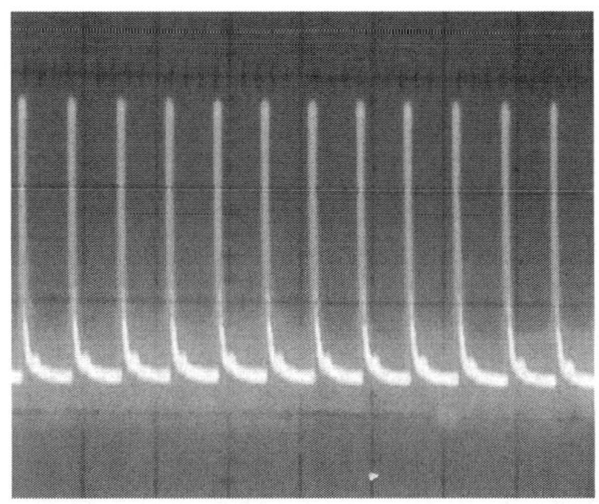

图 5.18 掺 Yb^{3+} 光纤激光器输出锁模光脉冲的示波器照片

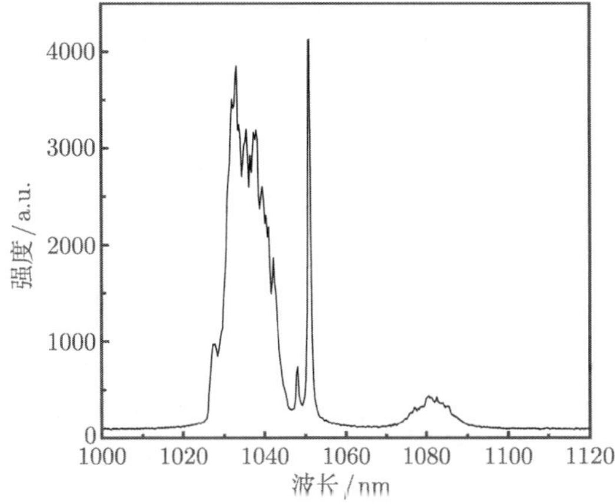

图 5.19 掺 Yb^{3+} 光纤激光器锁模时输出光谱图

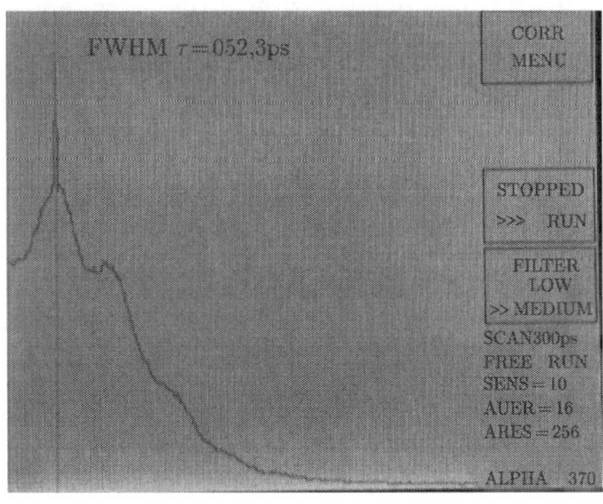

图 5.20 光纤振荡器光脉冲二次谐波自相关曲线

自相关信号的输出，当泵浦功率降低到 187mW 时，自相关仪的尖峰明显减少两个 (图 5.21)。这说明通过降低泵浦功率可以使振荡器脉冲个数降低，但通常是以牺牲锁模的稳定性为代价的。由于二次谐波自相关法对脉冲的实际形状是不敏感的，所以探测光脉冲的实际形状还要借助高次谐波自相关法，或通过快速的光电探测器和示波器来确定脉冲具体形状和个数。

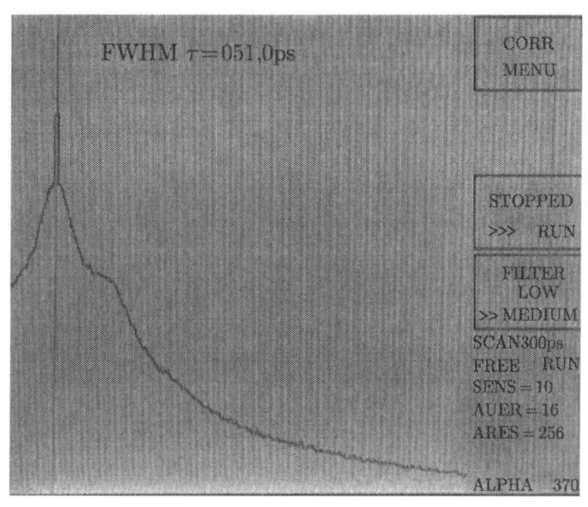

图 5.21　掺 Yb^{3+} 光纤振荡器泵浦功率为 187mW 时的二次谐波自相关曲线

从光谱上可以看出，光谱仪在 1080nm 附近呈现微弱的锁模激光，两个中心波长的模式同时锁定，可能与多脉冲的形成有关，使得不同脉冲具有不同的中心波长所致。除此之外还有连续的分量，这主要是光功率较高时模式竞争的缘故，随着泵浦功率的降低，连续分量随之消失 (图 5.22)。

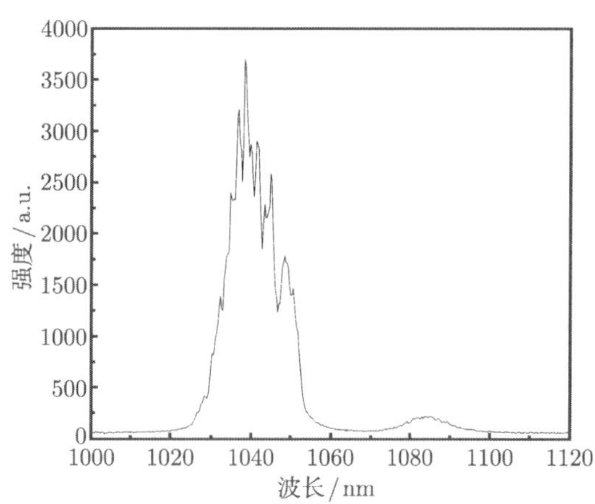

图 5.22　Yb^{3+} 光纤振荡器泵浦功率为 187mW 时的光谱图

图 5.23 为振荡器光脉冲输出功率与泵浦激光功率的关系，获得最大功率为 8.05mW。由于输出耦合器的输出耦合率很低，因此输出信号光功率比较小，如果采用耦合率较大的输出耦合器可能会获得更大的输出功率。

图 5.24 是锁模激光脉冲的脉宽与泵浦激光功率的关系，前面脉冲形成动力学过程的模拟分析结果表明，在振荡器参数一定的情况下，振荡器的工作状态由偏振控制器各波片的位置关系来决定。通过改变偏振控制器的位置可以使激光器工作在稳定的连续或锁模状态[40,41]，因此不同的偏振控制器的位置必然对锁模光脉冲的宽度产生影响。但在固定的偏振状态下，振荡器的输出脉宽主要由腔内的色散和自相位调制来决定，由脉宽与泵浦激光功率的关系 (图 5.24) 分析可知，在一定条

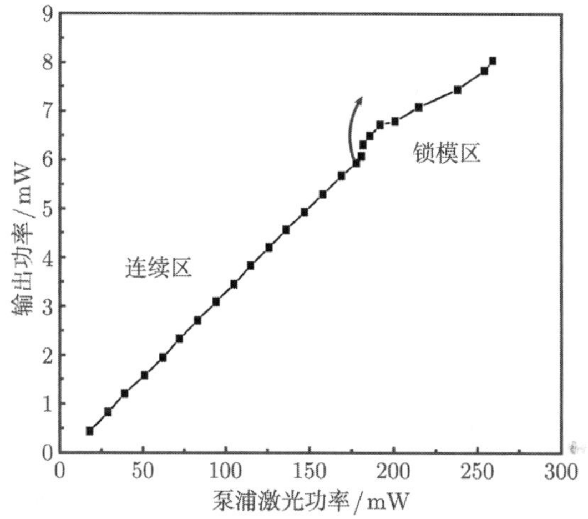

图 5.23 Yb^{3+} 光纤振荡器泵浦功率与输出功率的关系

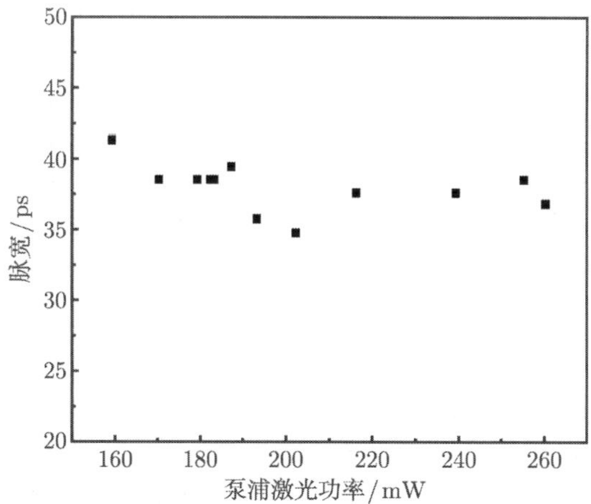

图 5.24 Yb^{3+} 光纤振荡器锁模光脉冲脉宽与泵浦激光功率的关系

件下，光脉冲随泵浦激光功率的增加不发生很大的变化，其差别可能是由自相关仪的测量误差所致。

3. 超短脉冲掺 Yb^{3+} 光纤振荡器脉冲宽度与腔长关系

对不同腔长的掺 Yb^{3+} 光纤振荡器，由于其腔内总色散不同，根据本章第五节分析，锁模光脉冲的宽度会因此发生变化，图 5.25 分别为 8m，11m (腔内加入长为 3m 的普通单模光纤)，14m(腔内加入长为 6m 的普通单模光纤) 掺 Yb^{3+} 环形腔振荡器锁模光脉冲宽度与腔长的关系。对应于三种腔长下的光脉冲的重复频率分别为 25.19MHz、18.6MHz、14.86MHz，锁模光脉冲宽度分别为 66ps、165ps、208ps。从图中可以看出，随环形腔腔长的增加，锁模光脉冲的宽度增大。这是由于在腔内加入光纤后，整个腔内的色散量增加，从而光脉冲宽度也增大，这与理论分析结果相一致。

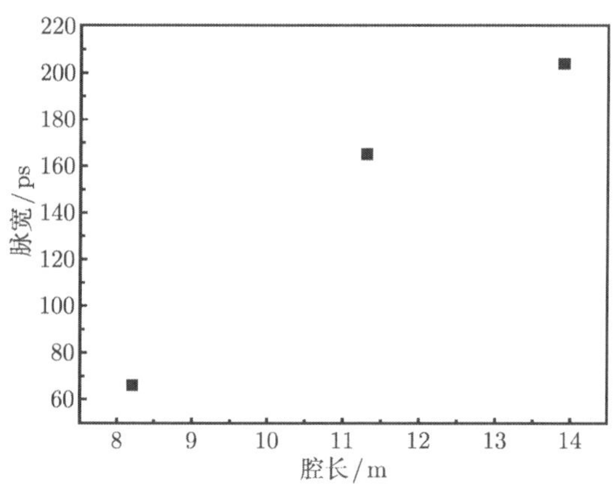

图 5.25 不同腔长与脉宽关系

5.5.2 超短脉冲掺镱光纤放大器实验研究

1. 实验原理与装置

从掺 Yb^{3+} 光纤振荡器输出的超短脉冲由于单脉冲能量比较低，其应用受到很大的限制，对掺 Yb^{3+} 光纤振荡器的输出光脉冲进行放大，是获到高平均功率光脉冲的有效手段。根据超短脉冲掺 Yb^{3+} 光纤振荡器、放大器的特点和实验室现有的条件，我们采用同向泵浦方式进行放大，即信号光与泵浦光在掺 Yb^{3+} 光纤放大器中同向地进行传输。由于超短脉冲光纤振荡器腔内没有进行色散补偿，所以输出为脉宽较宽的非变换极限啁啾脉冲，用此振荡器作为光纤放大器的信号源，避免了啁啾脉冲放大过程中非线性效应引起的增益窄化等效应，对光纤振荡器输出的啁啾光脉冲进行增益放大后，利用光栅对压缩器进行压缩，即可获得高功率的飞秒脉冲输出。

掺 Yb^{3+} 光纤放大器的原理图如图 5.26 所示。实验采用的泵浦源为输出功率最大为 250mW、波长为 976nm 的半导体激光器，其性能与上述掺 Yb^{3+} 光纤振荡器泵浦源相同，分别采用三种不同类型的光纤进行超短脉冲放大实验研究。

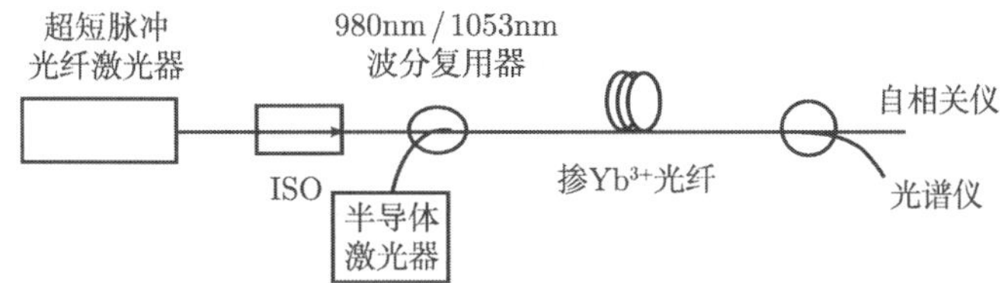

图 5.26　超短脉冲掺 Yb^{3+} 光纤放大器的实验原理图

放大采用的掺 Yb^{3+} 光纤参数如下：

(1) 低掺杂浓度单模光纤 Yb103，光纤参数为纤芯直径 3.8μm，数值孔径 0.14，吸收系数 35dB/m(976nm 处)；

(2) 高掺杂浓度单模光纤 Yb118，光纤参数为纤芯直径 4.2μm，数值孔径 0.16，吸收系数 208dB/m(976nm 处)；

(3) 高掺杂浓度双包层光纤 Yb603，光纤参数为椭圆纤芯直径 7/20μm、数值孔径 0.17, 椭圆内包层 32/59μm、数值孔径 0.15，吸收系数 190dB/m(978nm 处)。

分别采用高掺杂浓度和低掺杂浓度掺 Yb^{3+} 光纤作为增益介质，通过波分复用器 WDM 将泵浦光和信号光耦合进放大器，放大后的光脉冲通过输出耦合器 (95:5) 后分成两束光，其中，95 端口输出的光脉冲用于进行脉冲压缩，实现飞秒脉冲输出，5 端口输出的光脉冲经过 C-lens 进行准直后，进入二次谐波自相关仪中进行脉宽测量或用功率计测量放大后光脉冲的平均功率和输出光谱。

2. 实验结果

图 5.27 是掺 Yb^{3+} 光纤放大器放大后光脉冲平均功率随泵浦激光功率的变化关系。从图上可以看出，随泵浦激光功率的增加，放大后的信号的光功率增加，低掺杂浓度光纤的放大效率更高一些。图中 7m 长的 Yb103 光纤光转换效率为 52%，1.14m 长的 Yb118 光纤光转换效率为 15%，7cm 长的 Yb603 光纤光转换效率为 21%。在放大过程中，泵浦光与信号光通过波分复用器耦合进光纤放大器后，通过高掺杂浓度掺 Yb^{3+} 光纤时可以很明显地看到掺杂光纤产生绿色的荧光，且掺杂浓度越高荧光越强。Yb103 光纤由于掺杂浓度低，在放大的过程中用肉眼几乎看不到绿色荧光，但 Yb118 光纤可以明显地看见绿色荧光，而 Yb603 光纤只需短短的 7cm 即可将泵浦光全部吸收，且发出很强的绿色荧光。掺 Yb^{3+} 光纤绿色荧光与合作荧光 (cooperative luminescence) 过程有关。其合作荧光过程是由同类离子

的能量转移所致，并与石英玻璃基质有关[42]。由于实验所用的双包层掺 Yb^{3+} 光纤吸收系数比较大，纤芯的形状为椭圆形有利于泵浦光在纤芯内的吸收效率提高，所以采用的双包层光纤 Yb603 的转换效率要比 Yb118 稍大一些，且采用的光纤也较 Yb118 要短。可以肯定绿色荧光的产生是放大器光转换效率降低的主要原因。

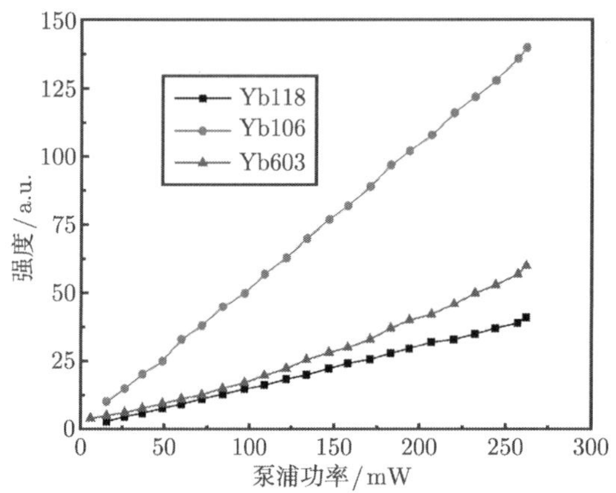

图 5.27　放大器泵浦功率与输出光脉冲平均功率关系

图 5.28 是相同的 Yb603 光纤经不同长度的光纤放大后，光脉冲平均功率随泵浦激光功率的变化关系。图中 7cm 长的 Yb603 光纤光转换效率为 21%，11.5cm 长的 Yb603 光纤光转换效率为 19%，16cm 长的 Yb603 光纤光转换效率为 16%。随着光纤长度的增加，光放大器的光转换效率下降，这主要是由激光下能级的自吸收引起的。自吸收是指处在激光上能级的粒子发出一个光子还未传出光纤时，又被处于下能级的另一个粒子吸收，发生与之相反的过程。这种自吸收随着光纤长度变短

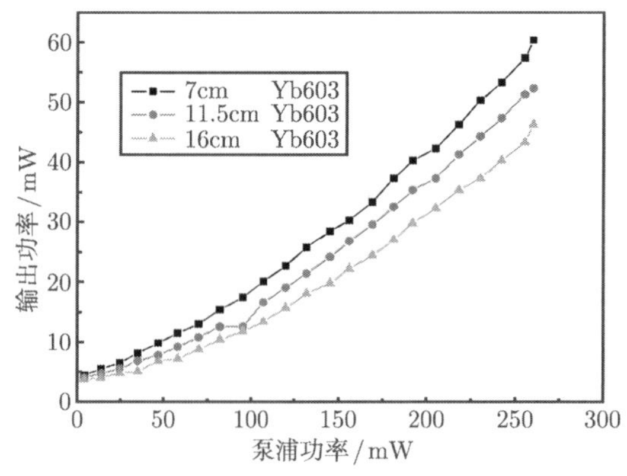

图 5.28　放大器泵浦功率与输出光脉冲平均功率关系

而逐渐减弱，从而使得实验中随着光纤长度的变短，转换效率也略微增加。在放大的过程中，光纤长度也并非越短越好，根据泵浦源功率及信号光功率，存在一个最佳的光纤长度，光纤的吸收系数通常无法精确测定，为获得最大的转换效率，需通过反复多次的实验来确定光纤长度。

图 5.29 是通过掺 Yb^{3+} 光纤放大器后，光脉冲宽度随泵浦激光功率的变化关系。● 代表采用 7cm 长的 Yb603 双包层光纤，■ 代表采用 7m 长的 Yb103 低掺杂浓度的单模光纤，而 ▲ 代表采用 1.14m 长的 Yb118 高掺杂浓度单模光纤，从实验曲线可知，随泵浦激光功率的增大，放大后光脉冲的宽度呈压缩的趋势并趋于稳定。图 5.30 为通过 7cm Yb603 光纤的二次谐波自相关曲线和光谱图，图 5.31 为通过 7m Yb103 光纤的二次谐波自相关曲线和光谱图，图 5.32 为通过 1.14m Yb118 光纤的二次谐波自相关曲线和光谱图。这可能是掺杂浓度不同的掺 Yb^{3+} 光纤中 Yb^{3+} 与石英基质的相互作用不一致，而使得各个光纤的增益曲线略微不同。对于不同波长的增益有所不同使光脉冲得到一定程度的整形。

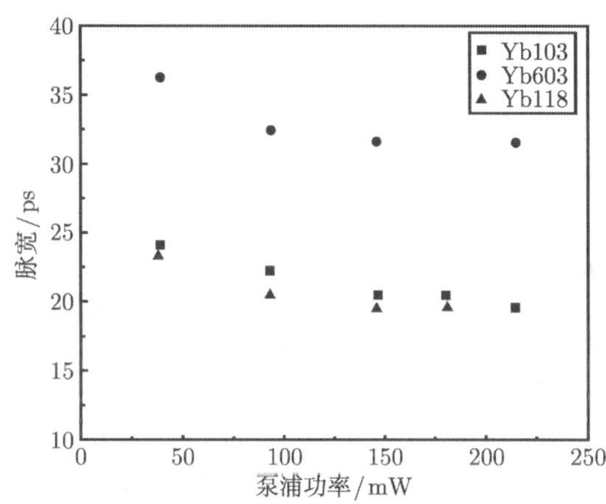

图 5.29 放大器泵浦功率与放大后光脉冲宽度的关系

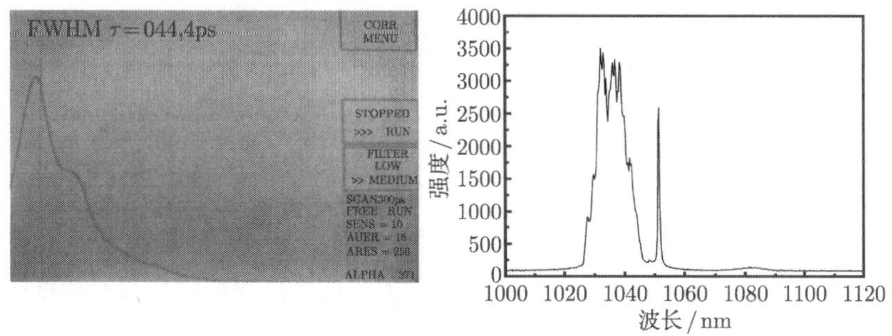

图 5.30 Yb603 掺 Yb^{3+} 光纤放大器输出二次谐波自相关曲线和光谱图

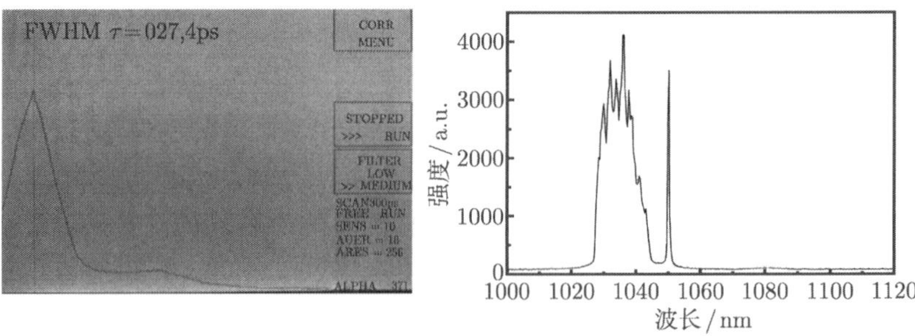

图 5.31　Yb103 掺 Yb^{3+} 光纤放大器输出二次谐波自相关曲线和光谱图

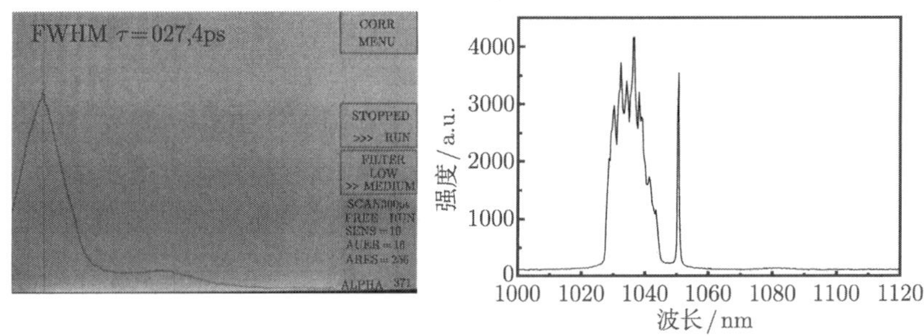

图 5.32　Yb118 掺 Yb^{3+} 光纤放大器输出二次谐波自相关曲线和光谱图

5.6　飞秒掺镱光纤激光器实验研究

由于实现自启动被动锁模激光器有一定的难度，需要较高的光功率密度来激励光纤中的非线性以及足够长的光纤来实现偏振态的演变。在单泵浦源实验的基础上，通过反复多次的实验，采用双泵浦源结构来提高腔内的激光功率，从而利于超短脉冲激光器的自启动。由于采用非线性偏振旋转的被动锁模方式，而这种锁模方式的机理主要是通过光纤中对偏振态的控制来实现锁模的，光纤中偏振态的演变随光纤的弯曲、压力、温度等的变化极为敏感，因此为实现掺 Yb^{3+} 光纤激光器锁模的稳定性，对整个激光腔内光纤的固定也显得尤为重要。采用光纤盒可实现光纤的固定。

图 5.33 是利用非线性偏振旋转被动锁模机制实现飞秒输出的实验原理图。实验装置由光纤振荡器、光纤放大器和光栅对压缩器组成。光纤激光振荡器掺 Yb^{3+} 石英光纤的参数：光纤纤芯直径 4.2μm，数值孔径 0.16，吸收系数 208dB/m(976nm 处)；通过多次反复的实验，采用 80cm 的掺 Yb^{3+} 光纤作为光纤振荡器环形腔中的增益介质。光纤放大器采用的光纤参数：光纤纤芯直径 3.8μm，数值孔径 0.14，吸收系数 35dB/m(976nm 处)；根据泵浦功率的大小且结合超短脉冲放大器的实验研

究，采用 7m 的掺 Yb^{3+} 光纤作为光纤放大器增益介质。光栅压缩器采用双光栅对结构，单个光栅的一级衍射效率达 90%以上，大小为 60mm×40mm×10mm，在实验的过程中采用平行光管来保证光栅对的平行度。

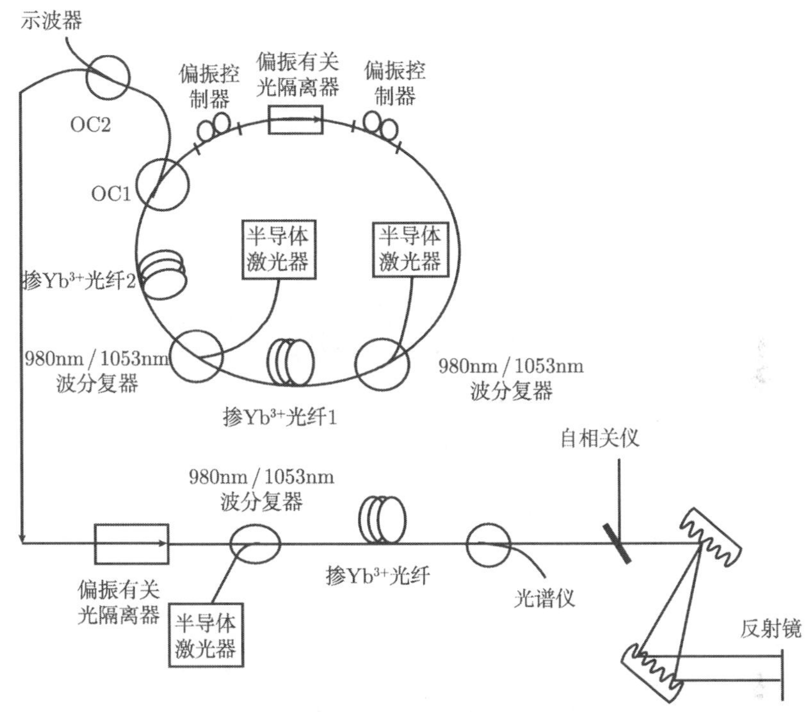

图 5.33 飞秒脉冲掺 Yb^{3+} 光纤激光器的实验原理图

5.6.1 飞秒掺镱光纤激光器的稳定锁模输出

掺 Yb^{3+} 光纤环形腔振荡器是由偏振有关光隔离器 (使环形腔单向工作)、980nm/1053nm 波分复用器 (用于将泵浦光耦合进光纤环形腔内)、输出光纤耦合器 OC1 (1053nm，95:5，用于将腔内的锁模光脉冲耦合输出)、输出光纤耦合器 OC2 (95:5，一部分被输送到放大器用于光脉冲的直接放大，另一部分用于实时监测掺 Yb^{3+} 光纤振荡器锁模脉冲，包括锁模的稳定性、输出光谱、输出功率等) 组成的。泵浦源采用国内购买的大功率的 976nm 泵浦源，此泵浦源采用单模光纤耦合输出，这使得可以直接通过焊接来实现其与波分复用器的连接，避免了通过光纤调整架来实现光纤激光的耦合，增加了系统的稳定性。

将光纤振荡器、放大器泵浦源的泵浦电流加到最大值时，通过调节偏振控制器的位置可以使激光器工作在稳定的锁模状态。

图 5.34 为超短脉冲输出稳定锁模的示波器照片，从照片上看示波器处于稳定

的锁模状态，脉冲的重复频率为 23.7MHz。图 5.35 为锁模脉冲所对应的光谱曲线，光脉冲的中心波长接近于 1053nm，光谱宽度约 15nm。

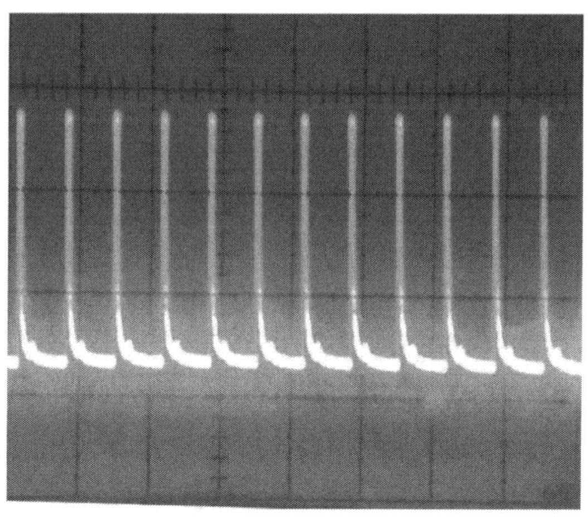

图 5.34　掺 Yb^{3+} 光纤激光器输出锁模光脉冲的示波器照片

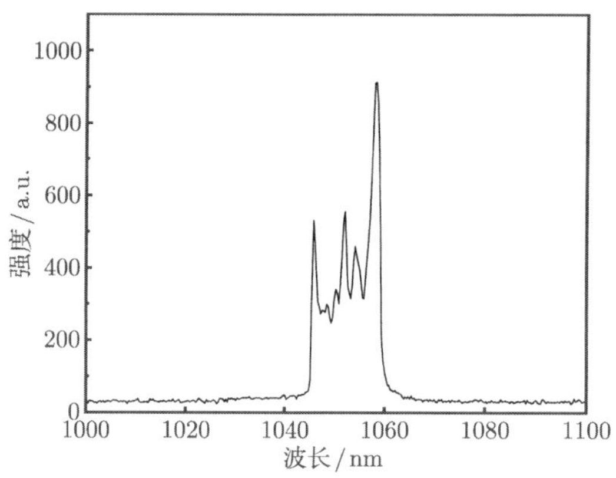

图 5.35　掺 Yb^{3+} 光纤激光器锁模时输出光谱图

从图 5.35 中可以看出，激光器的光谱呈现几个尖峰结构，这主要由于在正色散区域自相位调制和群速度色散之间的相互作用引起光谱发生分裂，其源于频率啁啾。相同的频率啁啾有可能出现在两个不同的时刻，这将使得脉冲在两个不同点处有相同的瞬时频率，根据这些瞬时频率之间的相位差可发生相加或相消干涉，这种干涉的结果形成了脉冲频谱的振荡结构[43]。

图 5.36 为超短脉冲锁模光脉冲经过压缩后的二次谐波自相关曲线，此时光栅对的间隔为 13.7cm，假设光脉冲为洛伦兹形，则光脉冲脉宽为 250fs，其时间带宽积为 1.02。图 5.37 为经过压缩后的光脉冲的输出功率与放大器泵浦激光功率的关

系。从图 5.37 可以看出，激光器的输出平均功率大于 50mW，峰值功率为 8kW。

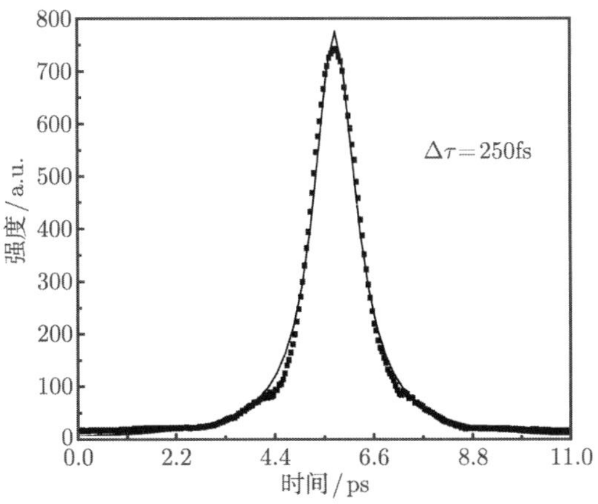

图 5.36　光纤激光器压缩后二次谐波自相关曲线

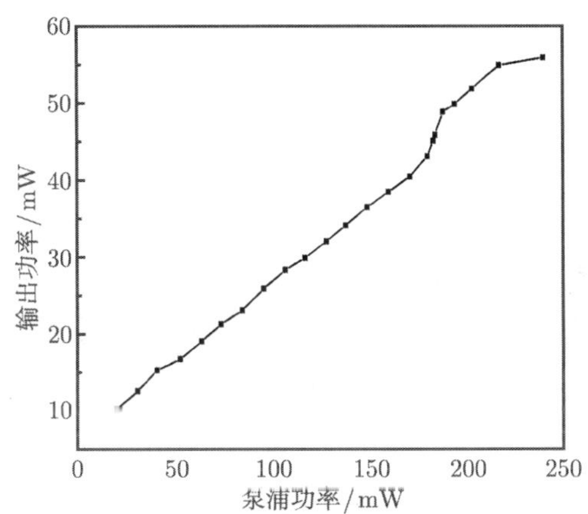

图 5.37　掺 Yb^{3+} 光纤放大器泵浦功率与压缩器输出功率的关系

在整个调节的过程中保持泵浦功率不变，锁模的稳定性及稳定的区域、输出脉冲的功率及光谱与偏振控制器的位置有很大的关系，通过多次反复的调节可使激光器工作在一个稳定的区域，激光器可以连续工作在锁模状态而无须调整。采用环形腔结构的超短脉冲激光器不借助外界的微扰而自行由连续态达到脉冲状态，实现自启动。

5.6.2　超短脉冲掺镱光纤激光器的波长调谐输出

惯性约束核聚变 (ICF) 激光驱动前端系统中需要使用 1053nm 波长的短脉冲，经过后续多级能量放大及三倍频靶丸加热实现聚变反应。掺 Yb^{3+} 光纤激光器可作为 ICF 激光驱动器前端系统中主振荡器的重要选项。

由于 ICF 前端种子源的需要，我们对激光器输出波长的调谐进行了实验研究。由掺 Yb^{3+} 石英玻璃中 Yb^{3+} 的光谱图可知，Yb^{3+} 在很宽的范围内有连续的荧光发射，1053nm 位于发射谱中，但由于其发射截面相对较小，不易实现激光输出。在连续掺 Yb^{3+} 光纤激光器中已有实验观察到激光器运转波长与光纤长度有关，并用解析的方法研究并推出了激光运转波长与掺杂浓度、光纤长度的对应关系[44]。

激光器的阈值条件为

$$g_0(\lambda, L) = a(L) \tag{5.6.1}$$

激光波长与阈值之间的函数关系为

$$1+\frac{Z_{\mathrm{L}}}{Z_{\mathrm{u}}}\exp\left(\frac{E_{\mathrm{ZL}}-h\nu\lambda^{-1}}{kT}\right)=\exp\left\{LN\sigma_{\mathrm{ap}}-In\left[\beta_{\min}\frac{I_{\mathrm{p}}^{\mathrm{th}}}{I_{\mathrm{c}}}\right]-\frac{I_{\mathrm{p}}^{\mathrm{th}}}{I_{\mathrm{c}}}\right\} \tag{5.6.2}$$

其中，Z_{u}、Z_{L} 为上下能级的配分函数，Z_{ZL} 为激光上下能级因 Stark 分裂形成的两组能级中高低能级之差，h 为普朗克常量，c 为光速，λ 为激光波长，k 为玻尔兹曼常量，T 为温度，σ_{ap} 表示泵浦波长的微分吸收截面，N 为掺杂浓度，$I_{\mathrm{p}}^{\mathrm{th}}(0)$ 为阈值条件下输入光纤中的光强，$\beta_{\min}$ 表示要使泵浦光透明所需上能级粒子数与总粒子数的最小百分比。

$$\beta_{\min}=\frac{\sigma_{\mathrm{ap}}}{\sigma_{\mathrm{ep}}+\sigma_{\mathrm{ap}}} \tag{5.6.3}$$

式中，σ_{ep} 表示泵浦波长的微分发射截面。I_{c} 由下式给定：

$$I_{\mathrm{c}}=\frac{h\nu_{\mathrm{p}}}{(\sigma_{\mathrm{ap}}+\sigma_{\mathrm{ep}})\,\tau} \tag{5.6.4}$$

其中，ν_{p} 表示泵浦频率，τ 为上能级平均寿命。

在超短脉冲掺 Yb^{3+} 光纤激光器环形腔内，偏振控制器位置直接影响腔内损耗的变化，由式 (5.6.1) 可知，腔内损耗的变化会引起阈值的变化，由式 (5.6.2) 可知，阈值的变化会引起激光谐振波长的变化。

在光纤长度一定的情况下，通过调节偏振控制器来调节腔内的损耗，实现波长的调谐功能。在实验中通过改变腔内损耗来改变激光器的阈值，实现激光波长的调谐输出，实验结果表明激射波长与阈值有关，通过调节偏振控制器的位置可调节激光器的中心波长，且对于确定的偏振控制器位置，激光的中心波长不随泵浦功率改变，这些现象可以依据 Yb^{3+} 能级结构和光谱特性予以分析和解释，在掺 Yb^{3+} 光纤激光器中，位于 1010~1162nm 以准四能级系统的激光运行，其激光跃迁下能级对应于能级图中的 b 或 c 能级，由于靠基态很近，在常温下将因玻尔兹曼分布占据约 5%的粒子数，上述激光将受到这些粒子的共振吸收，由吸收谱可知，越往短波长吸收越强，假定现有某波长为 λ 的激光起振运行，当增加腔内损耗时，所有波长的阈值升高，因此需要更大的泵浦功率才能有信号光满足阈值条件，而随着泵浦功率的增加，将有更多的粒子被泵浦至上能级 d，这使得 b、c 能级的粒子数减少，从而对信号光吸收减少，这将使得具有较大发射截面的比 λ 更短的波长更有利于首先达到阈值而起振。这说明损耗增大、阈值升高，激射波长将向短波方向移动，这样在调节偏振控制器的位置时可以根据波长的变化来判断腔内损耗。而对于确定的阈值和损耗，激光起振后，因均匀加宽中的增益饱和效应，激光波长不会随泵浦功率而变化。

然而单纯地依靠改变偏振控制器的位置只能实现波长在一定范围的调谐，调谐范围在 1030nm 附近。这主要是由于 Yb^{3+} 在 1030nm 附近受激发射截面相对较大。由式 (5.6.2) 可知在损耗与波长无关的情况下，对于确定的泵浦波长，光纤长度的增加将使得更长波长的激光运转，这一点与已有的报道及实验结果一致[45,46]。这主要与掺 Yb^{3+} 光纤的自吸收有关。掺 Yb^{3+} 光纤激光器工作在准四能级系统下，由于其激光下能级 b、c 距基态能级 a 较近，随着光纤长度的变短，掺 Yb^{3+} 光纤的自吸收减弱，使得在较短的波长下能够产生激光。因此可以通过选择光纤长度来达到控制所需要激光波长的目的。

实验通过改变光纤长度的方法结合偏振控制器的调节实现了波长为 1053nm 的光谱输出，输出光谱图如图 5.38 所示。

为实现波长的调谐，尝试在腔内加入宽带可调谐光纤滤波器实现 1053nm 波长的输出。光纤滤波器的具体参数为中心波长 1053nm，调谐范围 15nm。图 5.38 为通过调节偏振控制器的位置实现的锁模脉冲的输出光谱图。在实验过程中，我们发现采用光纤滤波器无法实现波长的精确调谐，其激射的中心波长始终在 1030nm 附近。经分析表明：由于光纤滤波器波长输出具有周期性的结构，光纤滤波器在

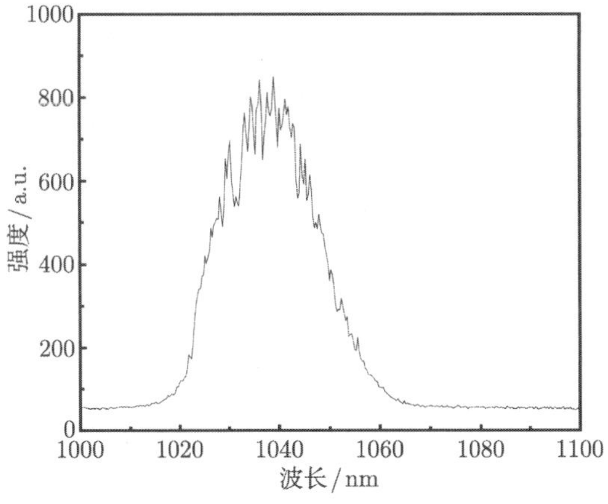

图 5.38 锁模脉冲的输出光谱图

1030nm 和 1053nm 同时都具有最大的透过峰值，而掺 Yb^{3+} 光纤在 1030nm 的激发射截面相对较大，所以在激光激射时 1030nm 波长具有竞争优势从而实现振荡。

5.7 超短脉冲掺镱光纤激光器稳定性分析

对于很多应用而言，维持光纤激光器波长和输出功率的稳定性是十分重要的。而光纤激光器即使在连续泵浦的条件下，输出时常呈现各种自脉冲现象，这主要是受布里渊散射和受激拉曼散射以及饱和吸收等非线性因素的影响。对于采用加成脉冲锁模的环形腔结构超短脉冲激光器，偏振有关光隔离器可以有效地抑制布里渊散射和受激拉曼散射，其工作的稳定性及可靠性主要受光纤激光器的波长稳定性、功率稳定性以及工作环境稳定性等因素的影响。

采用非线性偏振旋转锁模的超短脉冲光纤激光器，应力、弯曲、张力、扭曲等都将会引起光纤双折射的变化，从而导致其相位差发生改变，使得锁模的条件无法得到满足，激光器的模式无法锁定，从而导致激光器失锁。任何环境变化 (如温度、压力、弯曲等) 都将使得对偏振控制器重新调整，从而使激光器重新达到锁模状态。这个问题在使用更长的光纤时将更加明显。

对于超短脉冲掺 Yb^{3+} 光纤激光器来说，各个纵模的频率可以由下式来表示:

$$\nu_{\mathrm{q}} = q\frac{c}{nL} \tag{5.7.1}$$

其中，n 为光纤纤芯的折射率，c 为光在真空中的传播速度，L 为光纤激光器的腔长，q 为模式数。将式 (5.7.1) 微分可得

$$\frac{\mathrm{d}\nu}{\nu} = -\left(\frac{\mathrm{d}L}{L} + \frac{\mathrm{d}n}{n}\right) \tag{5.7.2}$$

可以看到激光器各个模式稳定度由腔长变化和折射率变化来决定。各个模式的稳定度反映了整个激光器锁模的稳定性。下面就光纤受应力、弯曲、扭曲、温度等环境变化影响对激光器锁模的影响进行分析。

光纤有应力时，折射率会发生改变，若两个正交方向之间差为 $\Delta\sigma$ 时，则在该方向上的折射率之差为[47]

$$\Delta n = \frac{n^3}{2E}(1+\rho)(p_{12}-p_{11})\Delta\sigma \tag{5.7.3}$$

式中，n 为纤芯折射率，E 为杨氏模量，ρ 为泊松比，p_{11} 和 p_{12} 为光弹张量。对于石英，$E = 7.0\times10^{10}\mathrm{Pa}$，$\rho = 0.17$，$p_{11} = 0.121$，$p_{12} = 0.027$，若对于一个中等的应力差 $\Delta\sigma = 5\times10^4\mathrm{Pa}$，可得应力引入的折射率之差为 0.16。

沿光纤轴扭曲时，如果光纤中输入线偏振光，由于应力存在，会在光纤中引起圆双折射，此圆双折射之值可由下式求出：

$$B_{\mathrm{c}}=\frac{1}{2}n^2\left(p_{11}+p_{12}\right)2\pi N \tag{5.7.4}$$

其中，N 为每米光纤的扭曲数，假设每米光纤的扭曲数为 1，引入的圆双折射值为 2.58。

光纤有弯曲时，光纤弯曲也会引起双折射，纯弯曲引起的折射率之差为

$$\Delta n=\frac{n^3}{4}\left(1+\rho\right)\left(p_{11}-p_{12}\right)\left(\frac{A}{R}\right)^2 \tag{5.7.5}$$

其中，R 为光纤的弯曲半径，A 为光纤外径，通常单模石英光纤直径为 125μm，假设光纤的弯曲半径为 15cm，则由弯曲引入的折射率的变化为 8.7×10^{-8}。

无论采取什么样的腔形结构，都会因热膨胀或机械变形而改变腔长，因此温度和机械振动都将引起腔长变化，石英的低膨胀系数为 $\alpha=5\times10^{-7}\mathrm{K}^{-1}$[48]，即温度每变化 1°C，各个模式稳定度在 10^{-7} 数量级。从以上说明可以得出，光纤的应力和扭曲引起折射率的变化对锁模的影响较大，应力引起的模式稳定度在 10^{-1} 数量级，而扭曲引入的模式稳定度在 10^{1} 数量级，扭曲引起的折射率变化足以使激光器无法在锁模状态下工作。所以在实验的过程中和安装光纤的时候一定要注意尽量采用大的光纤绕盘以减少其应力，注意光纤是否有扭曲的存在，这对激光器能否锁模起着至关重要的作用。虽然相对于光纤的应力和扭曲来说，光纤的弯曲、温度和机械振动对激光器的影响较小，但通常在光纤安装好之后，其应力、弯曲引入的折射率之差基本固定，此时保持一个相对稳定的外界环境以保证激光器的锁模状态显得十分重要。非线性偏振旋转的附加脉冲锁模原理，是依靠改变光纤中的偏振状态来实现锁模的，由于我们采用的都是非保偏光纤，光纤本身引入的随机的双折射也会增加系统的不稳定性。

模式的稳定度必然会影响到超短脉冲光纤激光器波长的稳定性，二者是息息相关的。所以为保证激光器锁模及光谱的稳定性，应防止光纤扭曲，减少光纤应力、弯曲和保持一个相对稳定的实验环境。

在超短脉冲光纤激光器锁模稳定条件得到保证的情况下，激光器输出功率的稳定性很大程度上取决于泵浦光源输出功率和波长的稳定性。

5.8 腔内压缩超短脉冲掺镱光纤激光器实验研究

长期以来，Yb^{3+} 最重要的应用只是作为一种敏化离子 (激光激活离子) 与其他稀土元素离子共同掺杂，Yb^{3+} 吸收泵浦光子的能量后，把能量传递给其他受主离子，如 Er^{3+}/Yb^{3+}、Pr^{3+}/Yb^{3+} 共掺的光纤中，Yb^{3+} 并不直接发生能级跃迁而

产生激光，而仅仅作为一个能量传递工具[49,50]。掺Yb^{3+}光纤作为激光增益介质最近几年获得了迅速的发展，在科学研究领域及实际应用中都发挥着越来越重要的作用。利用在光纤中非线性偏振旋转来充当快速可饱和吸收体产生超短脉冲，已报道的利用掺Yb^{3+}光纤环形腔激光器产生的最短脉冲为36fs[51]。采用包层泵浦技术很容易获得高功率激光的输出，可产生单脉冲能量nJ、μJ量级的超短光脉冲[52]。

利用双泵浦源结构增加腔内功率，采用掺 Yb^{3+} 光纤作为增益介质，进行了腔内进行色散补偿产生激光脉冲的实验研究。对实验中观察到的脉冲底座进行了详细分析，并通过数值计算分析光栅对不平行度对色散的影响。

5.8.1　实验原理和装置

为增强腔内激光功率，利于锁模脉冲实现，实验采用双泵浦源结构。双泵浦源分别通过 980nm/1053nm 波分复用器 (WDM) 进入环形腔内，如图 5.39 所示。超短脉冲掺 Yb^{3+} 光纤环形腔振荡器是由偏振有关光隔离器 (ISO，使环形腔单向工作)、两个偏振控制器 (PC1 和 PC2)(控制、调整腔内光场偏振方向)、输出光纤耦合器 OC1(1053nm，98:2，用于将腔内的锁模光脉冲耦合输出)、输出光纤耦合器 OC2(95:5，一部分用于监测构成激光器的时域输出情况，另一部分用于检测激光器光谱) 构成的。实验中使用两段相同的掺 Yb^{3+} 光纤，每段约为 60cm，吸收系数为 208dB(976nm 处)。在腔体内掺 Yb^{3+} 光纤以及光纤器件所附带的光纤在波长 1μm 附近呈现正常色散，如果要产生脉宽较短的超短脉冲，需要在腔内进行色散补偿，我们采用技术上相对成熟的光栅对提供反常色散。超短脉冲压缩器的实验装置如图 5.40 所示。由于采用环形腔结构，压缩器需形成环形输入、输出结构，采用提升镜结合 C-lens 的结构使得激光可以在压缩器中环形运行。采用非线性偏振旋转锁模技术在光纤激光器中自动形成类可饱和吸收体，从而在腔内实现自幅度调制的被动锁模机制，采用腔内压缩器提供负色散，从而在腔内直接产生出波长为 1μm 的超短脉冲。

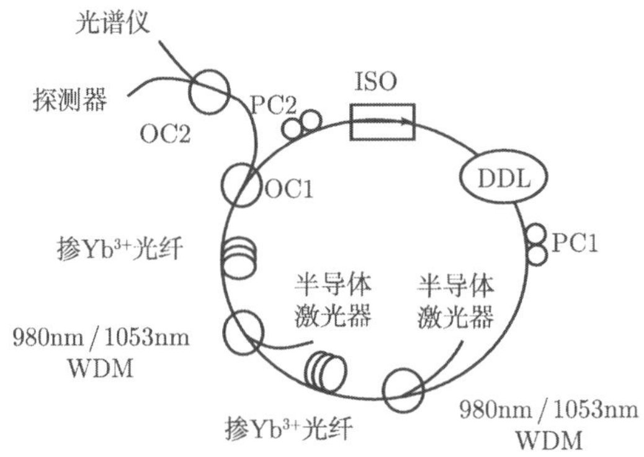

图 5.39　超短脉冲掺 Yb^{3+} 光纤环形振荡器实验装置及原理图

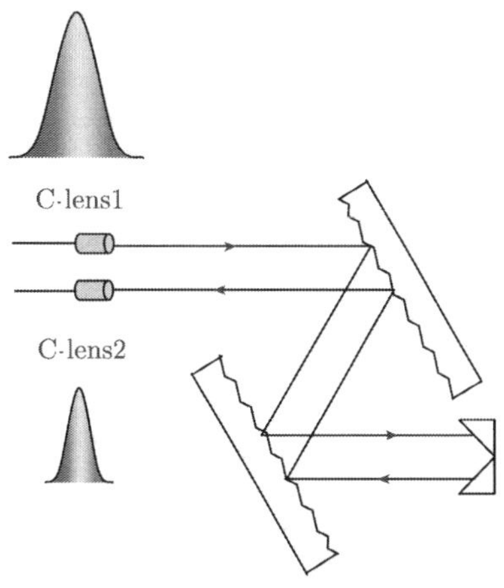

图 5.40 超短脉冲压缩器实验装置图

5.8.2 锁模脉冲的输出

使用波长为 976nm 的半导体激光器作为泵浦源，以掺 Yb^{3+} 光纤作增益介质构成环形腔激光器。采用非线性偏振旋转的附加脉冲锁模技术，光栅距离为 4cm 时，通过调节偏振控制器实现了脉冲激光的锁模输出。

图 5.41 为超短脉冲输出锁模光脉冲的示波器照片。图 5.42 为锁模光脉冲的二次谐波自相关曲线，假设为洛伦兹形，则光脉冲宽为 3.3ps。

图 5.43 为超短脉冲掺 Yb^{3+} 光纤激光器锁模时对应的光谱图，中心波长为 1055nm，光谱宽度约 20nm，其时间带宽积约为 18，大于变换极限因子 0.11。

图 5.44 为超短脉冲掺 Yb^{3+} 光纤激光器的泵浦功率与输出功率的关系。当泵浦功率低于 144mW 时，激光器呈现出连续激光输出而非脉冲输出。当泵浦功率增

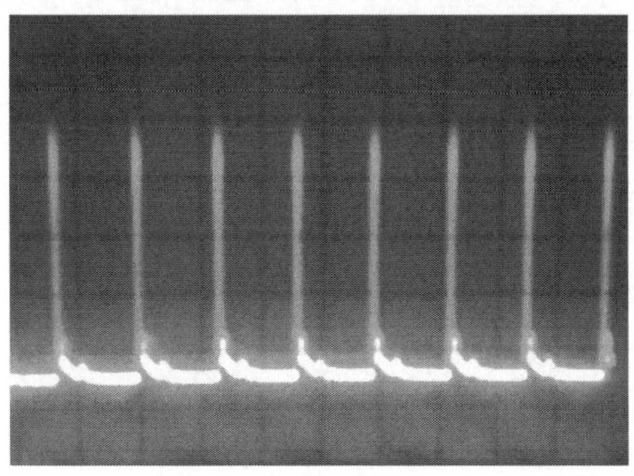

图 5.41 超短脉冲掺 Yb^{3+} 光纤激光器的锁模输出

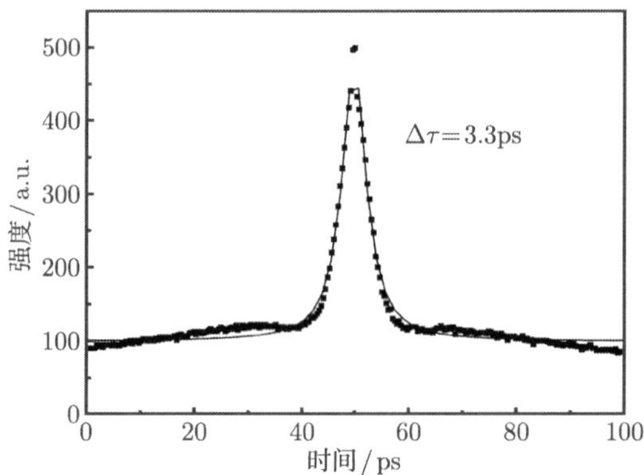

图 5.42　锁模光脉冲的二次谐波自相关曲线

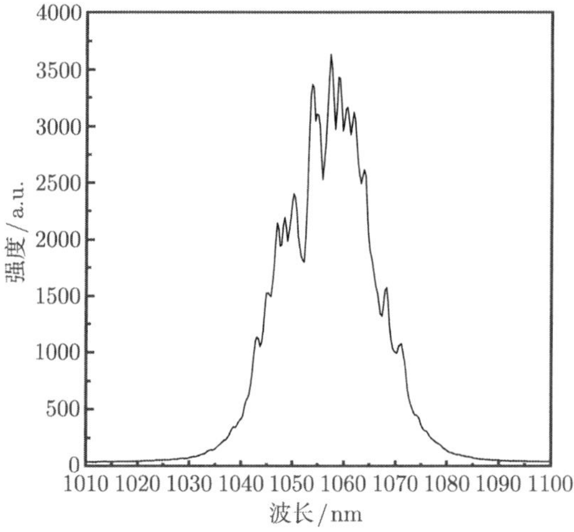

图 5.43　超短脉冲掺 Yb^{3+} 光纤激光器的锁模输出光谱

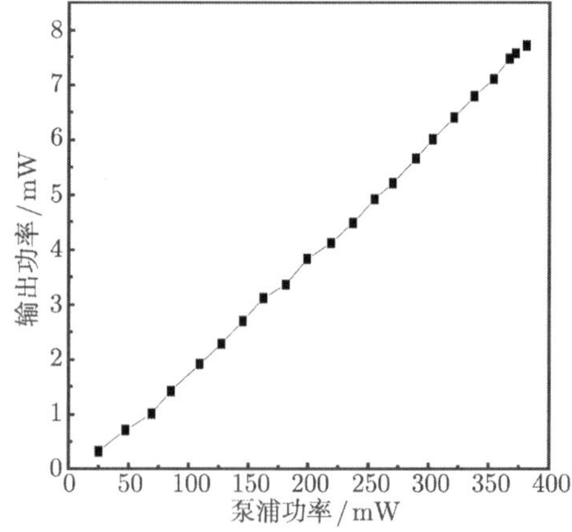

图 5.44　超短脉冲掺 Yb^{3+} 光纤激光器的输出功率与泵浦功率的变化

加时，激光器输出功率跳动较厉害，从示波器观察其时域的输出状态可以看出，激光器呈现连续和脉冲的相互转化，此时激光器的锁模脉冲输出相对稳定性较差，脉冲易于淬灭。当泵浦功率大于 200mW 时，锁模脉冲呈现稳定的单脉冲输出。但从示波器显示的脉冲图可以看出，锁模脉冲序列处于不完全锁模状态。

5.8.3 锁模脉冲底座产生的原因及消除的办法

前面我们进行了腔内色散补偿产生超短脉冲的实验研究，在实验中发现，利用自相关仪测量出的自相关曲线带有很大的底座，这从图 5.42 自相关仪扫描范围为 100ps 时锁模光脉冲的自相关曲线可以看出。改变自相关仪的扫描范围，观察不同扫描范围时自相关输出曲线。图 5.45 和图 5.46 分别为自相关仪扫描范围为 30ps 和 1.0ns 时脉冲的自相关曲线。缩短扫描范围可以清楚地看出自相关曲线的精细结构，增大扫描范围可以将脉冲底座结构呈现得更加明显。从显示脉宽数值可以看出，同一脉冲不同的扫描范围对应于不同的脉宽值，这主要是由于脉宽由自相关曲线的半高宽得到。而不同的扫描范围是由脉冲底座的存在使得自相关曲线的基线有所不同造成的。

下面就脉冲自相关曲线底座形成的原因进行理论分析。

图 5.47 为二次谐波自相关法的原理图。假设入射脉冲为

$$E(\omega,t)=A(t)\exp(-\mathrm{i}\omega t) \tag{5.8.1}$$

其中，$A(t)$ 为脉冲电场包络函数。入射光经半透半反镜分束为 $E_1(\omega,t)$ 和 $E_2(\omega,t-\tau)$，通过会聚透镜在非线性晶体处会合，两臂长不一致会引入延迟量 τ，在晶体中产生的倍频光为

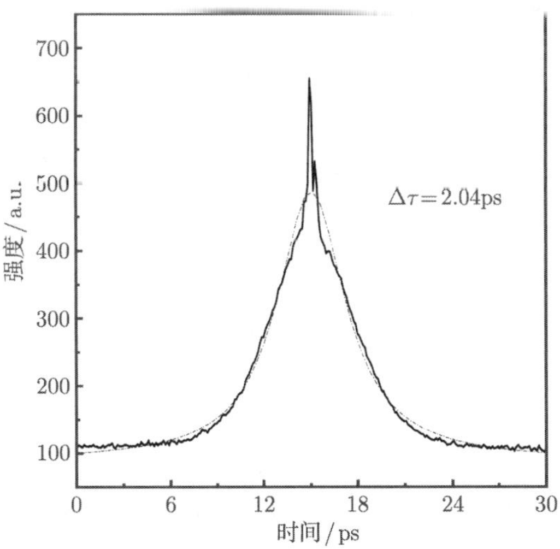

图 5.45 锁模光脉冲的二次谐波自相关曲线

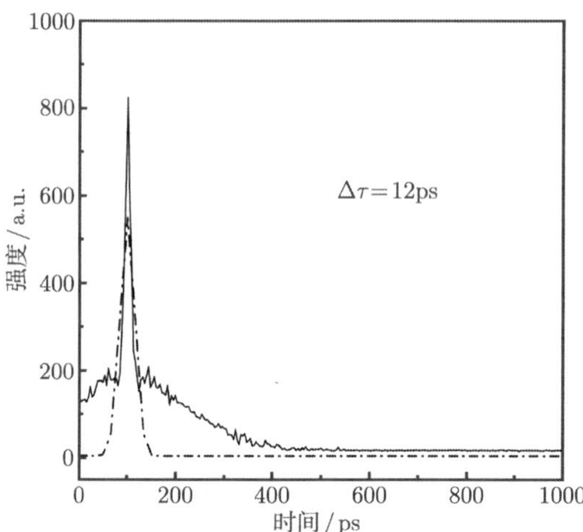

图 5.46 锁模光脉冲的二次谐波自相关曲线

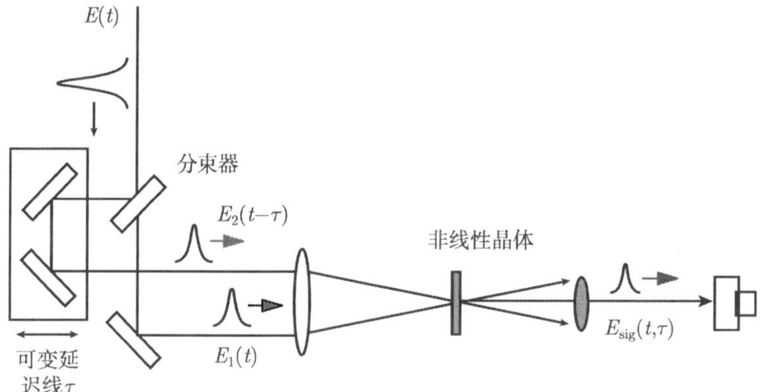

图 5.47 二次谐波法测量脉宽的原理图

$$E\,(2\omega,t) \propto [E_1\,(\omega,t) + E_2\,(\omega,t-\tau)]^2 \tag{5.8.2}$$

这样通过探测器记录到的倍频光强为

$$I(2\omega,\tau) = \int_{-\infty}^{\infty} |E\,(2\omega,t)|^2 \mathrm{d}t \propto \int_{-\infty}^{\infty} |E_1\,(\omega,t) + E_2\,(\omega,t-\tau)|^4 \mathrm{d}t \tag{5.8.3}$$

采用归一化形式，式 (5.8.3) 可写成

$$I\,(2\omega,t) = 1 + 2G^2(\tau) + k \cdot \mathrm{e}(\mathrm{i}\omega t) + k' \cdot \mathrm{e}\,(\mathrm{i}\omega 2\tau) \tag{5.8.4}$$

其中，

$$G^2(\tau)=\frac{\int I(t)\,I(t-\tau)\,\mathrm{d}t}{\int I^2(t)\,\mathrm{d}t} \tag{5.8.5}$$

是入射脉冲强度的自相关函数。通过改变 τ 值就可以记录下锁模脉冲的自相关信息，从而得到锁模脉冲的自相关曲线。根据 $G^2(\tau)$ 所描述自相关曲线的半宽度，即可得到 $I(t)$ 脉宽。显然如果 $I(t)$ 是一个单次的孤立脉冲，对于很长的时间延迟 τ，应有 $G^2(\tau)=0$。

对于一般的非锁模激光器，当激光器处于自由运转时，在时域范围内输出振幅是无规则的，而相位在 $-\pi\sim+\pi$ 无规则地起伏，其强度分布具有噪声的特征。一般可认为其强度分布具有高斯噪声的特征，对于大的 τ 值，$I(t)$ 和 $I(t-\tau)$ 是不相关的，二者成为独立的变量，因此由式 (5.8.5) 可得 $G^2(\tau\to\infty)=\langle I(t)\rangle^2/\langle I^2(t)\rangle=\frac{1}{2}$，因此 $G^2(0)=1$ 有 $G^2(0)/G^2(\infty)=2$，这说明即使是非锁模的激光输出，其相关函数在 $\tau=0$ 处也会出现一个峰值，这个峰值与 $\tau\to\infty$ 时对应的值之比恰好反映激光输出信号的性质。对于具有高斯噪声的非锁模激光器激光输出来说，这个比值显然为 2，这同时意味着如果测量到的反差比不为 2，则说明该激光器输出的信号一定与高斯噪声有某种偏离[53]。

对于非完全锁模激光器输出的情况，认为它对应于高斯噪声背景中的一个孤立的猝发状态和完全锁模状态的结合，可以用 $I_1(t)\,I_2(t)$ 来描述，其中，$I_1(t)$ 为上述非锁模激光器的强度，而 $I_2(t)$ 为完全锁模脉冲的包络函数，可以证明 $G^2(\tau)=G_1^2(\tau)\,G_2^2(\tau)$, 其中, $G_1^2(\tau)$、$G_2^2(\tau)$ 分别为 $I_1(t)$、$I_2(t)$ 的自相关函数。已知 $G_1^2(\tau)$ 的初始 $(\tau=0)$ 值为 1，当 τ 大于非锁模激光器强度 $I_1(t)$ 的相干时间时，$G_1^2(\tau)$ 值便降到 $\frac{1}{2}$，而当 $G_2^2(\tau)$ 有 $G_2^2(\tau)\sim\langle I_2(t)\,I_2(t-\tau)\rangle\to U$ 时，则 $G^2(\tau)$ 也降为 0。在这种情况下，信号包络所形成的瞬时的孤立峰将导致一个总的高的反差比，噪声与包络之间的反差比为 1。

图 5.48 给出了不同类型激光输出的理论相关函数曲线，图 5.49 为腔内光栅距离为 3.2cm 时，通过调节偏振控制器实现的脉冲输出，图 5.50 为其所对应的自相关曲线。从图 5.50 明显可以看出，自相关曲线的底座消失，其形状与图 5.48(c) 相一致，结合模拟示波器观测其时域的输出情况，所有的脉冲序列强度相等，可以得知图 5.49 处于完全锁模状态。图 5.41 所示的时域输出脉冲顶部发虚，结合其自相关曲线图 5.42 带有很大底座，其相关曲线的峰值之比虽然不是严格的 2:1 的关系，但由以上的推理可以得出，图 5.41 的锁模状态处于非完全锁模状态。

在进行实验的过程中，由于采用光栅对加提升镜的压缩器结构，且为了形成光纤结构采用双 C-lens 实现光束的准直和会聚，这样使得激光器的腔内损耗增大，光栅距离的改变也会使得腔内的损耗改变很大。虽然采用的是双泵浦源结构来增

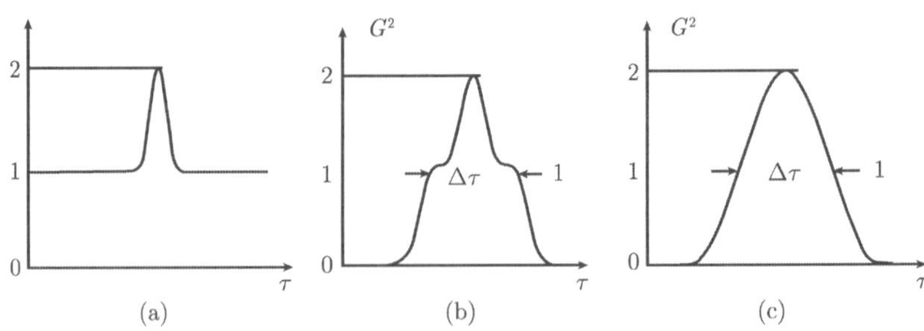

图 5.48　不同类型激光输出的理论相关函数

(a) 非锁模激光器输出；(b) 非完全锁模输出；(c) 完全锁模输出

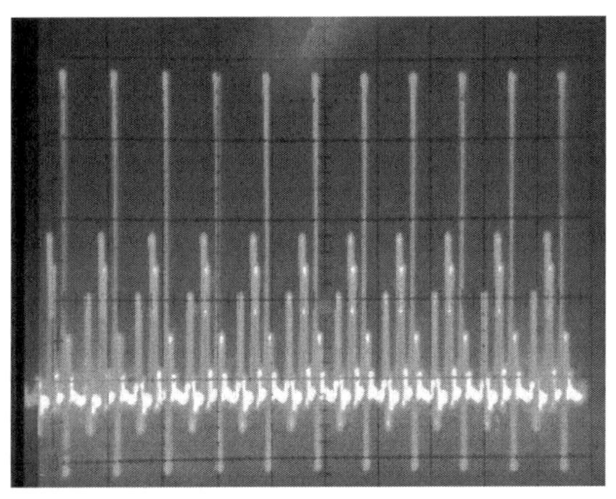

图 5.49　超短脉冲掺 Yb^{3+} 光纤激光器的完全锁模输出

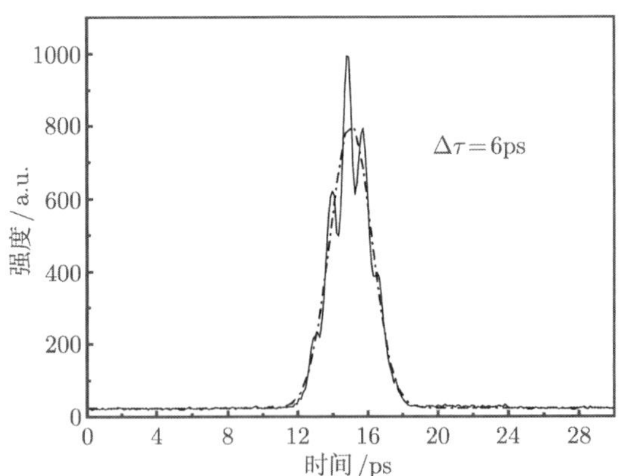

图 5.50　锁模光脉冲的二次谐波自相关曲线

加腔内的激光功率，但调节锁模脉冲的出现还是比较困难，完全锁模脉冲则更难实现，所以在实验过程中脉冲的底座始终存在。为能有效地消除脉冲的底座，使激光器工作在稳定的完全锁模状态下，采用更大输出功率的泵浦电源和降低腔内的损耗是目前消除底座最有效的方法，这在腔外压缩掺 Yb^{3+} 光纤激光器实验中得到验证。也可减少各个光纤器件附带的裸光纤，这样为补偿光纤正色散所需要的光栅对距离会相应地减少，可有效地减小腔内的损耗。

5.8.4 压缩器不平行度对色散的影响

1. 压缩器原理

图 5.51 为光线在压缩器中传输的光路图。压缩器由两块光栅 (G_1 和 G_2) 组成，光线由左端输入，入射角为 α，入射角与衍射角之间的夹角为 θ，OO' 为两光栅的垂直距离。光线由 O 点入射，经 OA、AB，由 B 点输出。

设 $OA = b_0$，则总光程为

$$P_0 = OA + AB = b_0\left(1+\cos\theta\right) \tag{5.8.6}$$

假设调节不准，G_1 与 G_2 不平行，偏移小角度 ν，则光程变为

$$P = OA' + A'B' \tag{5.8.7}$$

其中，

$$AA' = \left(OA - AA'\right)\sin\left(\alpha-\theta\right)\sin\nu/\cos\left(\alpha-\theta\right) \tag{5.8.8}$$

得

$$AA' = b_0\sin\nu\tan\left(\alpha-\theta\right)/\left[1+\sin\nu\tan\left(\alpha-\theta\right)\right] \tag{5.8.9}$$

$$OA' = OA - AA' = b_0/\left[1+\sin\beta\tan\left(\alpha-\nu\right)\right] \tag{5.8.10}$$

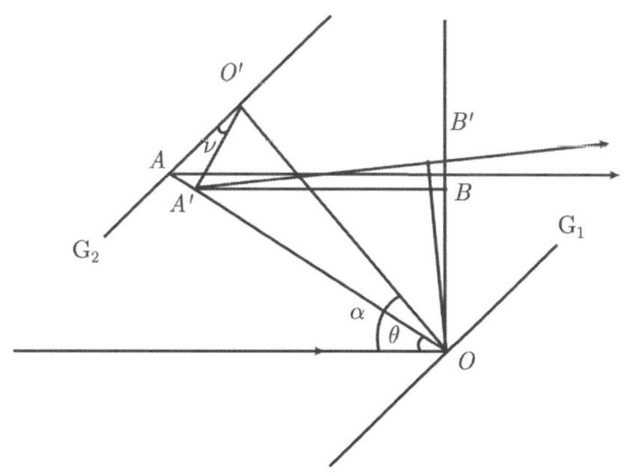

图 5.51 压缩器光路简图

对于一级衍射，光线入射角及衍射角满足光栅方程

$$\sin\alpha + \sin(\alpha - \theta) = \lambda/d \tag{5.8.11}$$

对于光栅 G_2 偏离 ν，故光栅方程变为

$$\sin(\alpha + \delta - \nu) + \sin(\alpha - \theta - \nu) = \mathrm{j}\lambda/d \tag{5.8.12}$$

其中，δ 为改变方向后 $A'B'$ 与 AB 的夹角。由于 ν 为小角度，比较式 (5.8.11) 和式 (5.8.12) 可得

$$\delta = \nu \tag{5.8.13}$$

所以

$$A'B' = A'C + CB' = OA'\cos(\theta + \delta) + OA'\sin(\theta + \delta)\tan\delta OA'\cos\theta/\cos\delta \tag{5.8.14}$$

略去 δ 的高阶小量，则

$$A'B' \approx OA'\cos\theta \tag{5.8.15}$$

故可求出

$$P = OA' + A'B' = OA'(1 + \cos\theta) = b_0(1 + \cos\theta)/\left[1 + \sin\nu\tan(\alpha - \theta)\right] \tag{5.8.16}$$

对于光栅对严格平行时产生的二、三阶色散值分别为

$$D_{02} = \frac{\mathrm{d}^2\phi}{\mathrm{d}\omega^2} = -\frac{\lambda^3 b_0}{2\pi c^2 d^2\cos^2(\alpha - \theta)} \tag{5.8.17}$$

$$D_{03} = \frac{\mathrm{d}^3\phi}{\mathrm{d}\omega^3} = -\frac{\mathrm{d}^2\phi}{\mathrm{d}\omega^2}\cdot\frac{\lambda}{2\pi c}\left[\frac{1 + \sin\alpha\sin(\alpha - \theta)}{\cos^2(\alpha - \theta)}\right] \tag{5.8.18}$$

当光栅 G_2 相对于 O' 点偏离 ν 后，总的光程由式 (5.8.6) 变为式 (5.8.7)，

$$F = 1/[1 + \sin\alpha\tan(\alpha - \theta)] \tag{5.8.19}$$

则改变后的二、三阶色散分别为

$$D_2 = \frac{\mathrm{d}^2\phi}{\mathrm{d}\omega^2} = \frac{\mathrm{d}^2\phi}{\mathrm{d}\omega^2}F + \frac{\mathrm{d}\phi}{\mathrm{d}\omega}\cdot\frac{\mathrm{d}F}{\mathrm{d}\omega} \tag{5.8.20}$$

$$D_3 = \frac{\mathrm{d}^3\phi}{\mathrm{d}\omega^3} = \frac{\mathrm{d}^3\phi}{\mathrm{d}\omega^2}F + 2\frac{\mathrm{d}^2\phi}{\mathrm{d}\omega^2} + \frac{\mathrm{d}F}{\mathrm{d}\omega} + \frac{\mathrm{d}\phi}{\mathrm{d}\omega}\cdot\frac{\mathrm{d}^2F}{\mathrm{d}\omega^2} \tag{5.8.21}$$

在上式中，

$$\frac{\mathrm{d}\phi}{\mathrm{d}\omega} = P_0/c \tag{5.8.22}$$

$$\frac{\mathrm{d}F}{\mathrm{d}\omega} = \frac{\mathrm{d}F}{\mathrm{d}\theta}\cdot\frac{\mathrm{d}\theta}{\mathrm{d}\omega} \tag{5.8.23}$$

$$\frac{\mathrm{d}^2F}{\mathrm{d}\omega^2}=\frac{\mathrm{d}^2F}{\mathrm{d}\theta^2}\left(\frac{\mathrm{d}\theta}{\mathrm{d}\omega}\right)^2+\frac{\mathrm{d}F}{\mathrm{d}\theta}\cdot\frac{\mathrm{d}^2\theta}{\mathrm{d}\omega^2} \tag{5.8.24}$$

式 (5.8.23) 和式 (5.8.24) 中的各项可以由式 (5.4.11) 和式 (5.4.19) 得到。

设

$$\Delta D_2=(D_2-D_{02})/D_{02}$$

$$\Delta D_3=(D_3-D_{03})/D_{03}$$

ΔD_2 和 ΔD_3 分别为光栅不平行度引起二阶和三阶相对色散误差，假设压缩器两光栅调节不准确而存在不平行度，将此角作为 ν 代入，可求出其对各阶色散产生的影响[54]。

2. 计算结果

根据实验参数，光栅的刻线距离为 1/1200mm，中心波长为 $\lambda=1053\text{nm}$，取 $b_0=4\text{cm}$，而腔外压缩光栅对距离取决于脉冲的啁啾，根据实验参数，取 $b_0=20\text{cm}$，计算结果如图 5.52 和图 5.53 所示。

表 5.1 为不同入射角度、不同光栅对距离下，图 5.52 和图 5.53 所示图形的变化率。

通过图 5.52 和图 5.53 计算结果并结合表 5.1 得出：

(1) 入射角度一定的情况下，ν 的变化在 $\pm1^\circ\sim2^\circ$，光栅距离较小时，对二阶色散的影响较小，相对误差约 ±0.02，对三阶色散来说影响则较大，相对误差约 ±0.1。光栅距离较大时，对二阶色散和三阶色散影响较小，二阶和三阶色散误差不超过 ±0.04。

(2) 在不同角度入射、相同光栅距离下，不平行度对二阶、三阶色散的影响较小。

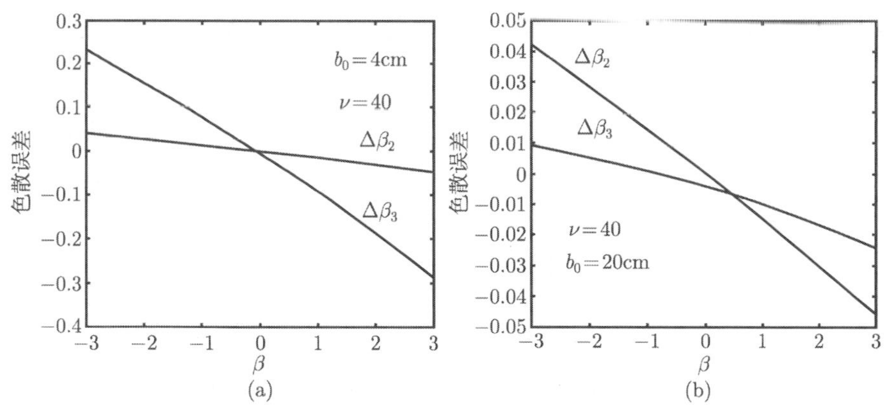

图 5.52 不同 ν 值时二、三阶色散的相对色散误差 ($\alpha=40^\circ$)

(a) $b_0=4\text{cm}$; (b) $b_0=20\text{cm}$

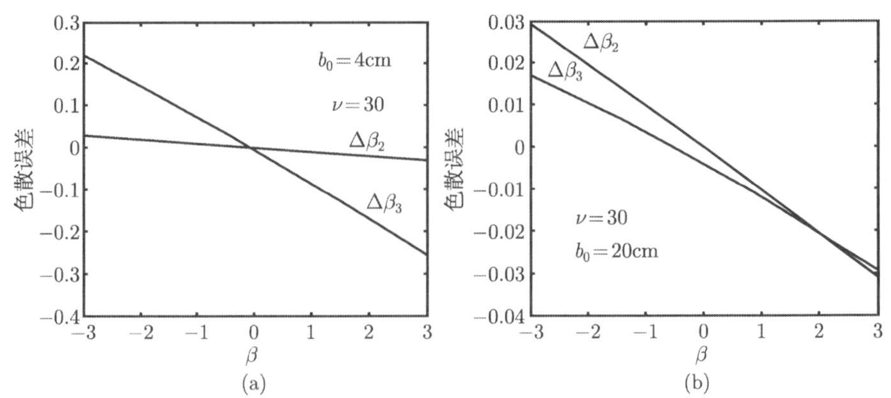

图 5.53　不同 ν 值时二、三阶色散的相对色散误差 ($\alpha = 30°$)

(a) $b_0 = 4$cm; (b) $b_0 = 20$cm

表 5.1

入射角 α/°	30	30	40	40
光栅距离/cm	20	4	20	4
相对二阶色散变化率	0.01	0.01	0.0147	0.014
相对三阶色散变化率	0.007	0.079	0.0056	0.0864

在调节过程中，通常为保证光栅对总的衍射效率，入射角度是固定在一定范围内的，通常首先考虑二阶色散的补偿。根据以上分析，无论是腔内压缩还是腔外压缩，在一定范围内，光栅对不平行对二阶色散补偿的影响较小。但在进行色散补偿时，光栅对引入负的二阶色散的同时，引入与光纤符号相同的三阶色散，不利于脉冲的进一步压缩。如果将不平行度控制在 ±0.2°，则二阶色散相对误差在 ±0.005 以内，三阶色散相对误差也在 ±0.01 以内，使得二阶色散得到很好补偿的同时，不会引入过多的三阶色散。在实验过程中，我们采用平行光管来保证光栅对的平行度。

5.8.5　全光纤超短脉冲掺镱光纤激光器

掺 Er^{3+} 光纤激光器的工作波长为 1.55μm，光纤呈现负色散，即光脉冲的高频分量传播速度快，低频分量传播速度慢。在强输入光场的作用下，光纤中会产生较强的非线性效应，引起自相位调制，正的频率啁啾使得脉冲后沿比脉冲前沿运动得快，引起脉冲压缩效应，形成稳定的孤子脉冲，无须采用特殊的器件对其进行色散补偿即可产生飞秒量级的超短脉冲，易于实现全光纤化。全光纤结构的光纤激光器具有结构简单紧凑、体积小、工作稳定可靠、易于集成等特点，必然成为超短脉冲光纤技术追求的目标，也是超短脉冲光纤激光器相对于超短脉冲固体激光器最大的优势。

由于波长为 1μm 超短脉冲在光纤中的传输呈现正色散，所以工作在 1μm 附近

的超短脉冲掺 Yb^{3+} 光纤激光器，产生脉宽较短的脉冲必须采用特殊的办法对其进行色散补偿，而现在通常采用的都是技术上相对成熟的光栅对压缩器，体光栅的块状结构不但破坏了系统的全光纤化进程，也使得系统稳定性降低。

随着研究技术的不断进展，啁啾光纤光栅和光子晶体光纤的出现使得工作在 1μm 附近的超短脉冲掺 Yb^{3+} 光纤激光器成为可能。图 5.54 为由啁啾光纤光栅提供负色散形成全光纤结构的环形腔光纤激光器，通过合理设计啁啾光纤光栅的色散值，使得光脉冲在经过啁啾光纤光栅后得到压缩，从而达到色散补偿的目的。

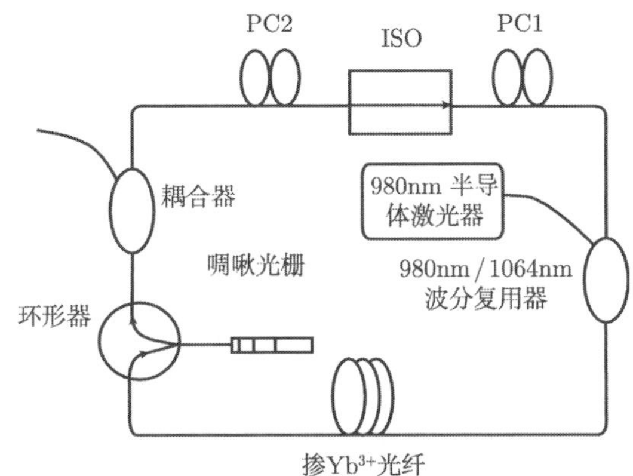

图 5.54 全光纤超短脉冲激光器结构图

啁啾光纤光栅提供负色散

假如激光器的腔长为 10m，根据单模石英光纤在 1μm 附近的色散值约为 50ps/(nm·km)，可估算出 10m 石英光纤引入的色散值为 0.5ps/nm。不考虑啁啾光纤光栅补偿自相位调制引起的啁啾，假设啁啾光纤光栅的带宽为 10nm，根据啁啾光纤光栅平均色散 $\overline{D}$ 的近似表达式

$$\overline{D} = \frac{2n_{\mathrm{eff}}L_{\mathrm{g}}}{C}\frac{1}{\Delta\lambda_{\mathrm{g}}}$$

可以算出所需的啁啾光纤长度约为 0.5mm, 在如此短的光纤上刻写光栅是十分困难的。

对于平均色散较大的啁啾光纤光栅，在技术上是相对容易实现的，由此通过两个啁啾光纤光栅相差分的方法来实现腔内色散的补偿成为可能。对于平均色散为 5ps/nm 和 4.5ps/nm 的两个啁啾光纤光栅，利用啁啾光纤光栅的正反向传输脉冲时引入的平均色散绝对值相等但方向相反这一特性，使光脉冲通过两个啁啾光纤光栅后，引入的平均色散为 0.5ps/nm。啁啾光纤光栅与光栅对压缩器相比，具有全光纤型、体积小、重量轻、灵活方便等优点，但它引入的平均色散无法进行调节，这就需要精确计算腔内的石英光纤引入的色散以及由于自相位调制引入啁啾的确切值，但实际上这些参数都需经过多次反复实验才能得到。

另外一种全光纤结构如图 5.55 所示。普通的石英单模光纤零色散波长一般在 1.27μm 以上，利用光子晶体光纤 (PCF) 包层的特殊结构，适当地增大气孔的直径，可使得零色散点向短波长移动，PCF 能够在波长低于 1.27μm 获得反常色散，同时保持单模，这是传统阶段光纤无法做到的。反常色散特性为短波长光孤子传输提供了可能性。另外，这种光纤也为制作工作在可见光波段的光弧子光纤激光器提供了可能。

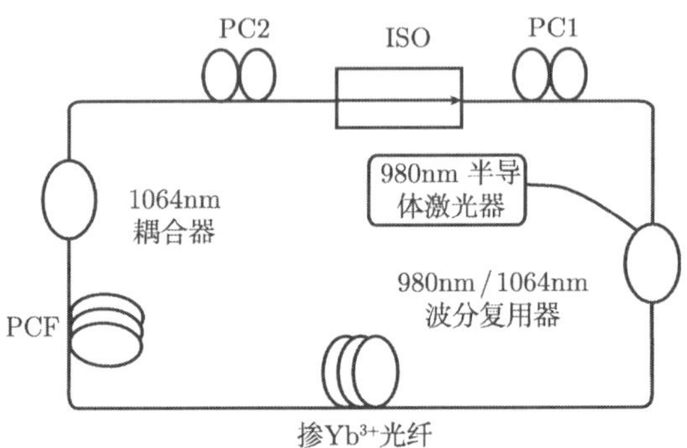

图 5.55 全光纤超短脉冲激光器结构图

光子晶体光纤提供负色散

目前，虽然已有用于色散补偿的光子晶体光纤产品，且可通过简单改变光子晶体光纤的长度来改变腔内色散。光子晶体光纤与现有器件的连接等很多问题仍需要解决，其价格昂贵，近年来光子晶体光纤研究取得了突飞猛进的发展，将出现仪器化的以光子晶体光纤为色散补偿光纤的全光纤超短脉冲掺 Yb^{3+} 光纤激光器。

5.9 掺镱双包层光纤绿色荧光分析

早期的光纤激光器，工作物质为单模单包层光纤，泵浦光源为单模输出功率只有几百毫瓦的半导体激光器，泵浦光直接耦合到纤芯，而光纤纤芯只有几个微米，所以单模光纤激光器的输出一般只有几十毫瓦量级，因此光纤激光器难以用于大功率场合。近年来，基于包层泵浦的双包层光纤的出现，为提高光纤激光器的输出功率提供了有效的途径。双包层光纤比普通单模光纤多了尺寸较大的内包层，使得内包层能够耦合进大功率的多模激光，而振荡光仍在单模纤芯中传播，从而保证输出高质量、高功率的单模光束。对掺杂不同稀土离子 (Er^{3+}/Yb^{3+}、Yb^{3+}、Nd^{3+}、Pr^{3+}/Yb^{3+}) 的双包层光纤，通过受激辐射 [55~57] 或频率上转换 [58]，可产生可见光或近红外激光。高功率双包层光纤激光器已应用于光通信、光传感、遥感、工业加工等领域，其广阔的应用前景受到了越来越多的研究者关注。

在进行单模光纤与双包层光纤耦合实验的过程中，普通单模光纤与掺 Yb^{3+} 双包层光纤熔接后，当用波长为 976nm 激光耦合时，实验观察到掺 Yb^{3+} 双包层光纤中呈现绿色荧光，且这种绿色荧光与光纤掺杂 Yb^{3+} 浓度有很大关系，掺杂浓度越大，实验所观察到的荧光就越强。由于 Yb^{3+} 能级比较简单，在可见光范围没有跃迁能级，因此分析认为，其可见的绿色荧光与合作荧光有关。绿色荧光的产生为 Yb^{3+} 间相互作用引起的能量转移过程，这种能量转移过程将降低光纤激光器和光纤放大器的量子效率。

5.9.1 普通单模光纤与掺镱双包层光纤耦合实验装置及结果

我们进行了波长为 976nm 的激光泵浦的掺 Yb^{3+} 双包层光纤的实验研究，实验原理见图 5.56，实验所用的光纤是通过光纤熔接机将一段 G.652 光纤 (长约 50cm) 与一段多模掺 Yb^{3+} 双包层石英光纤 (长约 10cm) 焊接在一起的，该双包层光纤纤芯及内包层的形状皆为椭圆形，数值孔径分别为 0.17 和 0.15，最小/最大芯径为 7μm/20μm，最小/最大内包层直径为 32μm/59μm，Yb^{3+} 在 978nm 处的吸收系数为 190dB/m。

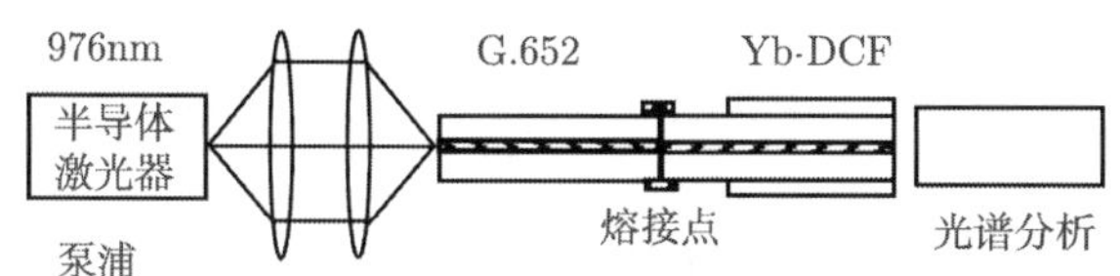

图 5.56 实验原理

当采用波长为 976nm 的单模激光泵浦时，从 G.652 光纤与掺镱的双包层光纤 (Yb^{3+}-DCF) 接头处开始，在 Yb^{3+}-DCF 的侧面用裸眼可直接观测到绿色荧光，随着泵浦光功率的提高，Yb^{3+}-DCF 侧面的绿色荧光的长度也随之增加。用 Ocean Optics 2000 光谱仪测得绿色荧光的光谱，如图 5.57 所示。

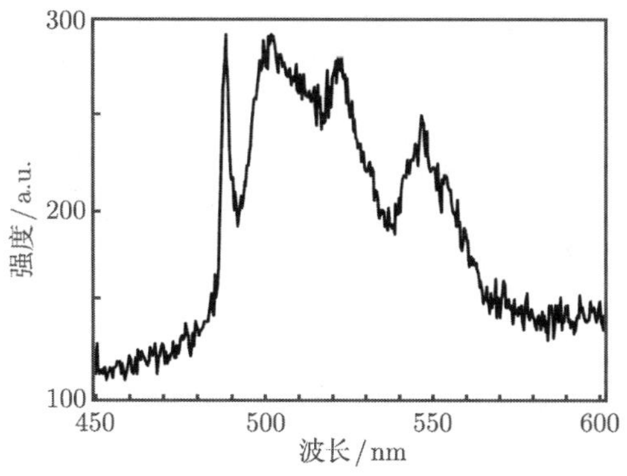

图 5.57 掺 Yb^{3+} 的合作荧光光谱

5.9.2 掺镱双包层光纤中的绿光荧光理论分析

稀土离子的能级首先取决于电子键静电的相互作用，掺杂基质的作用可以看作是自由离子的能量的微扰。掺杂基质的种类和性质对能级结构的 Stark 分裂值影响是主要的。Yb^{3+} 的电子构性为 $4f^{13}$，能级结构由一个激发态 $^2F_{5/2}$ 和一个基态 $^2F_{7/2}$ 构成。在掺 Yb^{3+} 石英光纤中，基质使得自由离子的能量受到微扰，从而产生 Stark 能级分裂，使激发态 $^2F_{5/2}$ 分裂为 3 项，基态 $^2F_{7/2}$ 分裂为 4 项，如图 5.58 所示。

根据 Yb^{3+} 的能级结构及发射谱 (图 5.58) 可以看出，Yb^{3+} 在可见光范围内是没有跃迁发生的[59]，是频率上转换的结果。频率上转换是一个多光子过程，两个或多个红外光子产生一个短波长光子。上转换过程也被称作荧光的合作敏化。因此，绿色荧光的产生与合作荧光 (cooperative luminescence) 现象有关[60]。这是一个连续的能量转移过程，Yb^{3+} 吸收了第一个红外光子后被激发，在辐射跃迁的过程中，再吸收第二个红外光，从而产生可见荧光。晶体或玻璃中的合作吸收与荧光效应是导致其中的掺杂稀土离子荧光猝灭的原因，因此掺杂浓度必须保持很低。

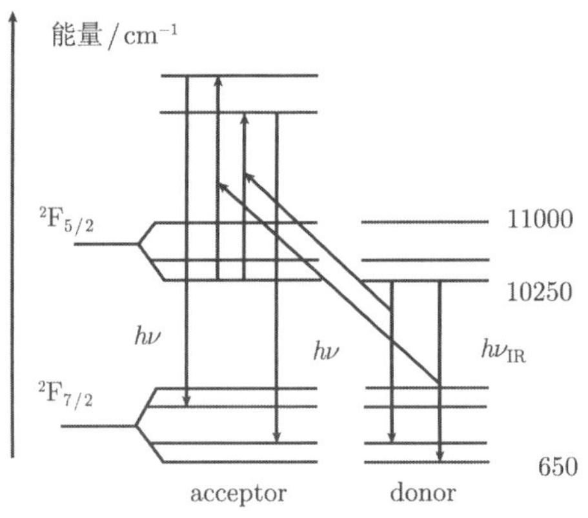

图 5.58 Yb^{3+} 的合作荧光过程

对掺 Yb^{3+} 石英光纤，基态 $^2F_{7/2}$ 上的 Yb^{3+} 吸收了泵浦光能而被激发至 $^2F_{5/2}$ 上能级，此后充当施主的 Yb^{3+} 通过同种离子能级间的无辐射能量转移给充当受主的 Yb^{3+}，从而被激发到高于泵浦能量的高能级 (虚能级)，接着以自发辐射或受激辐射的方式返回到基态，获得了可见的绿色荧光[61]。在石英玻璃中，由于 Yb^{3+} 周围结构的无序，其跃迁主要以非均匀加宽为主。这种结构对于 Yb^{3+} 之间的相互作用也有影响。但由于 Yb^{3+} 能级结构简单，在能量的转移过程中，能级之间的间隔不完全匹配，其必然有声子支助能量的转移，且与离子跟离子之间的距离有关，其跃迁可用图 5.58 来表示。

关于合作荧光光谱线的形状，可以作以下解释。由于稀土离子的弱声子耦合特性，可以假定其具有低的离子对相互作用，并且与离子结构环境无关。若单个离子的红外荧光谱为 $\Lambda_{\mathrm{e}}(\nu)$，产生的合作荧光光子的频率为 ν，其为

$$\nu = \nu_{\mathrm{donor}} + \nu_{\mathrm{acceptor}}$$

则合作荧光光谱为

$$\Lambda(\nu) = \Lambda_{\mathrm{e}}(\nu_{\mathrm{acceptor}}) * \Lambda_{\mathrm{e}}(\nu_{\mathrm{donor}})$$

式中，ν_{donor} 和 ν_{acceptor} 分别是施主与受主离子的红外跃迁频率，$*$ 表示卷积。运算结果刚好与测得的光谱形状一致[7]。

值得指出的是，Yb^{3+} 合作上转换特性是与基质有关的[62]。在掺 Yb^{3+}:ZBLAN 光纤中，几乎没有观测到合作荧光[63]，这是因为石英为矩阵结构，具有弱的光谱和掺杂特性，从而引起离子集聚。

实验观测到掺 Yb^{3+} 双包层光纤的绿色荧光。由于 Yb^{3+} 简单的能级结构，产生的绿色荧光与合作荧光过程有关。其合作荧光过程是由同类离子的能量转移所致，并与石英玻璃基质有关。由于实验所用的掺 Yb^{3+} 双包层光纤的吸收系数比较大，纤芯的形状为椭圆形，泵浦光在纤芯内的吸收效率较高，所以采用的双包层光纤长度不可能太长。从实验观察、测试和能级跃迁与转移的分析可以肯定，掺 Yb^{3+} 双包层光纤吸收泵浦光后会产生荧光是上转换，这将会导致激光能量转换效率的降低。

参 考 文 献

[1] Lefort L, Price J H V, Richardson D J, et al. Practical low-noise stretched-pulse Yb^{3+}-dopod fiber laser. Optics Letters, 2002, 27(5): 291-293.

[2] Pashotal R, Nillson J, et al. Ytterbium-doped fiber amplifier. IEEE.J. Quantum Electron, 1997, 33(7): 1049-1056.

[3] Nakazawa M, Kimura Y, Suzuki K. High gain erbium fiber amplifier pumped by 880nm band. Electron Lett., 1990, 26(8): 548-550.

[4] Desurvire E, Zyskind L, Gile C R. Design optimization for efficient erbium-doped fiber amplifiers. IEEE. Journal of Lightwave Technology, 1990, 8(11): 1730-1741.

[5] Ainslie B J, Armitage J R, Craig S P, et al. Fabrication and optimization of the erbium distribution in silica based-doped fibers.Proc.ECOC'88, Brighton, 1988: 62-65.

[6] Fan T Y. Heat generation in Nd:YAG and Yb:YAG. IEEE Journal of Quantum Electronics, 1993, QE-29: 1457-1459.

[7] Tamura K, Haus H A, Ippen E P. Self-staring additive pulse mode-locked erbium fiber ring laser. Electronics Letters, 1992, 28(24): 2226-2228.

[8] Tamura K, Ippen E P, Haus H A. Optimization of filtering in soliton fiber lasers. IEEE Photonics Technology Letters, 1994, 6(12): 1433-1435.

[9] Nelson L E, Fleischer S B, Lenz G, et al. Efficient frequency doubling of a femtosecond fiber laser. Optics Letters, 1996, 21(21): 1759-1761.

[10] Tamura K, Ippen E P, Haus H A, et al. 77fs pulse generation from a stretched pulse mode-locked all fiber ring laser. Optics Letters, 1993, 18(13): 1080-1082.

[11] Tamura K, Doerr C R, Nelson L E, et al. Technique for obtaining high energy ultrashort pulse from an additive-pulse mode-locked erbium-doped fiber ring laser. Optics Letters, 1994, 19(1): 46-48.

[12] Tamura K, Nelson L E, Haus H A, et al. Soliton versus nonsoliton operation of fiber ring lasers. Applied Physics Letters, 1994, 64(2): 149-151.

[13] Cautaerts V, Richardson D J, Paschotta R, et al. Stretched pulse Yb^{3+}:Silica fiber laser. Optics Letters, 1997, 22(5): 316-318.

[14] Lefort L, Price J H V, Richardson D J, et al. Practical low-noise stretched-pulse Yb^{3+}-doped fiber laser. Optics Letters, 2002, 27(5): 291-293.

[15] Hideur A, Chartier T, Brunel M, et al. Generation of high energy femtosecond pulse from a side-pumped Yb^{3+}-doped double-clad fiber laser. Applied Physics Letters, 2001, 79(21): 3389-3391.

[16] Ober M H, Hofer M, Fermann M E. 42fs pulse generation from a mode-locking fiber laser started with a moving mirror. Optics Letters, 1993, 18(5): 367-369.

[17] Avdokhin A V, Popov S V, Taylor J R. Totally fiber integrated, figure-of-eight, femtosecond source at 1065nm. Optics Express, 2003, 11(25): 265-269.

[18] Lm H, Ilday F Ö, Wise F W. Femtosecond Ytterbium fiber laser with photonic crystal fiber for dispersion control. Optics Express, 2002, 10(25): 1497-1502.

[19] Iiday F Ö, Buckley J, Kuznetsova L, et al. Generation of 36fs femtosecond pulses from a Ytterbium fiber laser. Optics Express, 2003, 11(26): 3350-3354.

[20] Limpert J, Liem A, Galbler T, et al. High-average-power picosecond Yb^{3+}-doped fiber amplifier. Optics Letters, 2001, 26(23): 849-1851.

[21] Limpert J, Schreiber T, Clausnitzer T, et al. High-power femtosecond Yb^{3+}-doped fiber amplifier. Optics Express, 2002, 10(14): 628-638.

[22] Galvanauskas A, Cho G C, Hariharan A, et al. Generation of high-energy femtosecond pulses in multimode-core Yb^{3+}-fiber chirped-pulsed amplification systems. Optics Letters, 2001, 26(12): 935-937.

[23] Liem A, Nichel D, Limper J, et al. High average power ultra-fast fiber chirped pulse amplification system. Applied Physics B, 2000, 71: 889-891.

[24] Nckel D, Liem A, Limpert J, et al. Fiber based high repetition rate high energy laser source applying chirped pulse ampolification. Optics Communications, 2001, 190: 309-315.

[25] Limpert J, Clausinitzer Y, Liem A, et al. High-average-power femtosecond fiber chirped pulse amplifier system. Optics Letters, 2003, 28(19): 1984-1986.

[26] Zenteno L A, Minelly J D, Liu A, et al. 1W single-transverse-mode Yb-doped double-clad fiber laser at 978nm. Electronics Letters, 2001, 37(13): 819-820.

[27] Auerbach M, Wandt D, Fallnich C, et al. High-power tunable narrow line width yetterbium-doped double-clad fiber laser. Optics Communications, 2001, 195, 437-441.

[28] Lm H, Ilday F Ö, Wise F W. Femtosecond Ytterbium fiber laser with photonic crystal fiber for dispersion control. Optics Express, 2002, 10(25): 1497-1502.

[29] Avdokhin A V, Popov S V, Taylor J R. Totally fiber integrated, figure-of-eight, femtosecond source at 1065nm. Optics Express, 2003, 11(25): 265-269.

[30] Haus H A, Fujimoto J G, Ippen E P. Structures for additive pulse mode locking. Journal of Optical Society American B, 1991, 8(10): 2068-2076.

[31] Agrawal G P. 非线性光纤光学. 胡国绛, 黄超泽, 译. 天津: 天津大学出版社, 1992.

[32] Geiser T, Shore K A, Soerensen M P, et al. Nonlinear fiber external cavity mode locking of erbium-doped fiber lasers. Journal of Optical Society American B, 1993, 10(7): 1166-1174.

[33] Hideur A, Chartier T, Brunel M, et al. Mode-lock, Q-switch and cw-operation of an Yb^{3+}-doped double-clad fiber ring laser. Optics Communications, 2001, 195(5-6): 437-441.

[34] 杨玲珍, 陈国夫, 王屹山, 等. 双包层掺 Yb^{3+} 的光纤环形脉冲激光形成研究. 光子学报, 2004, 33(4): 389-392.

[35] Pessina E M, Prati F, Redono J, et al. Multimode instability in ring fiber laser. Physics Review A, 1999, 60(3): 2517-2528.

[36] Gross P, Klein M E, Walde T, et al. Fiber-laser-pumped continuous-wave single resonatc optical parametric oscillator. Optics Letters, 2002, 27(6): 418-420.

[37] Llein M E, Ddel P, Uerbach M A, et al. Microsecond pulse optical parametric oscillators pumped by a Q-switched fiber laser. Optics Letters, 2003, 28(22): 2222-2224.

[38] Chernikov S V, Zhu Y, Taylor J R, et al. Super continuum self-Q-switched ytterbium fiber laser. Optics Letters, 1997, 22(5): 298-300.

[39] 黄榜才, 苏红新, 宁鼎, 等. 窄线宽高效率的全光纤 Yb^{3+} 激光器. 光电子. 激光, 2002, 13(2): 111-113.

[40] 杨玲珍, 陈国夫, 王屹山, 等. 掺 Yb^{3+} 的光纤环形激光器研究. 光子学报, 2004, 33(3): 261-263.

[41] 杨玲珍, 陈国夫, 王屹山, 等. 超短脉冲掺 Yb^{3+} 光纤激光器实验研究. 中国激光, 2005, 32(2): 153-155.

[42] 杨玲珍, 董淑福, 郑姚雷, 等. 掺 Yb^{3+} 双包层光纤中的绿光荧光分析. 光子学报, 2003, 32(8): 897-899.

[43] Agrawal G P, Ed Liao P F, Kelley P L. Nonlinear fiber optics. (New York Academic) chap, 1989, 4: 80

[44] 陈伯, 陈兰荣, 林尊琪, 等. 运用波长与光纤长度的光系选择激光波长. 中国激光, 1999, 26(12): 1061-1065.

[45] Allain Y, Monerie M, Poigant H. Yetterbium-doped fluoride fiber laser operation at 1.02μm. Electronics Letters, 1992, 28(11): 988-989.

[46] 宁鼎, 傅成鹏, 丁镭, 等. 掺 Yb^{3+} 双包层光纤激光器的实验研究. 光子学报, 2001, 30(4): 442-444.

[47] 廖延彪. 光纤光学. 北京: 清华大学出版社, 2001.

[48] 俞宽新, 江铁良, 赵启大. 激光原理与激光技术. 北京: 北京工业大学出版社, 1998.

[49] Zellmer H, Plamann K, Huber G, et al. Visible double-clad upconversion fiber laser. Electronics Letters, 1998, 34(6): 565-657.

[50] Cundiff S T, Collins B, Knox W H. Polarization locking in an isotropic, mode locked soliton Er/Yb fiber laser. Optics Express, 1997, 1(1): 12-20.

[51] Iiday F Ö, Buckley J, Kuznetsova L, et al. Generation of 36fs femtosecond pulses from an Ytterbium fiber laser. Optics Express, 2003, 11(26): 3350-3354.

[52] Nckel D, Liem A, Limpert J, et al. Fiber based high repetition rate high energy laser source applying chirped pulse amplification. Optics Communications, 2001, 190(1-6): 309-315.

[53] 董孝义, 等. 光波电子学. 天津: 南开大学出版社, 1987.

[54] 王勇, 张伟力, 柴路, 等. 压缩器光栅不平行度对色散的光线追迹法分析. 光电子. 激光, 2000, 11(5): 481-483.

[55] Cheo P K, King G G. Clad-pump Yb:Er codoped fiber laser. IEEE Photonics Technology Letters, 2001, 13(3): 188-190.

[56] Dominic V, Maccormack S, Waarts R, et al. 110W fiber laser. Electronics Letters, 1999, 35(14): 1158-1159.

[57] Miyazaki T, Inagaki K, Karasawa Y, et al. Nd^{3+}-doped double-clad fiber amplifier at 1.06μm. Journal of Lightwave Technology, 1998, 16(4): 562-566.

[58] Zellmer H, Plamann K, Huber G. Visible double-clad upconversion fiber laser. Electronics Letters, 1998, 34(6): 565-567.

[59] Pask H M, Carman R J, Hanna D C, et al. Ytterbium-doped silica fiber lasers: versatile sources for the 1.2μm region. IEEE Journal of Selected Topics in Quantum Electronics, 1995, 1(1): 2-3.

[60] Nakazawa E, Shionoya S. Cooperative Luminescence in $YbPO_4$. Physics Review Letters, 1970, 25: 1710-1712.

[61] Magne S, Ouerdane Y, Druetta M, et al. Cooperative luminescence in an ytterbium-doped silica fiber. Optics Communication, 1994, 111: 310-316.

[62] Fujii M, Hayashi S, Yamaoto K. Excitation of intra-4f shell luminescence of Yb^{3+} by energy tranfer from Si nanocrystals. Applied Physics Letters, 1998, 73(21): 3108-3110.

[63] Auzel F, Meichenina D, Pellé F, et al. Cooperative luminescence as a defining process for RE-ions clustering in glasses and crystals. Optical Materials, 1994, 4(1): 35-41.

第6章　混沌光纤激光器

随着社会的进步，通信中的数据安全和高速传输问题越来越重要。在光通信系统中，数据的安全、高速传输成为人们关注的热点。自 1990 年美国海军实验室的 Pecora 和 Carroll[1,2] 首次提出混沌同步思想并建议用于保密通信以来，混沌保密通信在近年来得到广泛的研究[3~6]。在混沌保密通信中，数据的传输速率受混沌带宽的限制。此外，混沌激光在混沌激光雷达[7]、混沌相关光时域反射仪[8]、随机数发生技术[9] 等领域中的应用也备受关注，在这些领域的应用中，混沌的带宽也是人们关注的焦点。

掺铒光纤激光器产生的混沌激光波长位于光纤低损耗区域，属于人眼安全的波长，且平均功率高，这些使得掺铒光纤激光器在混沌保密通信领域中具有广阔的应用前景。目前国际上报道的利用掺铒光纤激光器产生混沌的方法主要有利用非线性克尔效应、泵浦或损耗调制，利用高掺杂光纤中的铒离子对作用，通过双环耦合等方法。其中，利用非线性克尔效应产生的混沌带宽比较宽，至少能够达到 GHz 量级，是一种很有前途的保密通信光源。其他几种方法产生的混沌带宽较低，通常在 10^3~10^6Hz 量级，限制了它在混沌保密通信领域中的应用[10~14]。1999 年，Abarbanel 等[15] 建立了掺铒光纤环形腔的非线性克尔效应模型，指出该系统产生的混沌带宽至少能达到 GHz 量级，并提出双环结构能够提高带宽。在此基础上，Zhang 等[16] 的理论模拟得到了 50GHz 带宽的混沌载波。2005 年，Sang 等[17] 利用光纤的非线性效应实验得到高频混沌激光输出。

由于掺铒光纤环形激光器利用非线性克尔效应产生的混沌可以达到较宽的带宽，所以在未来光保密通信、混沌激光雷达、混沌相关光时域反射仪、随机数发生技术等领域中，它都有重要的应用。本章主要对掺铒光纤环形激光器利用非线性克尔效应产生的混沌带宽特性进行研究。

6.1　光学混沌的研究进展

光学混沌属于混沌的一个分支学科。早在 20 世纪 60 年代初，第一台激光器研制出来后，人们就在实验上观察到了激光器输出的尖峰效应的跳模现象，事实上这就是确定性激光器系统中的随机性，即我们所说的混沌现象。但是人们当时仅仅用弛豫振荡理论对该现象加以解释。1975 年，德国学者 H. Haken[18] 在研究激光器不稳定性结果的基础上，建立了“洛伦兹－哈肯”方程。该方程描述单模、均匀加宽激光器，从而预言了此类激光器存在混沌输出，此预言几年后在实验上得到了证实。1978 年，L. W. Casperson[19] 从理论和实验上研究了非均匀加宽高增益 Xe 激光器的不稳定性和第二阈值条件。1980 年，T. Yamada 等[20] 从理论上指出，通过对激光器的某些参数进行调制、向激光器注入外界光场或将多个激光器进行耦合等来增加激光器的自由度，可使一些激光器产生混沌。1979 年，池田 (Ikeda)[21] 建立了一个延时方程，即 “池田” 方程，这是关于光学双稳态的不稳定方程，它预示了光学双稳态系统中存在混沌输出。

20 世纪 80 年代，光学混沌 (包括时间和时空混沌) 的研究逐渐进入快速发展时期，众多学者积极投入到光学混沌的研究当中，这也更促进了光学混沌的快速发展。在此期间，人们对激光器、光学双稳态系统的混沌进行了更加深入的研究，同时也对非线性光学现象及其他光学现象的混沌问题开展了广泛的研究，并取得了丰硕的成果。1982 年，F. T. Aiecohi 等[22] 实验上通过调制光学谐振腔的内损耗，观察到了 CO_2 激光器的混沌输出。1983 年，C. O. Weiss 等[23] 实验上通过三种途径使输出波 λ=3.39μm 的 He-Ne 激光器进入混沌。同年，R. S. Gioggia 等[24] 在实验上观察到了 Xe 激光器的混沌输出。1985 年，C. A. Weiss 等[25] 用专门设计的 NH_3 分子激光器观测到了洛伦兹型混沌。1985 年前后，关于光学二次谐波、四次谐波、相位共轭、光折变以及受激拉曼散射、受激布里渊散射等非线性光学现象中的混沌的实验报道。

进入 20 世纪 90 年代以后，光学混沌进入一个崭新的发展时期。人们逐渐将电学混沌的研究思路引用到光学混沌的研究中来，对光学混沌的控制和利用取得突破性进展，出现了混沌控制和混沌同步两大研究热点。1990 年，美国马里兰大学的物理学家 Ott、Grebogi 和 Yorke[26] 提出了利用参数微扰控制混沌的理论，称为 OGY 方法。1992 年，美国佐治亚大学的 Roy 等[27] 利用正反馈技术在腔内倍频 Nd:YAG 激光器上实现了小周期微扰法的光学混沌控制。1994 年，Roy[28] 实验上使用两台 Nd:YAG 激光器进行了混沌激光同步研究。1998 年，Roy 等[29] 利用光纤激光器实验实现了 10MHz 信号传输的混沌保密通信。自此以后，大量的文章是关于混沌光学保密通信系统的讨论、激光器光学混沌方程及其稳定性研究，也有部分是关于混沌激光测距和其他领域中的应用研究[30]。从此，混沌激光的研究日趋成熟起来。

6.2 掺铒光纤激光器混沌的研究进展

第一台光纤激光器是在 1961 年被研制出来的，但是起初发展缓慢，直到光纤掺杂稀土元素技术的成熟，光纤激光器才日益受到人们的重视并逐渐在光学中扮演重要的角色。掺铒光纤激光器由于其波长处于第三通信窗口，同时对人眼安全，且平均功率高，因此作为激光光源在光通信、医学等诸多领域具有广泛的应用前景。

对掺铒光纤激光器混沌的研究主要集中在重掺杂掺铒光纤激光器中铒离子对作用、单模环形激光器通过泵浦和损耗调制、双环掺铒光纤激光器系统、通过锁模进入脉冲混沌、带反馈的光纤环镜及掺铒光纤激光器非线性克尔效应等模型。本节就光纤激光器混沌输出特性方面的研究发展作简单的介绍。

6.2.1 重掺杂掺铒光纤激光器

当掺铒光纤激光器中铒离子的浓度较高时，铒离子间会通过相互作用形成离子对或离子团簇，铒离子对和离子团簇的作用也必须考虑，这样系统就变得更为复杂。1993 年，Sanchez 等实验研究了重掺杂 F-P 腔掺铒光纤激光器的动力学行为。研究发现当铒离子对浓度从低变高时，激光器的输出会从连续光变为自脉冲行为。并指出掺铒光纤激光器的动力学特性取决于三个参数，即腔内光子寿命、泵浦源和铒离子对浓度。同年，Sanchez 等[31] 实验观察到了掺铒光纤激光器的连续、正弦和自脉冲输出。理论上建立了考虑重掺杂光纤中离子对浓度影响下的掺铒光纤激光器的速率方程模型，此速率方程可以简化为四个一阶耦合微分方程。分析表明自脉冲的存在受泵浦速率的范围限制，此范围与铒离子对浓度有关。模拟结果与实验结果很好地一致。1995 年，A. Kellou 等[32] 利用考虑离子对浓度影响下的掺铒光纤激光器的速率方程模型，分析了自发辐射对掺铒光纤激光器稳定性的影响。结果表明：在阈值附近，自发辐射利于连续光的产生；在环腔条件下，自发辐射会使达到不稳定状态所需的铒离子对浓度值推向更高的值。同年，Sanchea 等[33] 在实验上观察到了离子对浓度为 7.5%、激光波长为 1.550 μm 和 1.536 μm 的掺铒光纤激光器经准周期进入混沌的现象，模拟的结果与实验结果十分吻合。1996 年，Sanchez 等[34] 又理论分析了掺铒光纤激光器的不稳定性，发现随着泵浦强度的变化，不同的铒离子对浓度的激光器显示出不同的状态，在离子对浓度较高的情况下，系统会经倍周期分岔进入准周期, 最后进入混沌状态。1998 年，Daniel 等[35] 实验观察到了重掺杂掺铒光纤激光器中的双稳态现象，与用铒离子对模型模拟的结果很好地一致，从而证明用铒离子对模型模拟此类激光器的动力学行为是有效的。2002 年，Besnard 等[36] 实验和理论上研究了铒离子对浓度为 8.5%的双波长重掺杂掺铒光纤激光器的分岔图。

6.2.2 单模环形腔模型

为了证明光纤环形激光器产生混沌不是由于模式间的相互作用，1998 年，L. Luo 等[11] 实验和模拟上通过对泵浦光强进行余弦调制，发现单模单环掺铒光纤激光器经倍周期分岔或阵发混沌路径进入混沌，并首次建立了单模单偏振态掺铒光纤环形激光器的速率方程模型，利用此方程模拟的结果与他们的实验结果十分吻合。这是通过余弦调制使系统增加自由度而产生混沌。之后，他们又建立了双环掺铒光纤激光器描述该系统的 Maxwell-Bloch 方程，此方程组包含四个方程，预示着在这样的系统中可能存在混沌和超混沌。数值模拟发现系统在一定的参数条件下出现了混沌状态和超混沌状态。2000 年，L. Luo 等[12] 在实验上研究了利用声光调制器进行损耗调制的单环掺铒光纤激光器，并得到了混沌同步。在国内, 2001 年, 王荣和沈柯[37] 对并对单环、双环掺铒光纤激光器的研究取得了显著的成果。2005 年，Pisarchik 等[38] 理论和实验上研究了泵浦调制掺铒光纤激光器的动力学特性，用提升的理论模型对分岔图和相空间进行了全面分析，新理论的模拟结果与实验结果很好地一致。2009 年，清华大学的刘越等[39] 实验上研究了损耗调制掺铒光纤激光器动力学特性，使人们更加清楚地认识了这类激光器的动力学特性。以上研究为单模环形腔模型的光纤激光器在光学混沌保密通信中的应用奠定了理论和实验基础。

6.2.3 非线性偏振旋转锁模进入脉冲混沌

近年来，光纤激光器利用非线性偏振旋转锁模得到超短脉冲受到了人们的广泛关注。然而利用非线性偏振旋转锁模产生的脉冲在某些参数变化时脉冲的强度会有所起伏，达到一定程度时就会形成脉冲混沌。2004 年，B. Zhao 等[40] 实验上观察到了利用非线性偏振旋转被动锁模光纤孤子环形激光器输出的脉冲的周期性起伏。这种强度的起伏不依赖于腔内偏振控制器的方向，但是与泵浦强度有密切关系。他们的数值模拟证实了实验的观察，并表明孤子脉冲的不一致是由偏振控制器和腔内偏振控制器的相互作用导致的。同年，L. M. Zhao 等[41] 实验上观察到了色散管理腔飞秒孤子被动锁模光纤激光器通过倍周期路径进入混沌。由于光脉冲强度和激光器腔内器件的强非线性相互作用，激光器内会发生倍周期分岔进入混沌。实验结果表明激光腔内孤子脉冲的非线性传输是固有的动力学过程，这个过程遵循非线性动力学系统的普遍法则。2005 年，D. Y. Tang 等[42] 数值研究了色散管理腔被动锁模光纤孤子环形激光器进入混沌的路径。数值研究也证明了倍周期分岔路径进入混沌是激光器中孤子的固有特性，这是由系统确定的动力学特性导致的。模拟并获得了各种周期孤子状态。2006 年，L. M. Zhao 等[13] 实验和数值研究了非线性偏振旋转孤子光纤环形被动锁模激光器的混沌动力学特性。实验上观察到了倍周期进入混沌。理论上基于 Ginzburg-Landau 方程模型解释了激光腔的影响，进一步数值研究了激光器倍周期分岔进入混沌的固有特性，实验与理论很好地一致。2007 年，L. M. Zhao 等[43] 实验观察到了被动锁模光纤激光器中随机分布多脉冲的倍周期现象。腔内存在多脉冲时激光器仍然会经历倍周期分岔。孤子强度的变化是不同步的，这说明它们的倍周期实际上是不相关的。它们的出现不依赖于脉冲数和脉冲的相互作用，并且实验和理论结果可以很好地吻合。

6.2.4 带反馈的非线性光纤环形镜产生混沌

1997 年，A. L. Steele 等[44] 研究了连续光注入带反馈的非线性光纤环形镜的双稳态和不稳定状态，结果表明该系统中存在更加复杂的动力学行为，系统的双稳态行为受 Ikeda 不稳定性的影响。2000 年，S. Lynch 等[45] 分析了非线性光纤环形腔的混沌控制。理论研究表明，通过把混沌控制在双稳态区域内，使得先前不稳定的器件成为双稳态谐振腔成为了可能。2004 年，A. L. Steele 等[46] 数值研究了两个连接起来的非线性光纤环形镜，结果在透射和反射中存在光学双稳态和不稳定状态。可以通过控制两个耦合器的耦合比、非线性光纤环形镜的长度、输入功率来控制该器件的动力学行为。2006 年，C. A. Merchant 等[47] 研究了环中使用高非线性光纤的带反馈的非线性光纤环形镜的动力学特性。带反馈的非线性光纤环形镜对输入光的偏振状态非常敏感，并且当有充足的输入功率时会产生偏振混沌。耦合器两臂的偏振相关损耗会改变系统的输出特性。

6.2.5 掺铒光纤环形激光器利用非线性克尔效应产生混沌模型

Roy 等[48,49] 利用耦合延迟微分方程模型，对掺铒光纤环形激光器的快速偏振动力学和腔内混沌动力学行为进行了数值分析，其结果与他们的实验结果非常一致。他们预言了可以利用掺铒光纤激光器的超混沌进行混沌保密通信，并于 1998 年[29] 利用掺铒光纤环形激光器在实验上实现了 1.5 km 传输信号为 10MHz 的光学混沌保密通信。有源光纤的非线性主要由两个原因引起：与光功率成正比的光纤的克尔效应和放大器增益的非线性引起的包络失真。光克尔效应和增益饱和效应都会引起光信号频率的展宽。在无源光纤中自相位调制只与初始输入脉冲的包络有关，而且损耗的作用相当于缩短了自相位调制的距离，而在有源光纤中，由于它有放大作用，增益的作用相当于延长了自相位调制的作用距离，在有源光纤中克尔效应要比普通光纤中显著。掺铒光纤或其他有源光纤的非线性将引起光信号频谱展宽。1999 年，在 Roy 和 Van Wiggeren 的建议下，H. D. I. Abarbanel 等[15] 建立了掺铒光纤环形腔的非线性克尔效应模型，并证明该模型中混沌的产生不是由于反转粒子与辐射动力学的相互作用，而是由于非线性克尔效应的存在，如果没有非线性克尔效应，通过调节激光器参数都不会出现混沌。同时还指出该系统产生的混沌带宽至少能达到几 GHz，并提出双环的引入能够提高带宽。2003 年，香港城市大学张帆等[16] 利用掺铒光纤环形腔的非线性克尔效应模型，理论分析了光纤传输对于该系统混沌保密通信的影响，并成功提取出了隐藏在 50GHz 带宽的混沌载波中的 12.48Gb/s 的信号。2005 年，北京邮电大学的桑新柱等[17] 利用掺铒光纤环形腔的非线性克尔效应，在实验上得到了高频双波长混沌，并实现了同步。此模型由于在混沌带宽方面的优势，在未来的应用中将会有更大的潜力。

6.3　掺铒光纤环形激光器产生混沌理论模型

掺铒光纤激光器属于 B 类激光器，这类激光器系统的动力学行为由两个耦合的非线性方程来描写：一个是场方程，另一个是反转粒子数，在不存在外部扰动时，只能观察到一个稳定的输出。在这类激光器中，为了获得不稳定输出，至少需要增加一个自由度，可以通过调制系统中的一个参数、使系统变成非自洽、注入一外场或者增加激光器的数目等方法增加激光器的自由度。

1. 单模掺铒光纤激光器通过泵浦或者损耗调制产生混沌

调制激光器的某些参数是 B 类激光器获得混沌的常用方法。1998 年，L. Luo 建立了单模掺铒光纤环形激光器的速率方程[11]

$$\frac{\mathrm{d}I_{\mathrm{L}}}{\mathrm{d}\tau} = -\kappa I_{\mathrm{L}} + gI_{\mathrm{L}}D \tag{6.3.1}$$

$$\frac{\mathrm{d}}{\mathrm{d}\tau} = -(1 + I_{\mathrm{P}} + I_{\mathrm{L}})D + I_{\mathrm{P}} - 1 \tag{6.3.2}$$

其中，I_{L} 表示归一化的激光强度，D 表示归一化的粒子反转数，κ 表示损耗系数，g 为增益系数，I_{P} 为泵浦光光强。

由此方程出发，他们通过对泵浦光强进行余弦调制 $I_{\mathrm{L}} = \overline{I_{\mathrm{L}}}[1 + m\cos(\omega\tau)]$，理论和实验上发现单模单环掺铒光纤激光器经倍周期分岔进入混沌。在实验上通过调节泵浦也可以输出混沌，理论可以很好地与实验吻合，其实验装置如图 6.1 所示。

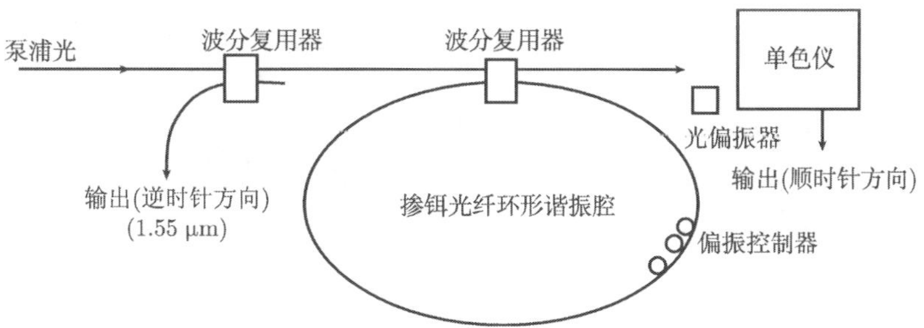

图 6.1　掺铒光纤环形激光器实验装置图[11]

还可以通过损耗调制 $\kappa = \overline{\kappa}[1 + m\cos(\omega\tau)]$ 使其产生混沌。2000 年，L. Luo 等实验上利用声光调制器调制光纤环内的损耗，实现了混沌输出，并利用两个相同的掺铒光纤环形激光器得到了同步，实验装置如图 6.2 所示。

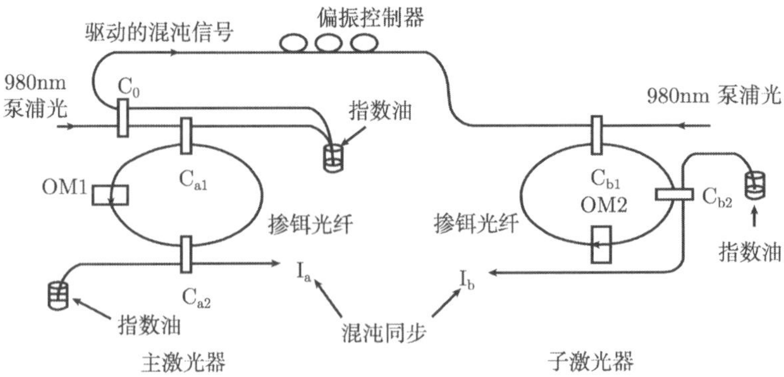

图 6.2　掺铒光纤激光器混沌同步的实验装置[12]

2. 铒离子对的影响产生混沌的模型

当铒离子的掺杂浓度大于 7.5%时，铒离子间的相互作用就会形成铒离子对或离子团。铒离子对的形成可以描述如下：位于 $^4I_{13/2}$ 能级的铒离子 1 将能量传递给 $^4I_{13/2}$ 能级的铒离子 2，使得铒离子 2 跃迁到 $^4I_{9/2}$ 能级，而 1 跃迁到 $^4I_{15/2}$ 能级，此转换过程会持续 1~10μs。上转换的铒离子会快速地弛豫到 $^4I_{13/2}$ 能级, 转换过程如图 6.3 所示。

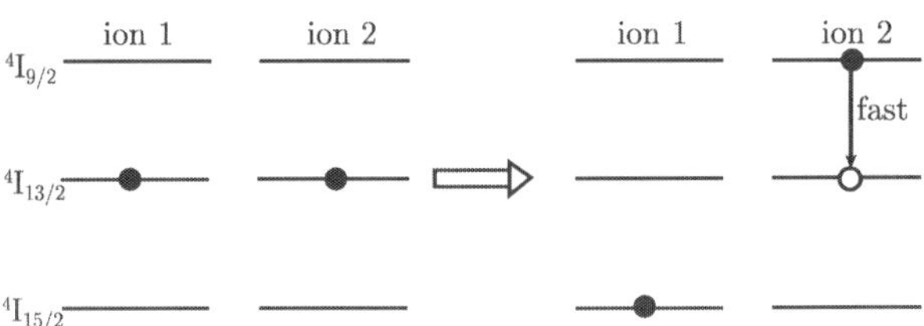

图 6.3　铒离子对的上转换过程图[34]

此过程相当于失去了一个激发态的铒离子，可以简单地将铒离子对的相互作用看成是两个三能级离子的相互作用。最终该系统的动力学特性可以简单地表示成四个耦合的一阶微分方程[34]：

$$\frac{\mathrm{d}n_i}{\mathrm{d}t} = 2\Lambda - a_2(1+n_i) - 2i_1n_i \tag{6.3.3}$$

$$\frac{\mathrm{d}n_+}{\mathrm{d}t} = a_{12}(1-n_+) - \frac{a_{22}}{2}(n_+ + n_-) + yi_1(2-3n_+) \tag{6.3.4}$$

$$\frac{\mathrm{d}n_-}{\mathrm{d}t} = 2\Lambda - a_{12}(1-n_+) - \frac{a_{22}}{2}(n_+ + n_-) + yi_1n_- \tag{6.3.5}$$

$$\frac{\mathrm{d}i}{\mathrm{d}t} = -i_1 + (1-2x)Ai_1n_i + xBi_1n_- \tag{6.3.6}$$

其中，x 为铒离子对浓度；$A=\sigma_1 N_0/\gamma_1$；$B=\sigma_1 N_0/\gamma_1$；$y=B/A$。

3. 由非线性偏振旋转锁模进入混沌脉冲模型

光在光纤中的传输可以表示成扩展的复杂耦合非线性薛定谔方程[13]

$$\frac{\partial u}{\partial z}=\mathrm{i}\beta u-\delta\frac{\partial u}{\partial t}-\frac{\mathrm{i}k''}{2}\frac{\partial^2 u}{\partial t^2}+\frac{\mathrm{i}k'''}{6}\frac{\partial^3 u}{\partial t^3}+\mathrm{i}\gamma\left(|u|^2+\frac{2}{3}|\upsilon|^2\right)u+\frac{\mathrm{i}\gamma}{3}\upsilon^2u^*+\frac{g}{2}u+\frac{g}{2\varOmega_{\mathrm{g}}}\frac{\partial^2 u}{\partial t^2} \tag{6.3.7}$$

$$\frac{\partial \upsilon}{\partial z}=-\mathrm{i}\beta \upsilon-\delta\frac{\partial \upsilon}{\partial t}-\frac{\mathrm{i}k''}{2}\frac{\partial^2 \upsilon}{\partial t^2}+\frac{\mathrm{i}k'''}{6}\frac{\partial^3 \upsilon}{\partial t^3}+\mathrm{i}\gamma\left(|\upsilon|^2+\frac{2}{3}|u|^2\right)\upsilon+\frac{\mathrm{i}\gamma}{3}u^2\upsilon^*+\frac{g}{2}\upsilon+\frac{g}{2\varOmega_{\mathrm{g}}}\frac{\partial^2 \upsilon}{\partial t^2} \tag{6.3.8}$$

其中，u 和 υ 分别表示脉冲沿着光纤的两个正交偏振模式的包络。$\beta=\pi\Delta n/\lambda$ 是两个模式的波数差。$\delta=\beta\lambda/(2\pi c)$ 是群速度色散差的倒数。k'' 是二阶色散系数，k''' 是三阶色散系数，γ 表示光纤的非线性系数。g 是光纤的饱和增益系数，$\varOmega_{\mathrm{g}}$ 是激光器的增益带宽。对于掺铒光纤激光器，进一步考虑增益饱和

$$g=G\exp\left[-\frac{\displaystyle\int\left(|u|^2+|\upsilon|^2\right)\mathrm{d}t}{P_{\mathrm{sat}}}\right] \tag{6.3.9}$$

其中，G 是小信号增益系数，P_{sat} 是归一化饱和能量。数值模拟表明，太小的腔内线性相移会使锁模的峰值受到腔内偏振开关效应的限制。增加线性相移，腔内形成的孤子会有较高的峰值功率。当峰值功率足够强时，它们会经历倍周期路径进入混沌。当腔内线性相移固定时，低的泵浦功率会产生单一的孤子序列，随着泵浦功率的增加，峰值固定的孤子序列会通过倍周期分岔进入脉冲混沌。

4. 双环耦合产生混沌模型

掺铒光纤激光器的双环系统在无须参数调制的情况下也能够产生混沌。双环光纤激光器系统如图 6.4 所示，系统包含两个光纤环，它们被耦合器 C_0 耦合在一起，两个环的激光场在通过 C_0 时会产生 $\pi/2$ 的相位差，系统的方程可以写成[11]

$$\dot{E}_{\mathrm{a}}=-k_{\mathrm{a}}(E_{\mathrm{a}}+C_0E_{\mathrm{b}})+g_{\mathrm{a}}E_{\mathrm{a}}D_{\mathrm{a}} \tag{6.3.10}$$

$$\dot{E}_{\mathrm{b}}=-k_{\mathrm{b}}(E_{\mathrm{b}}-C_0E_{\mathrm{a}})+g_{\mathrm{b}}E_{\mathrm{b}}D_{\mathrm{b}} \tag{6.3.11}$$

$$\dot{D}_{\mathrm{a}}=-(1+I_{\mathrm{Pa}}+E_{\mathrm{a}}^2)D_{\mathrm{a}}+I_{\mathrm{Pa}}-1 \tag{6.3.12}$$

$$\dot{D}_{\mathrm{b}}=-(1+I_{\mathrm{Pb}}+E_{\mathrm{b}}^2)D_{\mathrm{b}}+I_{\mathrm{Pb}}-1 \tag{6.3.13}$$

其中，E_{a} 和 E_{b} 是环 a 和环 b 中的激光场，D_{a} 和 D_{b} 是环 a 和环 b 中的反转粒子数。I_{Pa} 和 I_{Pb} 分别代表光纤环内的泵浦强度。模拟发现系统会产生脉冲和混沌，

这些结果是由于两个激光场的相互作用。系统中随着 g_{b} 增加，输出会从自脉冲通过分岔进入混沌。

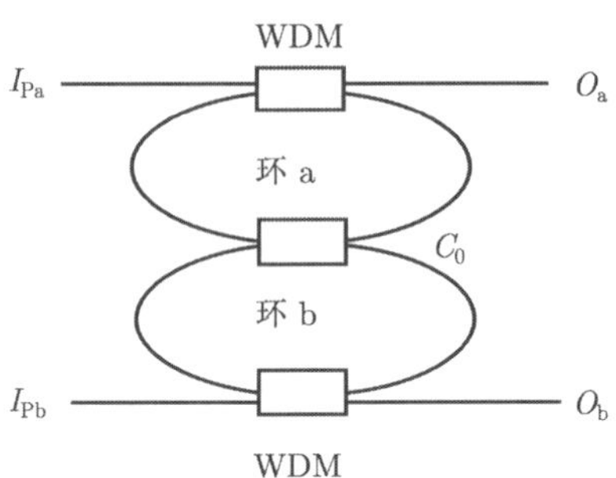

图 6.4　双环掺铒光纤激光器[37]

5. 带反馈的非线性光纤环形镜模型

单向反馈的非线性光纤环形镜的装置结构如图 6.5 所示。该装置中用到了三个耦合器，其中两个用于耦合光的输入和输出，一个用于构成非线性光纤环形镜。耦合器 1 的基本作用可以描述成

$$E_3 = K_1^{1/2} E_1 + \mathrm{i}(1 + K_1)^{1/2} E_2 \tag{6.3.14}$$

$$E_4 = K_1^{1/2} E_2 + \mathrm{i}(1 + K_1)^{1/2} E_1 \tag{6.3.15}$$

其中，$K_1 : (1 - K_1)$ 表示耦合比，其他的耦合器与此类似。

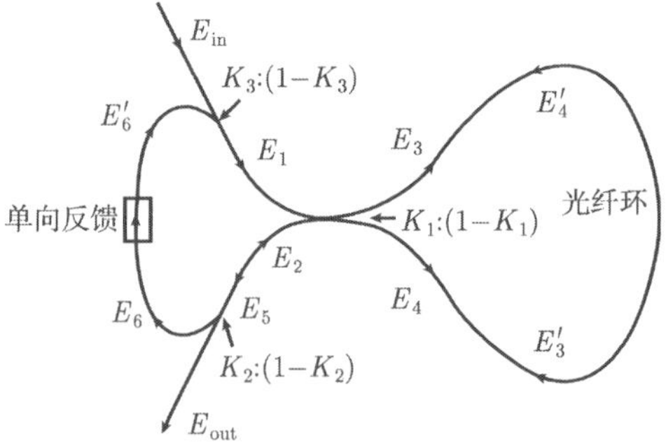

图 6.5　带反馈的非线性光纤环形镜结构[47]

E_j 表示图 6.5 中输出点 j 的电场。由于非线性光纤环中是连续波，所以相向而行的电场会产生相移。顺时针和逆时针方向的场形成的非线性相移可以分别表

示成

$$\varPhi_{\mathrm{c}} = \frac{2\pi n_2 L}{\lambda A_{\mathrm{eff}}}(2 - K_1)P_1 \tag{6.3.16}$$

$$\varPhi_{\mathrm{cc}} = \frac{2\pi n_2 L}{\lambda A_{\mathrm{eff}}}(1 + K_1)P_1 \tag{6.3.17}$$

其中，n_2 是非线性折射系数，L 是光纤长度，A_{eff} 是光纤的有效截面，λ 是传输光的波长，P_1 是进入到耦合器 1 的输入能量。顺时针和逆时针电场的相移分别表示成

$$E_3' = E_3 \exp[-\mathrm{i}(\varPhi_{\mathrm{L}} + \varPhi_{\mathrm{c}})] \tag{6.3.18}$$

$$E_4' = E_4 \exp[-\mathrm{i}(\varPhi_{\mathrm{L}} + \varPhi_{\mathrm{cc}})] \tag{6.3.19}$$

其中，$\varPhi_{\mathrm{L}}$ 是传输引起的线性相移。在反馈部分，光场是单向传输的，只需要考虑线性相移 $\varPhi_{\mathrm{f}}$。耦合器 3 的反馈场表示成

$$E_6' = E_6 \exp(\mathrm{i}\varPhi_{\mathrm{f}}) \tag{6.3.20}$$

令腔的周期为 t_{R}，迭代方程可以表示成

$$\begin{aligned} E_1(t) =& K_3^{1/2} E_{\mathrm{in}} - (1 - K_2)^{1/2}(1 - K_3)^{1/2} E_1(t - t_{\mathrm{R}}) \\ & \times \{K_1 \exp[-\mathrm{i}(\varPhi + \varPhi_{\mathrm{c}})] - (1 - K_1)\exp[-\mathrm{i}(\varPhi + \varPhi_{\mathrm{cc}})]\} \end{aligned} \tag{6.3.21}$$

其中，$\varPhi = \varPhi_{\mathrm{L}} - \varPhi_{\mathrm{f}}$。当输入功率位于不稳定区域时，经过迭代就会输出混沌光。

以上产生混沌的方法中，前四种由于受铒离子上能级寿命的影响，产生的混沌带宽都不会很宽，其混沌带宽范围为 $10^3 \sim 10^6$ Hz，这样就会大大限制掺铒光纤激光器在通信和测距等领域中的应用。第五种产生混沌的方法的带宽特性尚未见报导。目前还存在一种光纤激光器产生混沌的方法，即掺铒光纤环形激光器利用非线性克尔效应产生混沌。该模型产生混沌的主要原因不是光场与 Er^{3+} 的相互作用，而是非线性克尔效应的存在使光场发生自相位和互相位调制，从而使光场得到调整逐渐进入混沌。所以采用此模型产生的混沌带宽不受上能级粒子数寿命的限制，带宽至少能达到 GHz 量级，以下详细分析了其理论模型。

6. 利用非线性克尔效应产生混沌的理论模型

图 6.6 为利用掺铒光纤环形激光器产生混沌的装置示意图。半导体激光器输出的泵浦光经过波分复用器耦合进掺铒光纤中构成掺铒光纤放大器，光隔离器使光场保持单向传输；偏振控制器用以调节光场的偏振状态；耦合器将一部分光输出用于进行检测；光电探测器将输出的光信号转换成电信号，转换后的电信号输入到示波器中进行检测。

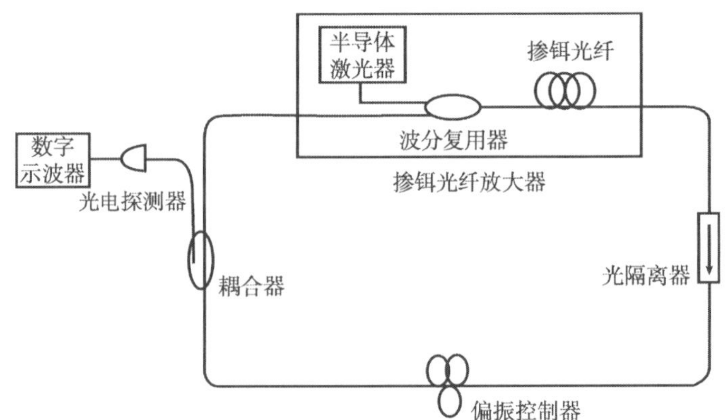

图 6.6　掺铒光纤环形激光器产生混沌的装置示意图

在光纤环形腔内，光场为 $E(z,t)=\varepsilon(z,t)\exp[\mathrm{i}(k_0z-\omega_0t)](\omega_0$ 为光波角频率, $\omega_0=k_0c/n)$, 在相对坐标 $\tau=t-z/v_{\mathrm{g}}(v_{\mathrm{g}}$ 为群速度) 下, 光场包络的传输可由下式描述:

$$\frac{\partial\varepsilon_{x,y}(z,\tau)}{\partial z}=g(\tau)\varepsilon_{x,y}+L_{x,y}\varepsilon_{x,y}+N_{x,y}\varepsilon_{x,y} \tag{6.3.22}$$

其中，$L_{x,y}$ 为光场传输的线性项算子，包括线性双折射、群速度色散和增益色散，$L_{x,y}$ 通常在频域表示，具体表达式为

$$L_{x,y}=\pm\frac{\mathrm{i}k_0B_{\mathrm{m}}}{2n_0}\mp\frac{\varDelta}{n_0c}\mathrm{i}\omega-\frac{\mathrm{i}}{2}\beta_2\omega^2-\frac{g(\tau)\omega^2\tau_2^2}{1+\omega^2\tau_2^2}, \tag{6.3.23}$$

其中，ω 为角频率，B_{m} 表示双折射程度，$B_{\mathrm{m}}=n_x-n_y$，n_x 和 n_y 分别表示 x, y 方向光纤的有效折射率，$\varDelta=n_0\cdot B_{\mathrm{m}}$, $n_0=(n_x+n_y)/2$，β_2 是群速度色散参数，τ_2 为铒离子横向弛豫时间。$g(\tau)$ 为增益系数且 $g(\tau)=1/l_{\mathrm{A}}\int_0^{l_{\mathrm{A}}}g(z',\tau)\mathrm{d}z'$，$l_{\mathrm{A}}$ 为环形腔内掺铒光纤长度。

$N_{x,y}$ 为光场传输的非线性项算子，$N_{x,y}$ 与非线性克尔效应有关，通常在空间域表示, 具体表达式为

$$N_{x,y}\varepsilon_{x,y}=\mathrm{i}\gamma\left\{\left[\left|\varepsilon_{x,y}(z,\tau)\right|^2+\frac{2}{3}\left|\varepsilon_{y,x}(z,\tau)\right|^2\right]\varepsilon_{x,y}(z,\tau)\right\} \tag{6.3.24}$$

其中，γ 为光纤的非线性系数。

在环形腔内，光纤吸收矩阵为 $\boldsymbol{R}$，偏振控制器的琼斯矩阵为 $\boldsymbol{J}_{\mathrm{PC}}$，普通单模光纤长度为 l_{F}，普通光纤部分的传输矩阵为 $\boldsymbol{U}_{\mathrm{fiber}}$，有源光纤部分的传输矩阵为 $\boldsymbol{Q}$。τ_{R} 为光场传输一周所需要的时间, 光场经激光器一周后的演变表示为

$$\varepsilon(z=l_{\mathrm{A}}+l_{\mathrm{F}},\tau+\tau_{\mathrm{R}})=\boldsymbol{R}\boldsymbol{J}_{\mathrm{PC}}\boldsymbol{U}_{\mathrm{fiber}}\boldsymbol{Q}[\varepsilon(z=0,t)] \tag{6.3.25}$$

其中，

$$\boldsymbol{U}_{\text{fiber}}=\begin{pmatrix} u_1 & u_2 \\ -u_2^* & u_1^* \end{pmatrix} \tag{6.3.26}$$

$|u_1|^2+|u_2|^2=1$, u_1^*,u_2^* 分别为 u_1,u_2 的复共轭。

$$\boldsymbol{R}=\begin{pmatrix} R_x & 0 \\ 0 & R_y \end{pmatrix} \tag{6.3.27}$$

R_x,R_y 分别表示光纤 x,y 方向的吸收系数。

$$\boldsymbol{J}_{\text{PC}}=\boldsymbol{J}_{\frac{\lambda}{4}}(\theta_1)\cdot\boldsymbol{J}_{\frac{\lambda}{2}}(\theta_2)\cdot\boldsymbol{J}_{\frac{\lambda}{4}}(\theta_3) \tag{6.3.28}$$

其中，$\boldsymbol{J}_{\frac{\lambda}{4}}(\theta_1)$ 和 $\boldsymbol{J}_{\frac{\lambda}{4}}(\theta_3)$ 分别为快轴与 x 轴成 θ_1 和 θ_3 的四分之一波片的琼斯矩阵

$$\boldsymbol{J}_{\frac{\lambda}{4}}(\theta_1)=\frac{1-\mathrm{i}}{2}\begin{pmatrix} \mathrm{i}+\cos(2\theta_1) & \sin(2\theta_1) \\ \sin(2\theta_1) & \mathrm{i}-\cos(2\theta_1) \end{pmatrix}$$

$$\boldsymbol{J}_{\frac{\lambda}{4}}(\theta_3)=\frac{1-\mathrm{i}}{2}\begin{pmatrix} \mathrm{i}+\cos(2\theta_3) & \sin(2\theta_3) \\ \sin(2\theta_3) & \mathrm{i}-\cos(2\theta_3) \end{pmatrix}$$

$\boldsymbol{J}_{\frac{\lambda}{2}}(\theta_2)$ 为快轴与 x 轴成 θ_2 的二分之一波片的琼斯矩阵

$$\boldsymbol{J}_{\frac{\lambda}{2}}(\theta_2)=\begin{pmatrix} \cos(2\theta_2) & \sin(2\theta_2) \\ \sin(2\theta_2) & -\cos(2\theta_2) \end{pmatrix}$$

掺铒光纤放大器的放大倍数 $G(z)=\mathrm{e}^{g(\tau)z}$，$G(z)$ 与泵浦功率 $P_{\mathrm{p}}(0)$ 及信号功率 $P_{\mathrm{s}}(0)$ 的隐函数关系式为

$$[G(z)]^{\alpha}\exp\left(-\alpha\Gamma_{\mathrm{s}}\sigma_{\mathrm{es}}N_0z\right)=1-\frac{\upsilon_{\mathrm{p}}P_{\mathrm{s}}(0)}{\upsilon_{\mathrm{s}}P_{\mathrm{p}}(0)}[G(z)-1]-\frac{[\ln G(z)+\Gamma_{\mathrm{s}}\sigma_{\mathrm{as}}N_0z]\,A_{\mathrm{eff}}h\upsilon_{\mathrm{p}}}{\tau_1P_{\mathrm{p}}(0)\Gamma_{\mathrm{s}}(\sigma_{\mathrm{as}}+\sigma_{\mathrm{es}})} \tag{6.3.29}$$

其中，$\alpha=\dfrac{\Gamma_{\mathrm{p}}\sigma_{\mathrm{ap}}}{\Gamma_{\mathrm{s}}(\sigma_{\mathrm{as}}+\sigma_{\mathrm{cs}})}$，$\sigma_{\mathrm{ap}}$ 和 σ_{as} 分别为泵浦光和信号光的吸收截面，σ_{es} 为激发态的受激辐射截面，Γ_{p} 和 Γ_{s} 分别表示泵浦光和信号光的限制因子，υ_{p} 和 υ_{s} 分别为泵浦光和信号光的光频，A_{eff} 为纤芯有效截面，N_0 为铒离子掺杂粒子数密度，τ_1 表示激发态粒子寿命。纤芯中的光强 $I\propto|\varepsilon|^2$，功率 $P_{\mathrm{s}}(0)=\dfrac{A_{\mathrm{eff}}}{\Gamma_{\mathrm{s}}}\cdot I$。式 (6-29) 揭示了光场与增益之间的相互作用，经若干圈循环后光场与增益最终达到平衡。

本小节总结了光纤激光器产生混沌的不同模型，分析并对比了几种模型的优缺点。通过比较可知，掺铒光纤激光器产生的混沌带宽往往比较低。但是非线性克尔效应产生混沌的机理是主要利用光场的自相位调制和互相位调制，而不是由于

光场与反转粒子数的相互作用，所以产生的混沌带宽不受上能级离子数寿命的限制，因而此模型所产生的混沌带宽可以达数 GHz。鉴于此，我们优化了掺铒光纤环形激光器利用克尔效应产生混沌的的理论模型，此模型可以大大缩短计算时间，并给出了模拟中所用的参数值。

6.4 掺铒光纤环形激光器混沌带宽特性数值研究

6.4.1 掺铒光纤环形激光器利用非线性克尔效应产生混沌的过程

本小节产生混沌的机理是主要是利用非线性克尔效应，而不是由于光场与反转粒子数的相互作用，所以产生的混沌带宽不受上能级离子数寿命的限制，因而此模型所产生的混沌带宽可以达数 GHz。在数值模拟计算过程中，模拟参量取值见表 6.1。

表 6.1　模拟参量取值

参量	取值	参量	取值
$l_{\mathrm{A}}/\mathrm{m}$	10	$\sigma_{\mathrm{ap}}/\mathrm{m}^2$	3.8×10^{-25}
$l_{\mathrm{F}}/\mathrm{m}$	10	$\sigma_{\mathrm{as}}/\mathrm{m}^2$	3.1×10^{-25}
τ_1/ms	10	$\sigma_{\mathrm{es}}/\mathrm{m}^2$	2.7×10^{-25}
τ_2/ps	1	Γ_{p}	0.6
$\beta_2/(\mathrm{ps}^2/\mathrm{km})$	−20	Γ_{s}	0.6
R_x	0.45	$v_{\mathrm{p}}/\mathrm{Hz}$	3.061×10^{14}
R_y	0.46	$v_{\mathrm{s}}/\mathrm{Hz}$	1.935×10^{14}
θ_1/rad	0.5	$A_{\mathrm{eff}}/\mathrm{m}^2$	1.26×10^{-11}
θ_2/rad	1.0	N_0/m^{-3}	2×10^{24}
θ_3/rad	1.5	B_{m}	1.8×10^{-6}

混沌的产生

非线性系数定义为 $\gamma = n_2 w_0/(cA_{\mathrm{eff}})$，不同的材料 n_2 的取值不同。对于石英光纤，n_2=2.6×$10^{-20}\mathrm{m}^2/\mathrm{W}$，$\gamma$ 可以在 1~10$\mathrm{W}^{-1}\mathrm{km}^{-1}$ 变化。模拟时，固定非线性系数 $\gamma = 3\mathrm{W}^{-1}\mathrm{km}^{-1}$，调节泵浦功率。当泵浦功率为 4.5mW 时，激光器的输出为一稳定状态，如图 6.7 所示，(a) 为时序图，(b) 为功率谱图。输出的时序图为一稳定的光功率，功率谱平滑下降，且没有相应的谐振峰。随着泵浦功率的增加，输出从稳定状态进入周期状态。当泵浦功率为 5mW 时，输出进入二倍周期状态，如图 6.8 所示，(a)~(c) 分别代表时序图、功率谱图和相图。图 6.9(a)~(c) 为泵浦功率是 6mW 时得到的时序图、功率谱图和相图，在此泵浦功率下输出为四倍周期。图 6.10(a)~(c) 为泵浦功率是 10mW 时得到的时序图、功率谱图和相图，在此泵浦功率下输出为准周期。继续增加泵浦功率，当泵浦功率大于 16mW 时，开始进入混沌状态。

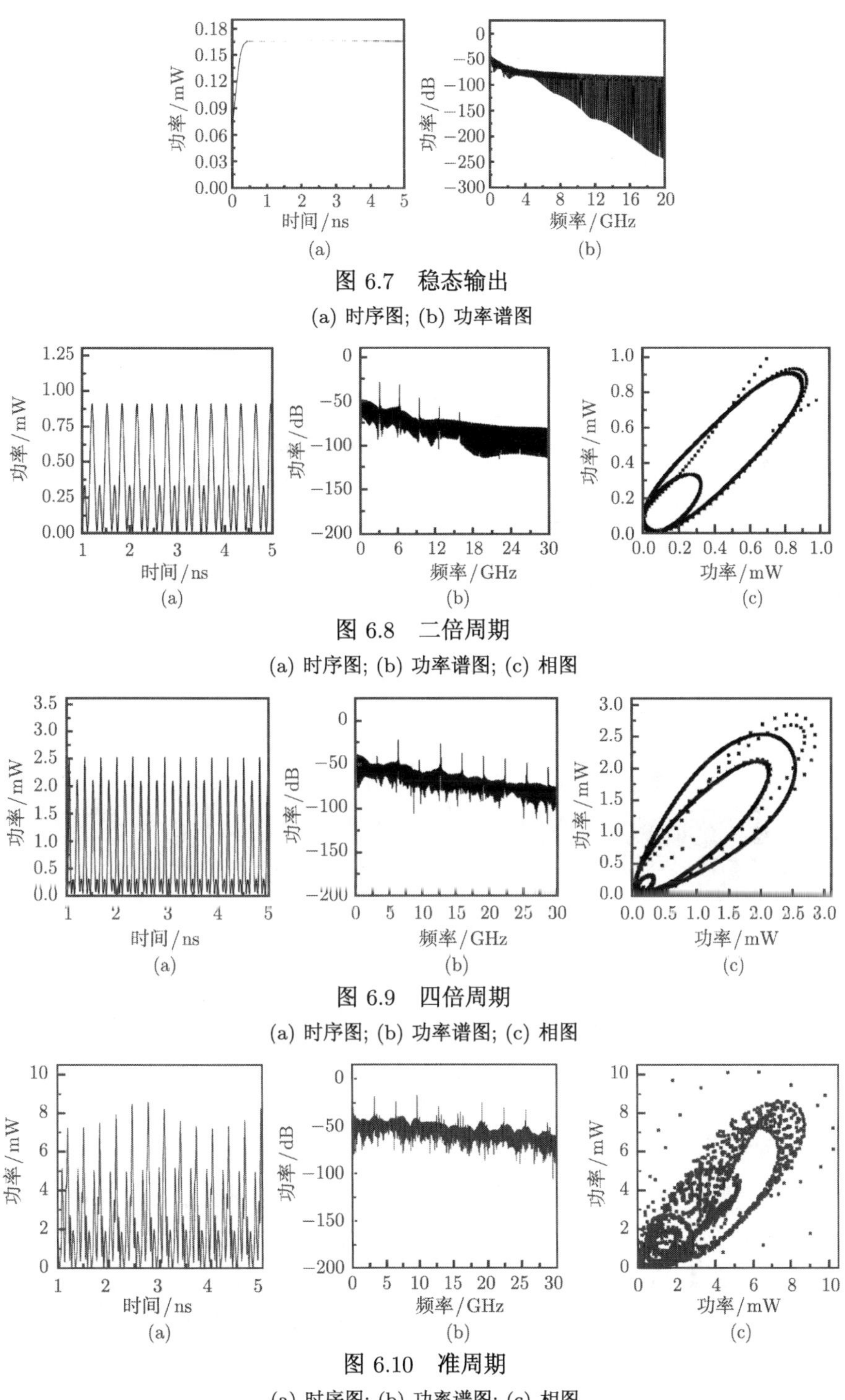

图 6.7 稳态输出

(a) 时序图; (b) 功率谱图

图 6.8 二倍周期

(a) 时序图; (b) 功率谱图; (c) 相图

图 6.9 四倍周期

(a) 时序图; (b) 功率谱图; (c) 相图

图 6.10 准周期

(a) 时序图; (b) 功率谱图; (c) 相图

图 6.11 为 P_p=0.1W 时的输出状态，(a)~(d) 分别为时序图、功率谱图、相图和自相关曲线。该输出混沌状态的 Lyapunov 指数为 81.8/ns，关联维数为 2.64，功率谱带宽为 32GHz，自相关曲线的半高全宽为 15ps。本书混沌带宽的计算方法是将混沌时间序列进行傅里叶变换，得到横轴为频率 (f)，纵轴为功率 (P) 的频谱。设

$$r = \int_0^B P\mathrm{d}f \Big/ \int_0^\infty P\mathrm{d}f \tag{6.4.1}$$

当 r=80% 时，所对应的频率值即为混沌带宽[50]。

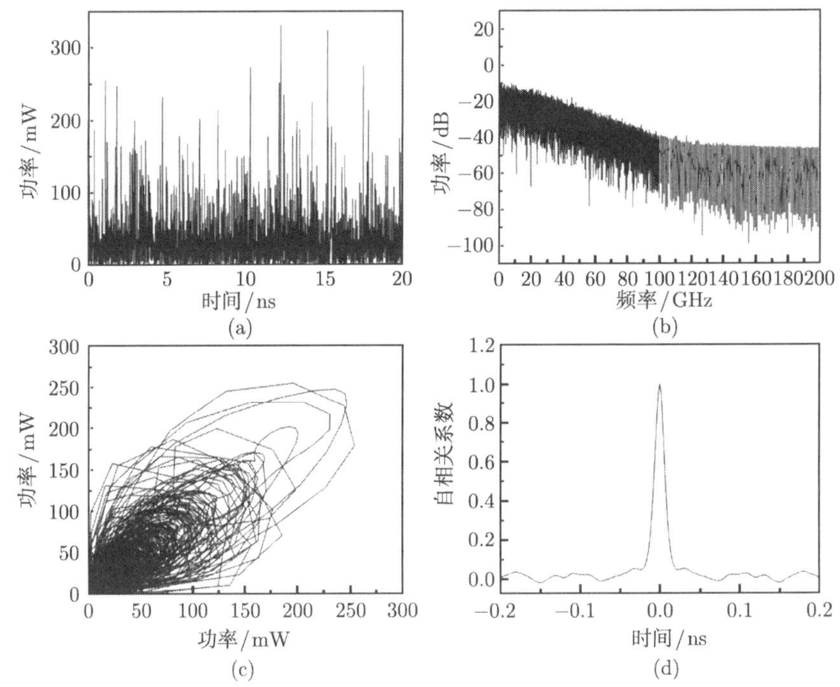

图 6.11 泵浦功率 P_p 为 0.1W 时的输出

(a) 时序图; (b) 功率谱图; (c) 相图; (d) 自相关曲线

6.4.2 非线性系数对动态特性的影响

由于非线性系数 γ 与非线性折射率系数 n_2 成正比，可以通过选择 n_2 较大的材料制造光纤实现增大非线性系数的目的。例如用硅酸铅制造的光纤的 n_2 值比普通石英光纤高 10 倍，用硫化物玻璃制作的光纤的 n_2 甚至可以达到 4.2×10^{-18} m^2/W，比石英光纤高了 100 多倍。可以通过提高非线性系数增强非线性效应。图 6.12 表示非线性系数对进入混沌过程的影响。区域 Ⅰ ~ Ⅳ分别表示一倍周期、二倍周期、多倍周期和混沌状态。破折线表示多倍周期与混沌状态的临界值，点划线表

示二倍周期与四倍周期的临界值，虚线表示一倍周期与二倍周期的临界值，实线表示激光器的阈值。可以发现，非线性系数的大小对激光器的阈值没有影响，非线性系数越大，进入某个状态所需要的泵浦功率就越低。这是由于影响此模型输出的主要因素是非线性相移，其表达式为 $\Phi_{\mathrm{nl}} = \gamma L(P_{\mathrm{a}} + 2P_{\mathrm{b}})$。其他参数固定时，非线性系数越大，引起相应非线性相移所需要的功率就越小，所以随非线性系数的增加，光纤激光器进入某个状态所需要的泵浦功率减小。

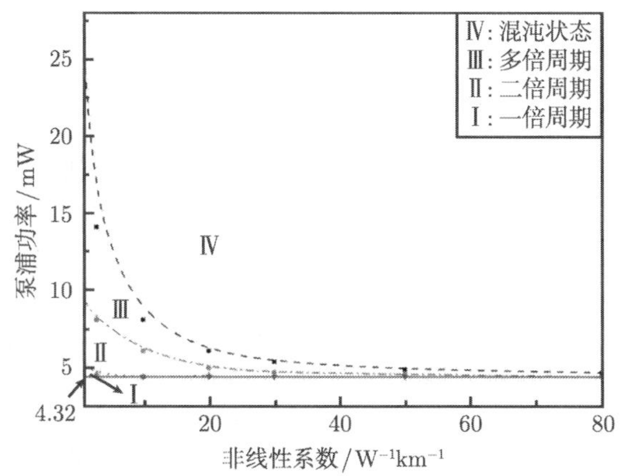

图 6.12 非线性系数对进入混沌过程的影响

6.4.3 非线性相移对混沌带宽的影响

1. 泵浦功率对混沌带宽的影响

在非线性系数 $\gamma=3\mathrm{W}^{-1}\mathrm{km}^{-1}$ 不变的情况下，研究掺铒光纤激光器系统输出混沌带宽随泵浦功率的变化。当泵浦功率从 0.02W 增加到 2.5W，掺铒光纤激光器系统输出一直呈现混沌状态。由于掺铒光纤环形腔产生混沌的主要原因是非线性克尔效应，而泵浦功率的改变会导致非线性效应的变化，从而使非线性效应产生的非线性相移发生变化，所以泵浦功率增加必然会导致输出混沌状态的变化，如图 6.13 所示。

图 6.13(a) 为 P_{p}=0.02W 时的时序图，图 6.13(b) 为图 6.13(a) 相应的功率谱图，输出混沌带宽为 14GHz。图 6.13(c) 为 P_{p}=0.5W 时的时序图，图 6.13(d) 是图 6.13(c) 相应的功率谱图，输出混沌带宽为 65GHz。图 6.13(e) 为 P_{p}=1.5W 时的时序图，图 6.13(f) 为图 6.13(e) 相应的功率谱图，输出混沌带宽为 153GHz。图 6.13(g) 为 P_{p}=2.5W 时的时序图，图 6.13(h) 是图 6.13(g) 相应的功率谱图，输出混沌带宽为 126GHz。随着泵浦功率的增大，相应的时序图的混沌脉冲序列先逐渐变得密集而后又变得稀疏，并且泵浦功率的增加使得时序图混沌的峰值增大，相应的功率谱也在上升。

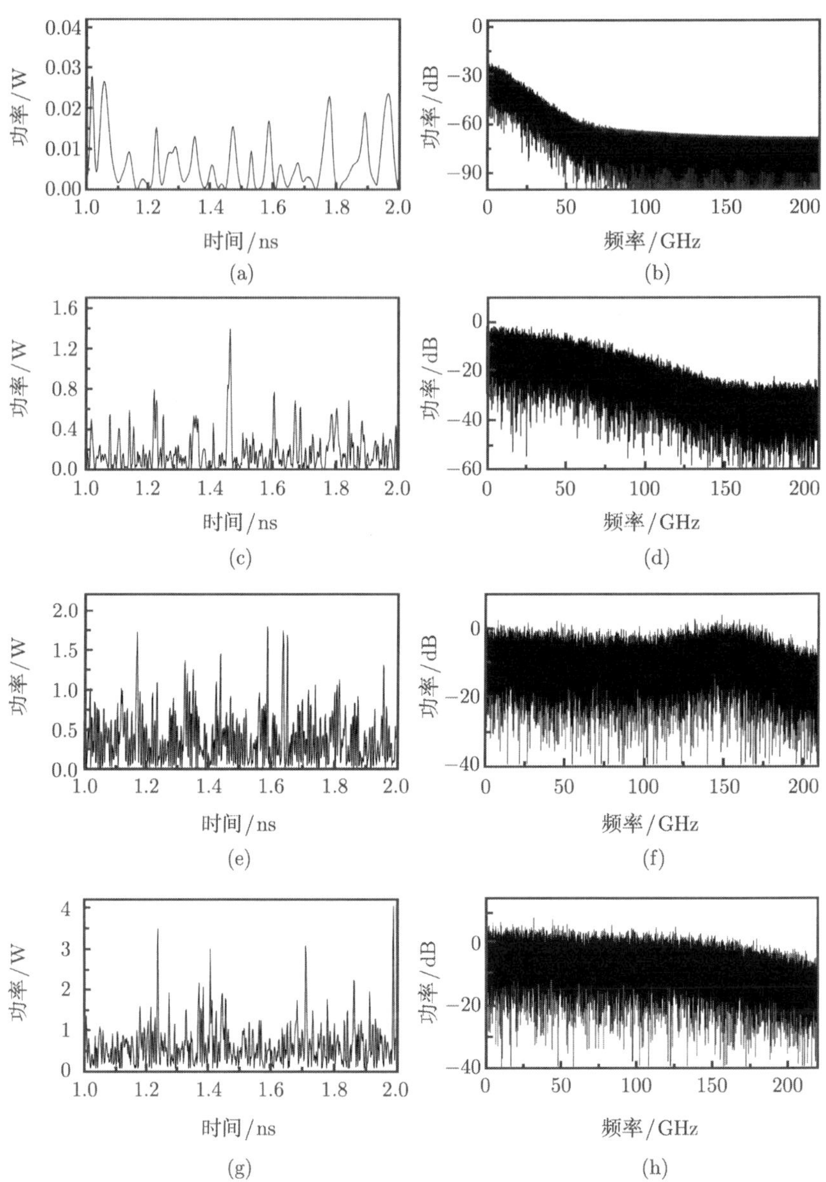

图 6.13　非线性系数 $\gamma=3\ \mathrm{W^{-1}km^{-1}}$ 时，不同泵浦功率下混沌信号的时序图及功率谱图

非线性系数 $\gamma=3\ \mathrm{W^{-1}km^{-1}}$ 时，不同泵浦功率下混沌带宽的变化如图 6.14 所示。从图中可以看出，掺铒光纤环形激光器利用非线性克尔效应产生的混沌带宽随着泵浦功率的增加先增加后减小，当 $P_{\mathrm{p}}=1.5$ W 时，输出混沌带宽达到最大，其值为 153GHz。

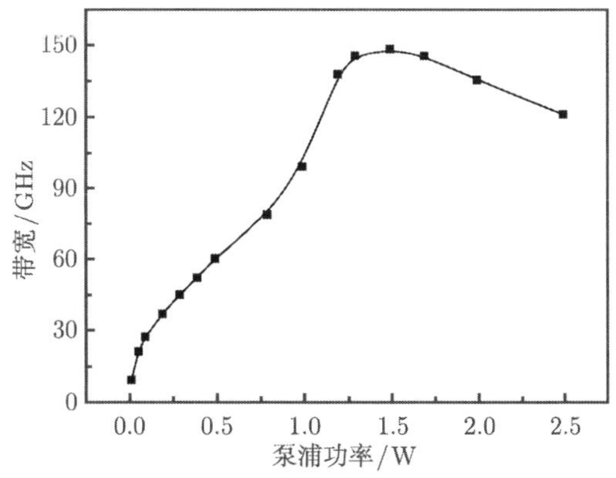

图 6.14 非线性系数 γ=3 $\mathrm{W^{-1}km^{-1}}$ 时，混沌带宽随泵浦功率的变化

2. 非线性系数对混沌带宽的影响

在泵浦功率不变的情况下，研究非线性系数对掺铒光纤激光器输出混沌带宽的影响。当 P_{p}=0.1W 时，不同非线性系数下混沌的时序图及功率谱图如图 6.15 所示。图 6.15(a) 为 γ=10$\mathrm{W^{-1}km^{-1}}$ 时的时序图，图 6.15(b) 为图 6.15(a) 相应的功率谱图，混沌带宽为 50GHz。图 6.15(c) 为 γ=30$\mathrm{W^{-1}km^{-1}}$ 时的时序图，图 6.15(d) 为图 6.15(c) 相应的功率谱图，混沌带宽为 96GHz。图 6.15(e) 为 γ=45 $\mathrm{W^{-1}km^{-1}}$ 时的时序图，图 6.15(f) 为图 6.15(e) 相应的功率谱图，混沌带宽为 153GHz。图 6.15(g) 为 γ=140 $\mathrm{W^{-1}km^{-1}}$ 时的时序图，图 6.15(h) 是图 6.15(g) 相应的功率谱图，混沌带宽为 100GHz。从图 6.15(a)、图 6.15(c)、图 6.15(e) 可以看出，随非线性系数的增加，混沌脉冲序列逐渐变密，继续增加到 γ=140 $\mathrm{W^{-1}km^{-1}}$，混沌脉冲序列变得稀疏，如图 6.15(g) 所示。如图 6.15 所示，时序图中混沌的峰值基本没有变化。

固定 P_{p}=0.1W 时，混沌带宽随非线性系数的变化如图 6.16 所示。当非线性系数小于 45$\mathrm{W^{-1}km^{-1}}$ 时，随着非线性系数的增加，混沌带宽迅速增加，而当非线性系数大于 45$\mathrm{W^{-1}km^{-1}}$ 时，随着非线性系数的增加，混沌带宽开始缓慢减小。γ=45 $\mathrm{W^{-1}km^{-1}}$ 时混沌带宽达到最大值 153GHz。

3. 泵浦功率和非线性系数对带宽的综合影响

由以上分析可知，泵浦功率与非线性系数共同影响着混沌的带宽。图 6.17 为不同泵浦功率下，混沌带宽随非线性系数的变化趋势图。实线、破折线和虚线分别表示泵浦功率为 200mW、100mW 和 50mW 时，非线性系数对带宽的影响。在各个功率下，带宽都是随着非线性系数的增加先增大后减小，存在一最大值。泵浦功率越大，带宽达到最大值时对应的非线性系数就越小。泵浦功率为 200mW、100mW 和 50mW 时，带宽达到最大值时对应的非线性系数分别是

$23\mathrm{W}^{-1}\mathrm{km}^{-1}$、$45\mathrm{W}^{-1}\mathrm{km}^{-1}$、$90\mathrm{W}^{-1}\mathrm{km}^{-1}$，并且达到最大带宽时的非线性系数与相应的泵浦功率的乘积为定值。在其他参数固定时，可以调节泵浦功率和非线性系数来获得最大混沌带宽。

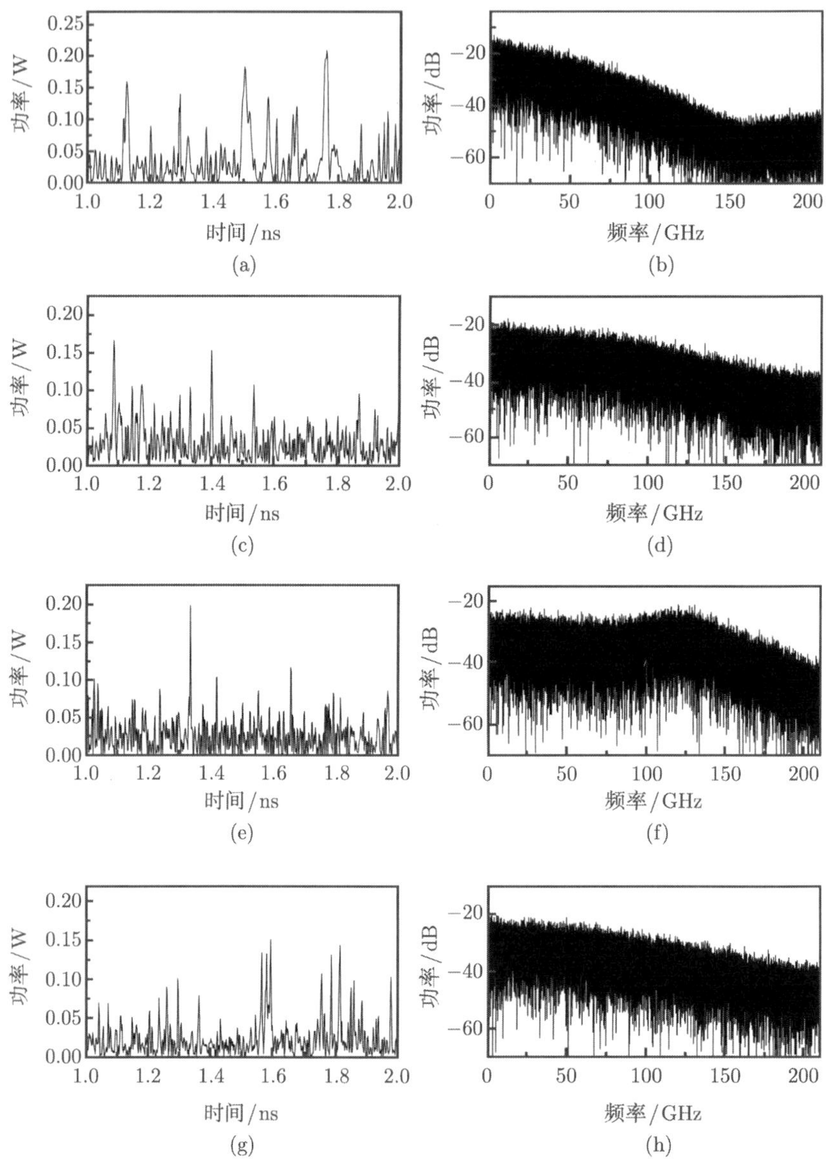

图 6.15　泵浦功率 P_{p}=0.1W 时，不同非线性系数时混沌信号的时序图及频谱图

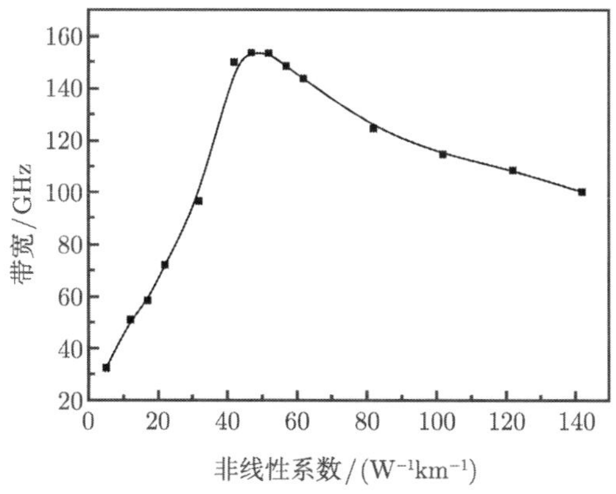

图 6.16 泵浦功率 P_p=0.1W 时，混沌带宽随非线性系数的变化

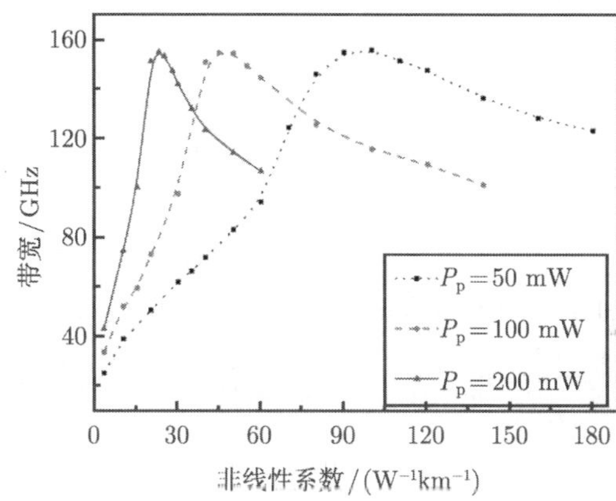

图 6.17 不同泵浦功率下，非线性系数对混沌带宽的影响

自相关曲线与带宽有着密切的关系。图 6.18 为不同泵浦功率下，非线性系数对自相关曲线半高全宽的影响。实线、破折线和虚线分别对应泵浦功率为 200 mW、100mW 和 50mW 时非线性系数对自相关曲线半高全宽的影响。自相关曲线半高全宽达到最低点时对应的非线性系数分别为 $23\text{W}^{-1}\text{km}^{-1}$、$45\text{W}^{-1}\text{km}^{-1}$、$90\text{W}^{-1}\text{km}^{-1}$，且达到最小半高全宽时非线性系数与泵浦功率的乘积基本为定值。在混沌测距中，自相关曲线的半高全宽决定了距离分辨率的大小。通过以上研究可知，可以通过调节泵浦功率和非线性系数来获得最小的自相关曲线半高全宽。

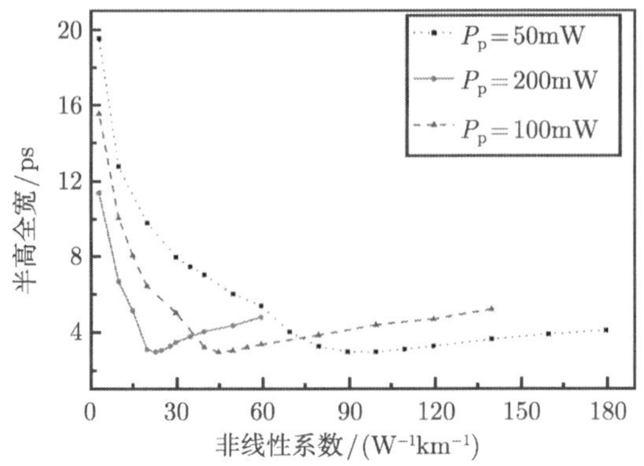

图 6.18 不同泵浦功率下，非线性系数对自相关曲线半高全宽的影响

6.4.4 混沌带宽机理分析

当系统的其他参数固定时，调节泵浦功率或非线性系数会使光纤激光器输出的混沌带宽达到最大值，所达到的最大值都相等，并且达到最大值时非线性系数与泵浦功率的乘积为一固定值。下面对混沌带宽的机理作了详细的理论分析。

因为利用克尔效应产生混沌主要是由于非线性效应，所以非线性效应的大小必定影响混沌的状态，而非线性效应又由非线性相移体现，因此影响最大混沌带宽的可能原因如下：①非线性相移达到特殊角度；②偏振双折射与非线性达到平衡；③色散与非线性达到某种平衡。下面对每个可能的原因逐一分析。

1. 非线性相移达到特殊角度

在 6.4.3 节中混沌带宽达到最大值时，非线性相移为

$$\phi_{\rm nl}=\gamma L(P_{\rm a}+2P_{\rm b})=\frac{3}{2}\gamma P_{\rm p}L=\frac{3}{2}\times 4.5\times 10^{-3}\times 10=0.0675\ {\rm rad}$$

经分析该角度不是 π 的特殊倍数，所以混沌带宽最大值的产生不是由于非线性相移达到了特殊角度。

2. 偏振双折射与非线性达到平衡

偏振双折射的存在会导致两个正交方向的光场在传输的过程中产生相位差，而由于非线性的存在，两光场的自相位调制和互相位调制会使光场产生非线性相移。由 6.4.3 节可知，非线性相移达到特定值时，输出的混沌带宽会达到最大值。偏振双折射产生的相移会不会对出现混沌带宽最大值的条件有所影响，为此我们数值模拟时改变了 n_x-n_y 的值，模拟结果表明混沌带宽的最大值和最大值出现的位置并没有发生变化，因此也排除此原因的影响。

3. 色散与非线性达到平衡

为了研究色散对混沌带宽最大值的影响，我们做了以下数值研究。当非线性系数 $\gamma = 45\mathrm{W}^{-1}\mathrm{km}^{-1}$ 时，我们研究了 β_2 为不同值时，混沌带宽随泵浦功率的变化，如图 6.19 所示。

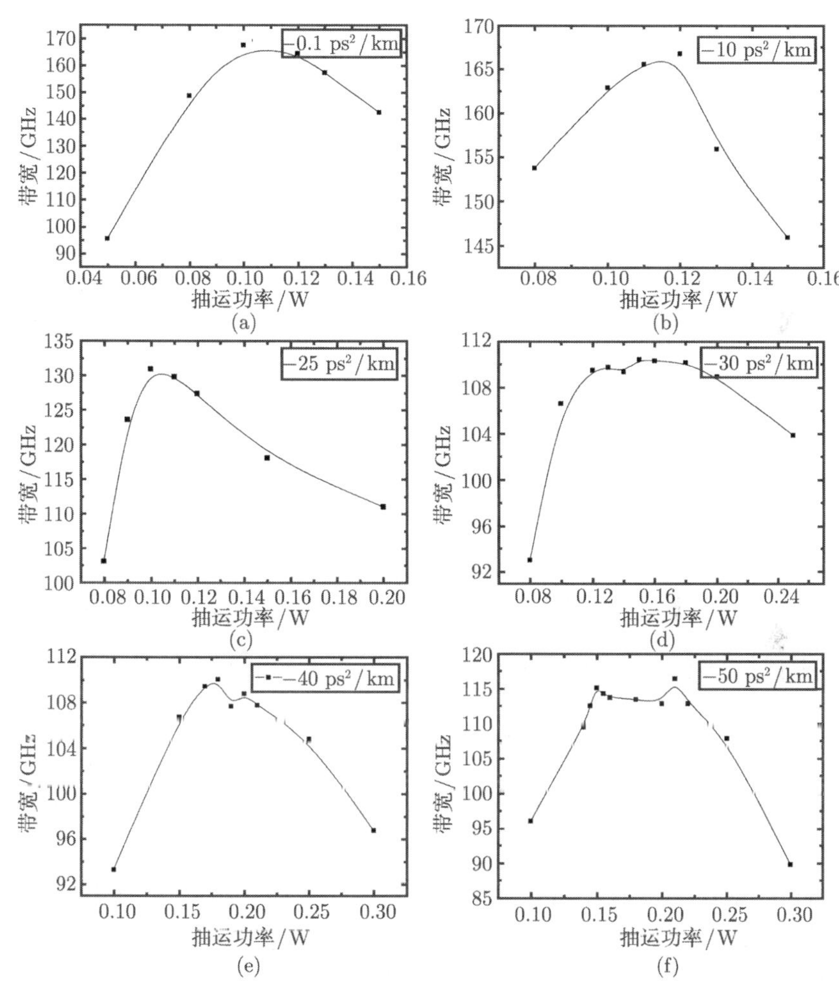

图 6.19 固定非线性系数，不同色散下混沌带宽随泵浦功率的变化

从图 6.19 可以看出，非线性系数固定时，不同的色散下，随着泵浦功率的增加，混沌带宽的主要变化趋势还是先增大后减小。然而，不同的色散下，混沌带宽的最大值有所变化，并且达到最大带宽时泵浦功率不同。可见，色散对混沌带宽最大值有着重要影响，混沌带宽最大值的出现是色散与非线性达到了某种平衡。混沌带宽与 GVD 参数 β_2 的关系如图 6.20 所示。

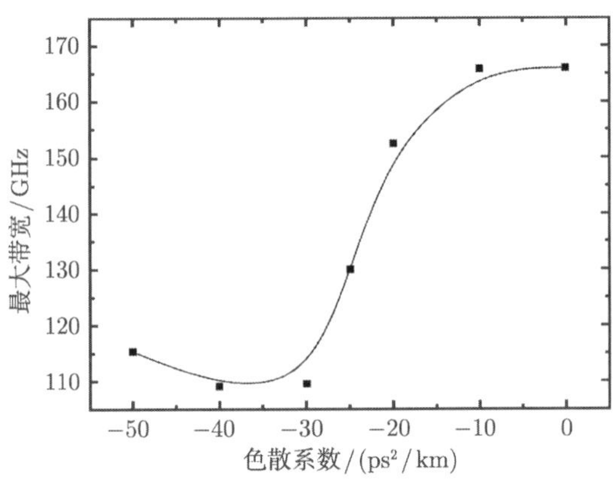

图 6.20　GVD 参数对混沌带宽最大值的影响

本节数值模拟了掺铒光纤环形激光器利用非线性克尔效应产生混沌的动力学过程，并分析了非线性系数对激光器动态特性的影响，非线性系数越高，系统越容易进入混沌状态。详细分析了进入混沌状态后，泵浦功率和非线性系数对混沌带宽的影响。研究表明：当泵浦功率固定时，混沌带宽会随着非线性系数的增加先增大后减小；当非线性系数固定时，混沌带宽也会随着泵浦功率的增加先增大后减小；并且带宽达到最大值时泵浦功率和非线性系数的乘积为固定值，且最大值都为 153GHz。我们进一步分析了影响混沌带宽最大值及最大值产生的原因，结果表明，带宽的最大值受色散的影响，最大值的出现是由于非线性与色散达到了某种平衡。

6.5　掺铒光纤环形激光器产生混沌的实验验证

6.5.1　实验装置

掺铒光纤环形激光器产生混沌激光的实验装置如图 6.21 所示。980nm 的半导体激光器作为泵浦光源，最大输出功率为 250mW，泵浦光通过波分复用器 (WDM) 耦合到掺铒光纤 (EDF) 中。在实验中，掺铒光纤的长度为 8m，整个光纤环的长度为 20m。光隔离器 (ISO) 保证光的单向传输，偏振控制器 (PC) 用于控制光的偏振态。通过 90:10 的输出耦合器 (OC)，90%的光在环中循环传输，10%的光输出用于探测。可调谐反射型光纤光栅 (FBG) 与环形器结合用于将不同波长的混沌激光滤出。实验中用带宽为 2GHz 的光电探测器和 500MHz 带宽、5Gsa/s 采样率的实时示波器 (Tektronix TDS3052B) 探测激光器输出的波形，用光谱仪 (Agilent 86140B) 观测波长。

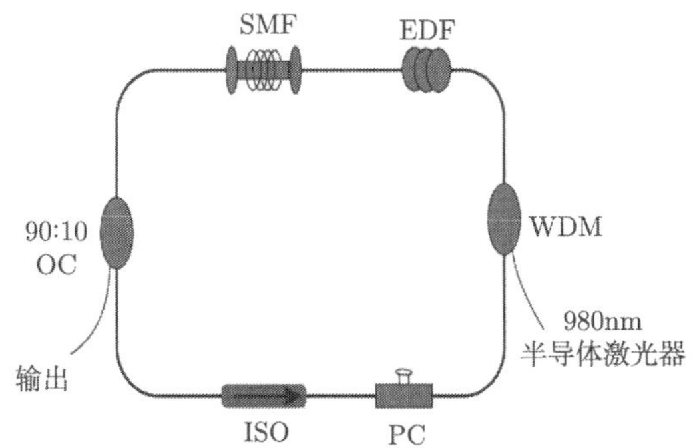

图 6.21 EDFRL 产生混沌激光的实验装置

6.5.2 混沌产生的实验结果及分析

实验过程中，首先测量激光器输出的 P-I 曲线和光谱图，如图 6.22 所示，以保证整个环形腔的装置输出的光处于 1550nm 附近，可用于光通信等实际工作中。从图 6.22(a) 可以看出，EDFRL 的输出功率随着泵浦电流变化。EDFRL 的阈值电流是 60mA。当泵浦电流增加到 79mA 时，输出功率较小且变化缓慢；当泵浦电流大于 79mA 时，输出功率变化明显。同时，从图 6.22(b) 可以观察到，激光器输出的连续光波波长是 1556nm。

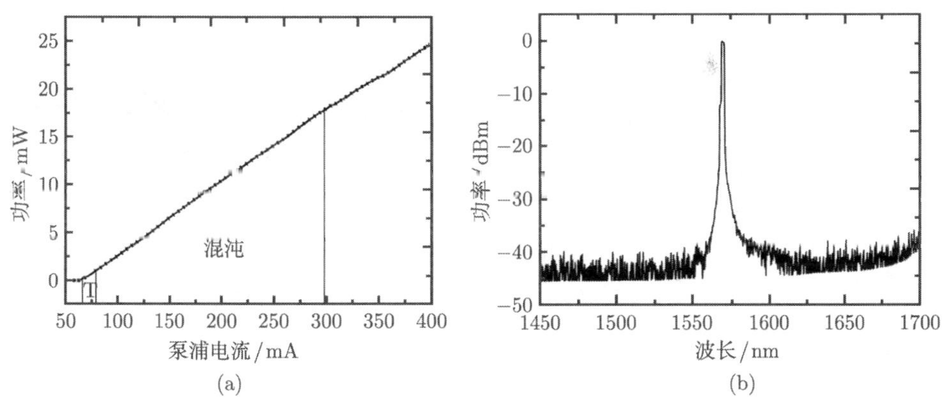

图 6.22 实验中 EDFRL 输出的 P-I 曲线和光谱

为了获得激光器的混沌输出，调节 PC 处于合适的位置，观察输出激光的时序变化。增加泵浦功率，激光器输出由倍周期进入混沌。当泵浦功率分别为 25.17mW、27.57mW 和 31.34mW 时，激光器输出呈现一倍、两倍、四倍周期 (最大 Lyapunov 指数分别为 −0.0296、−0.0302、−0.0385)，如图 6.23 所示。继续增加泵浦功率到 41.53mW 时 (最大 Lyapunov 指数是 0.1417)，掺铒光纤激光器的输出呈现混沌态，如图 6.24 所示。

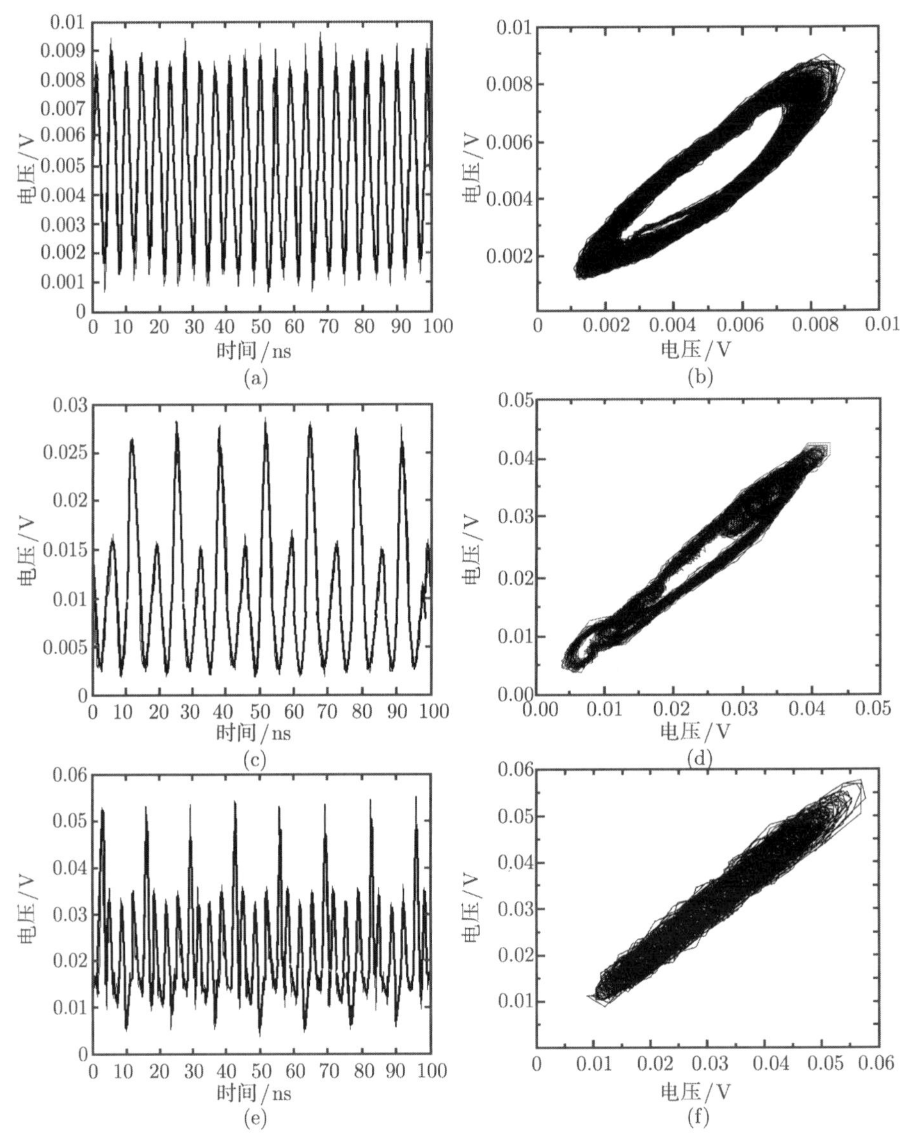

图 6.23　实验中 EDFRL 的周期态输出

在图 6.24 中，由于探测仪器的限制，频谱图 (b) 中的带宽也受到了限制；由自相关曲线图 (d) 看出产生的混沌表现出了明显的周期特性，其周期约为 100ns，且在实验过程中，随着泵浦功率的增加，自相关曲线的旁瓣噪声变小。

EDFRL 装置中的自相关混沌主要是表现在相邻两圈的混沌输出上。确切地说，某一圈产生的混沌光作为光源重新注入到下一圈中，由于非线性克尔效应，再次产生出新的混沌光。自相关曲线上表现出了明显的周期性，一个周期大约是 100ns，这和整个环形腔的腔长时间对应，即 $\tau_R = nL/c \approx 98\text{ns}$，其中，腔长 L=20m，光纤折射率 n=1.46，光速 $c=3\times10^8\text{m/s}$。在此装置中，混沌输出表现出来的周期性是环形激光器的固有性质，也是依赖于环形腔装置的。

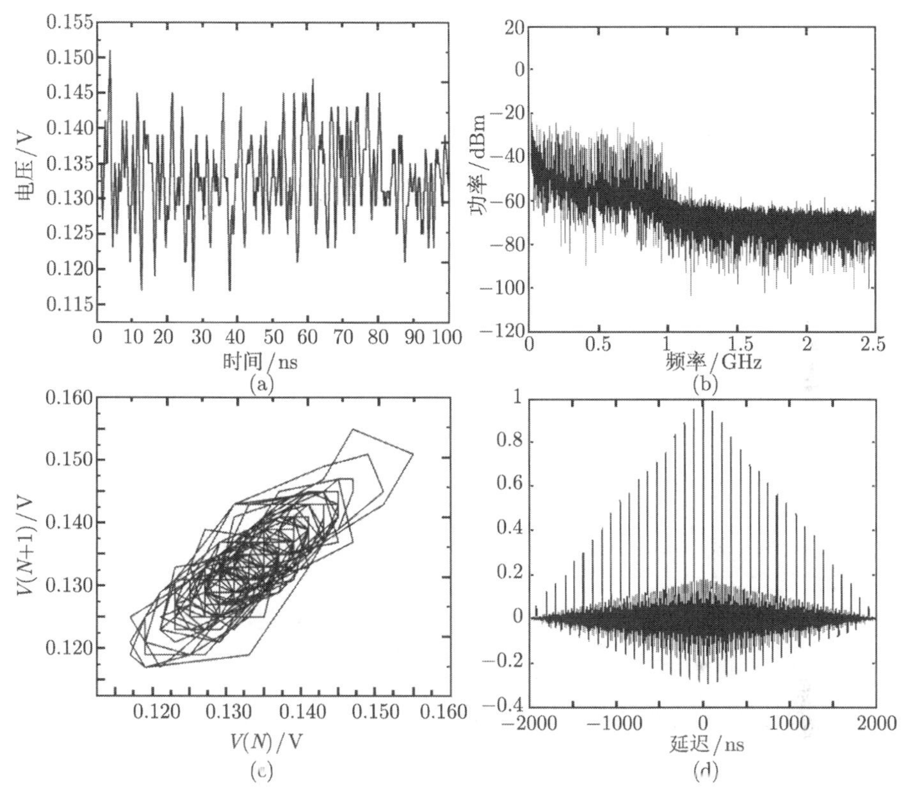

图 6.24　实验中 EDFRL 的混沌态输出

6.5.3　多波长混沌产生的实验结果及分析

在混沌产生实验过程中，除从时序上对激光器的输出进行研究外，还从光谱上对其进行了深入分析。

整个过程中，混沌区对应的泵浦功率为 41.53~154.70mW。在此区域中，泵浦功率不同，则输出的激光波长也不同，如图 6.25 所示；泵浦功率为 41.53~70.00mW，输出稳定三波长，中心波长分别为 1564.72nm、1565.40nm 和 1566.02nm；泵浦功率为 76.37~112.41mW，输出五波长，中心波长分别为 1563.37nm、1564.05nm、1564.72nm、1565.40nm 和 1566.02nm；泵浦功率为 120.20~154.70mW，输出双波长，中心波长分别为 1563.37nm 和 1564.05nm。也就是说，最多可以得到五个不同波长的混沌激光输出，且波长间隔小于 0.8nm。

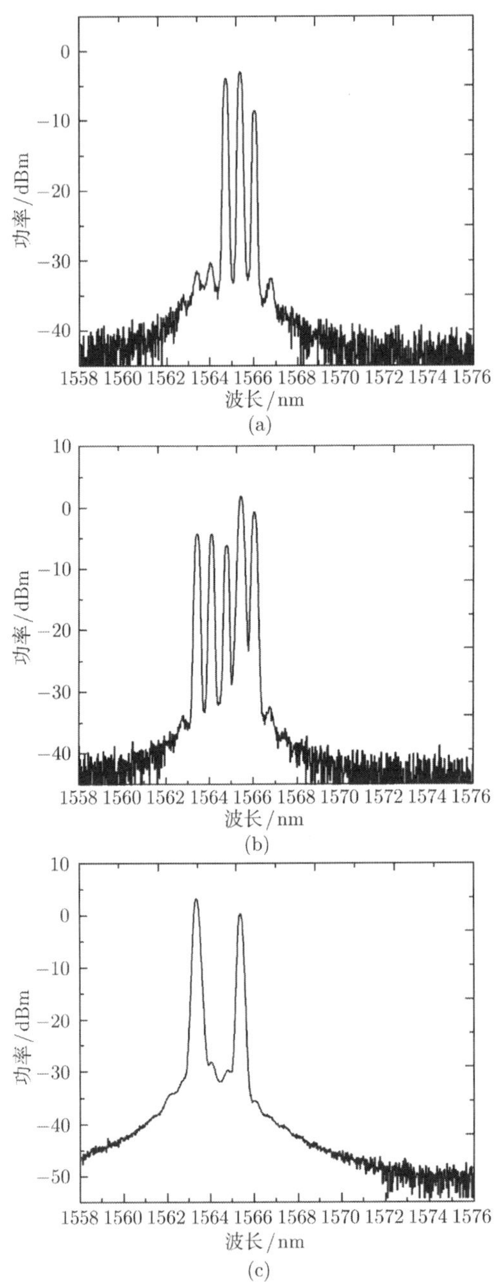

图 6.25　EDFRL 不同抽运电流下的输出光谱

(a) 三波长; (b) 五波长; (c) 双波长

为了观察单个不同波长的输出，通过 FBG 滤波，实验装置如图 6.26 所示。

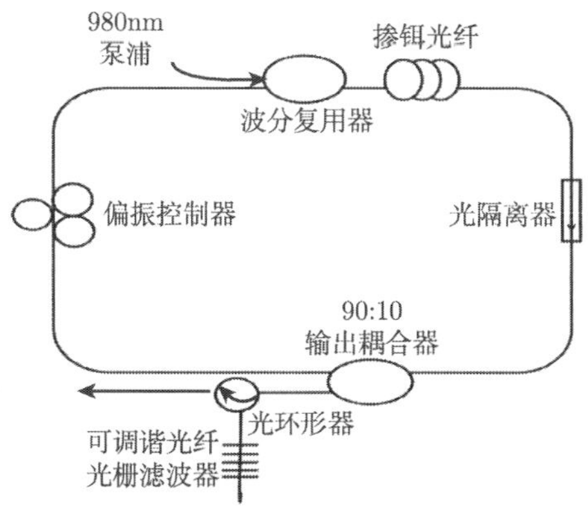

图 6.26 单个波长的滤波实验装置图

滤出的五个不同单波长光在时序上仍然呈现出混沌，如图 6.27 所示。图 6.27(a1)~(a5) 为单波长混沌光的光谱图，图 6.27(b1)~(b5) 为对应的时序图。

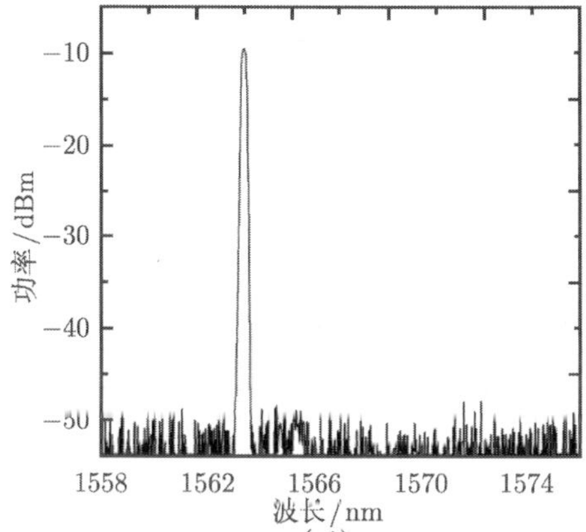

功率/dBm
波长/nm
(a1)

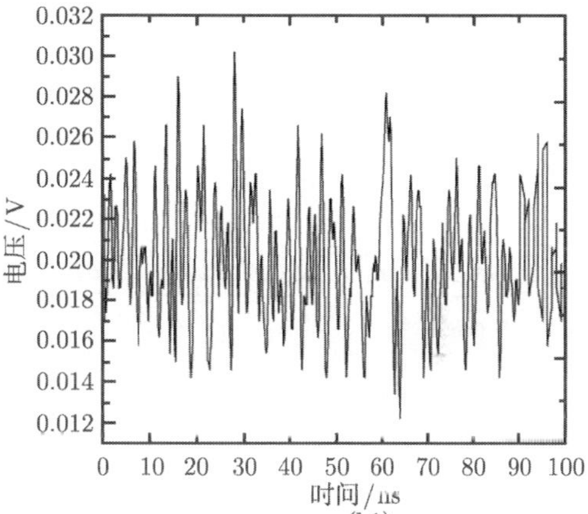

电压/V
时间/ns
(b1)

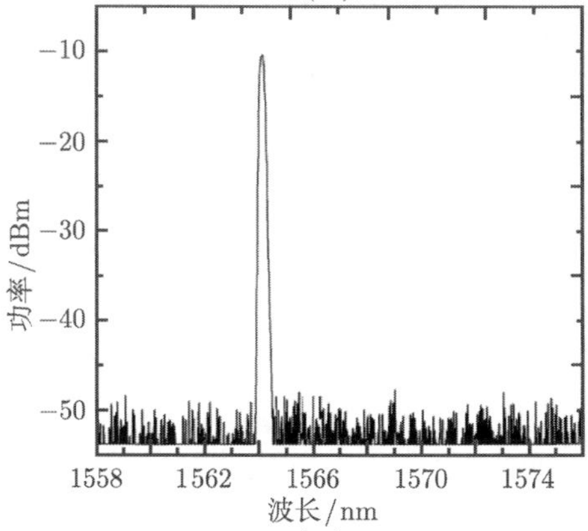

功率/dBm
波长/nm
(a2)

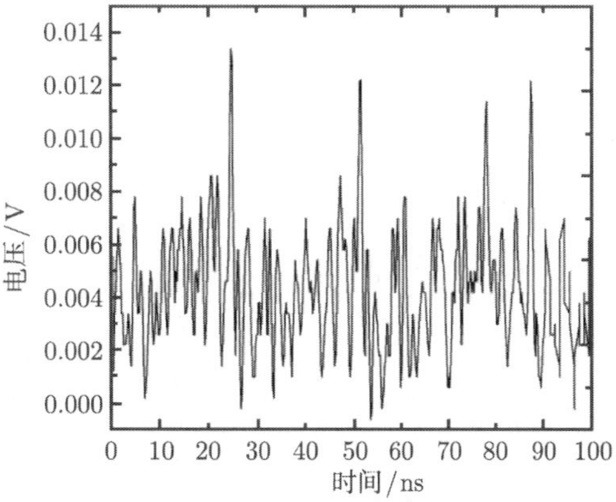

电压/V
时间/ns
(b2)

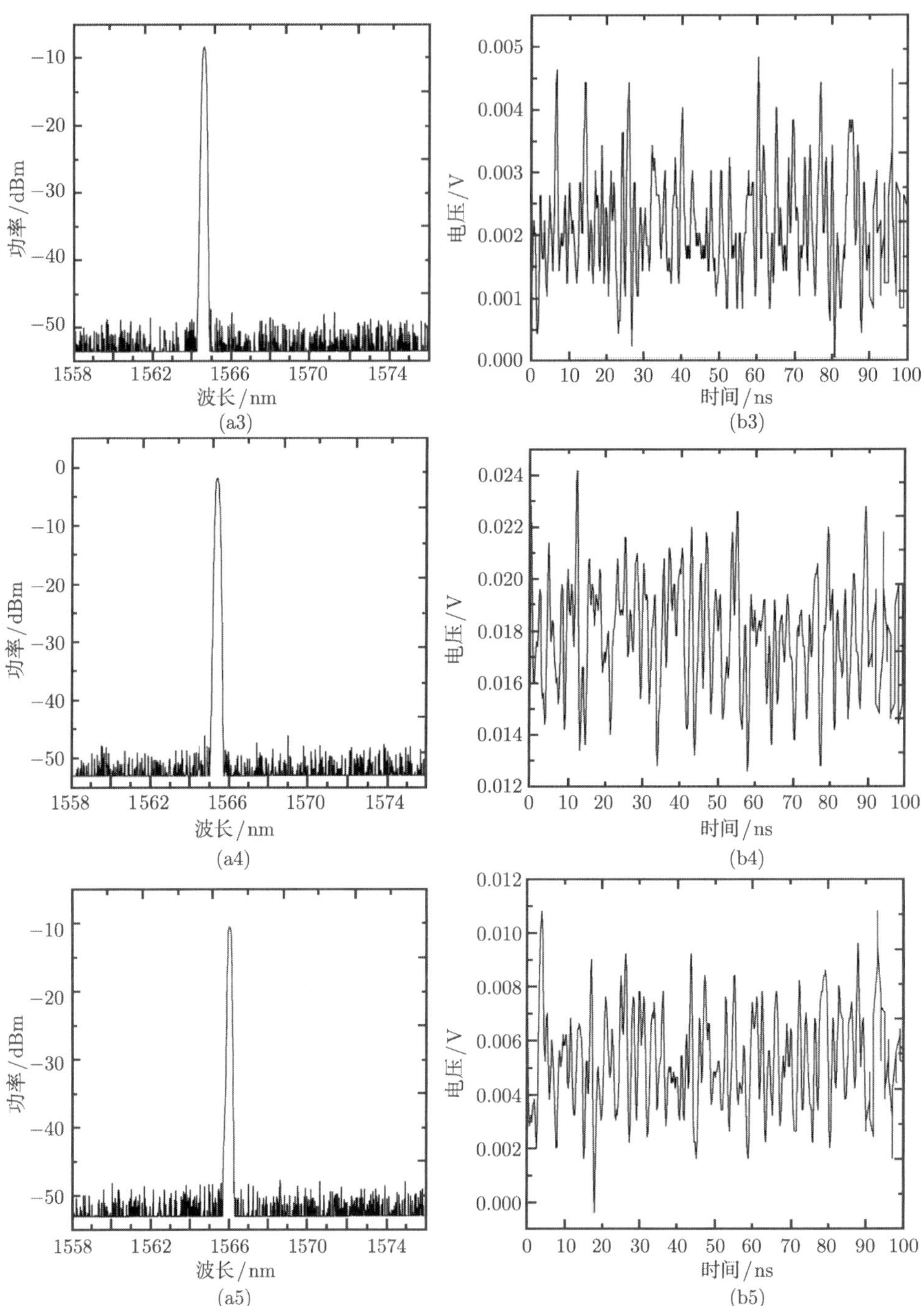

图 6.27　单个波长混沌光输出

(a1)～(a5) 不同波长光谱图；(b1)～(b5) 不同波长时序图

掺铒光纤环形激光器的增益介质掺铒光纤具有很宽的激光增益谱，但在常温下，掺铒光纤中的均匀加宽占主导地位，不可避免地存在模式竞争和模式跳变，因此在不采取任何控制模式竞争技术的情况下，只能产生少数几个波长的激光振荡。在光纤的非线性效应很强时，腔内的损耗和光强有关，随着光强的改变，增益损耗机制就会自动平衡不同波长间的功率，这样就会在不同的泵浦功率范围内出现两波长、三波长及五波长激光振荡。

本节从实验上研究了掺铒光纤环形激光器产生混沌激光的路径，结果表明，随着泵浦功率的增加，激光器由倍周期进入混沌，且产生的混沌具有明显的周期振荡性。同时，实验结果还表明，泵浦功率在一定的范围之内时，激光器可输出多个不同波长的混沌激光。多波长混沌激光可作为混沌光通信光源和用于波分复用无源光网络的混沌光时域反射网络断点检测。

6.6 “8” 字形掺铒光纤激光器混沌产生的理论研究

目前利用掺铒光纤激光器来研究混沌最广泛的是环形掺铒光纤激光器，为了进一步探讨混沌的特性，本节将非线形光纤环形镜与环形掺铒光纤激光相结合构成“8”字形掺铒光纤激光器来研究混沌的特性。首先对掺铒光纤激光器的基本工作原理和非线性光纤环形镜进行了分析。在基于非线性光纤环形镜和克尔效应混沌产生的模型上，建立了“8”字形掺铒光纤激光器的理论模型并对其进行了理论分析和数值模拟。

6.6.1 “8”字形掺铒光纤激光器产生混沌的理论模型

基于 Abarbanel[51] 和 Lexis[52] 提出的掺铒光纤环形激光器，我们建立了利用非线性克尔效应产生混沌的“8”字形掺铒光纤激光器理论模型，如图 6.28 所示，其中，左边为掺铒光纤环，而右边为非线性光纤环形镜。980nm 的半导体激光器出射光先经过波分复用器耦合到掺铒光纤中形成掺铒光纤放大器，如图 6.28 中虚线框所示，随后光经过耦合器进入非线性光纤环形镜，分成沿相反方向传输的两束光，传输一圈后再次到达耦合器相干叠加从而输出。

在掺铒光纤环中，光场为 $E(z,t)=\varepsilon(z,t)\mathrm{e}^{\mathrm{i}(k_0z-\omega_0t)}$，其光场包络的传输方程为

$$\frac{\partial\varepsilon_{x,y}(z,\tau)}{\partial z}=gn(\tau)\varepsilon_{x,y}+L_{x,y}\varepsilon_{x,y}+N_{x,y}\varepsilon_{x,y} \tag{6.6.1}$$

其中，延迟时间 $\tau=t-z/v_{\mathrm{g}}$，v_{g} 是群速度，g 是增益系数，$n(\tau)$ 是粒子束反转，ω_0 是光波角频率。

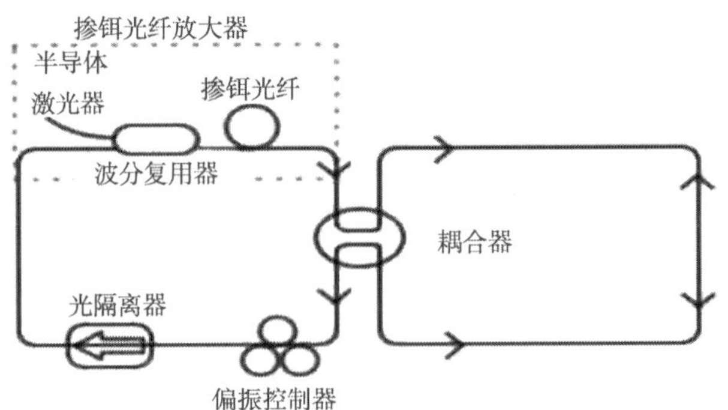

图 6.28　“8”字形掺铒光纤激光器混沌产生的原理图

$L_{x,y}$ 是光场传输的线性项算子，包括线性双折射、群速度色散和增益色散，其表达式为

$$L_{x,y}=\pm\frac{\mathrm{i}k_0(n_x-n_y)}{2n_0}-\left(\pm\frac{\varDelta}{n_0c}\mathrm{i}\omega\right)-\frac{\mathrm{i}}{2}\beta_2\omega^2-\frac{gn(\tau)\omega^2T_2^2}{1+\omega^2T_2^2}\tag{6.6.2}$$

其中，$\varDelta=n_0(n_x-n_y)$ 表示双折射程度，n_x 和 n_y 分别表示 x、y 方向光纤的有效折射率，ω 是角频率，T_2 表示铒离子的横向弛豫时间。

$N_{x,y}$ 为光场传输的非线性项算子，$N_{x,y}$ 与非线性克尔效应有关，其具体表达式为

$$N_x\varepsilon_x=\mathrm{i}\gamma\left\{\left[|\varepsilon_x(z,\tau)|^2+\frac{2}{3}|\varepsilon_y(z,\tau)|^2\right]\varepsilon_x(z,\tau)\right\}\tag{6.6.3}$$

$$N_y\varepsilon_y=\mathrm{i}\gamma\left\{\left[|\varepsilon_y(z,\tau)|^2+\frac{2}{3}|\varepsilon_x(z,\tau)|^2\right]\varepsilon_y(z,\tau)\right\}\tag{6.6.4}$$

其中，γ 是光纤的非线性系数。

将一个非线性光纤环形镜加到掺铒光纤环，这对掺铒光纤环而言是加入第二个延迟时间。光通过耦合器进入非线性光纤环形镜后，被分成沿相反方向传输的两束光，这两束光在非线性光纤环形镜中传输一周后，再次到达耦合器相干叠加，且在不同的方向经历相同的路径。那么非线性光纤环形镜的透射方程为

$$p(t+\tau_{\mathrm{D}})=TP(t)\tag{6.6.5}$$

其中，T 表示非线性光纤环镜的透射率，其表达式如下：

$$T=2k(1-2k)\{1+\cos[(1-2k)\gamma l_{\mathrm{NOLM}}P(t)]\}\tag{6.6.6}$$

τ_{D} 是光在非线性光纤环形镜中传输一周所用的时间，k 是耦合器的耦合率。光在非线性光纤环形镜中传输一周 τ_{D} 后，进入掺铒光纤环中会获得双折射，用偏振控

制器的琼斯矩阵 $\boldsymbol{J}_{\rm PC}$ 来描述。并且当光在单模光纤中传输时，会获得由非线性系数引起的无量纲非线性相移 $\phi_{\rm nl}$，那么选择一定的非线性系数、掺铒光纤长度、单模光纤长度和足够高的泵浦功率，可产生非线性效应，从而产生非线性相移。将所有的相位因素和光纤的琼斯矩阵都合并入 $\boldsymbol{J}_{\rm PC}$，那么“8”字形掺铒光纤激光器的动态特性可以利用光场 $\varepsilon(t)$ 的演变和粒子数反转 $w(\tau)=l_{\rm A}^{-1}\int_0^{l_{\rm A}} n(z,\tau){\rm d}z$ 来表示，其表达式如下：

$$\varepsilon(z=l_{\rm A}+l_{\rm F},\tau+\tau_{\rm R})=\boldsymbol{R}\boldsymbol{J}_{\rm PC}TP(t) \tag{6.6.7}$$

$$\frac{{\rm d}w(\tau)}{{\rm d}\tau}=Q-\frac{\tau_{\rm R}}{T_1}\left\{n(\tau)+1+|\varepsilon(\tau)|^2\left({\rm e}^{2gl_{\rm A}w(\tau)}-1\right)\right\} \tag{6.6.8}$$

其中，$\boldsymbol{R}={\rm diag}(R_x,R_y)$ 表示光纤的吸收矩阵，R_x,R_y 分别表示 x 方向和 y 方向的吸收系数。$\tau_{\rm R}$ 是“8”字形环的周期，$l_{\rm A}$ 是掺铒光纤的长度，$l_{\rm F}$ 是“8”字形环单模光纤的长度，Q 表示泵浦功率，T_1 是激发态离子寿命。

6.6.2 “8”字形掺铒光纤激光器混沌产生的数值模拟

利用以下的参数进行数值模拟：$l_{\rm A}=9{\rm m}$, $l_{\rm F}=31.16{\rm m}$，$n_x-n_y=1.8\times10^{-6}$，$n_0=1.46$, $\beta_2=-20{\rm ps^2/km}$, $k=0.7$, $\gamma=3\times10^{-3}{\rm W^{-1}km^{-1}}$, $T_1=10{\rm ms}$, $T_2=1{\rm ps}$, $\tau_{\rm R}=200.8{\rm ns}$。首先调节偏振控制器到适当的位置，通过增加泵浦功率，“8”字形激光器可经倍周期路径进入混沌状态。当泵浦功率为 41.7mW 时，“8”字形光纤激光器输出一倍周期，且一倍周期的时序图、频谱图、相关图和相图如图 6.29 所示；当泵浦功率为 46.2mW 时，“8”字形光纤激光器输出二倍周期，且二倍周期的时序图、频谱图、相关图和相图如图 6.30 所示；泵浦功率为 47.0mW 时，“8”字形光纤激光器输出准周期，且准周期的时序图、频谱图、相关图和相图如图 6.31 所示。如果继续增加泵浦功率到 68.0mW，“8”字形激光器开始进入混沌状态，直至泵浦功率增加到 238.4mW，激光器始终呈现混沌状态，如图 6.32 所示，第一列和第二列分别表示泵浦功率为 68.0mW 和 240.0mW 时，“8”字形光纤激光器输出混沌的状态图。

本节主要建立了带有非线性光纤环形镜的“8”字形掺铒光纤激光器的理论模型，对“8”字形掺铒光纤激光器混沌的产生作了详细的理论分析，并且进行了数值模拟。分析结果表明，在特定的偏振状态下，随着泵浦电流的增加“8”字形掺铒光纤激光器可经倍周期路径进入混沌状态。

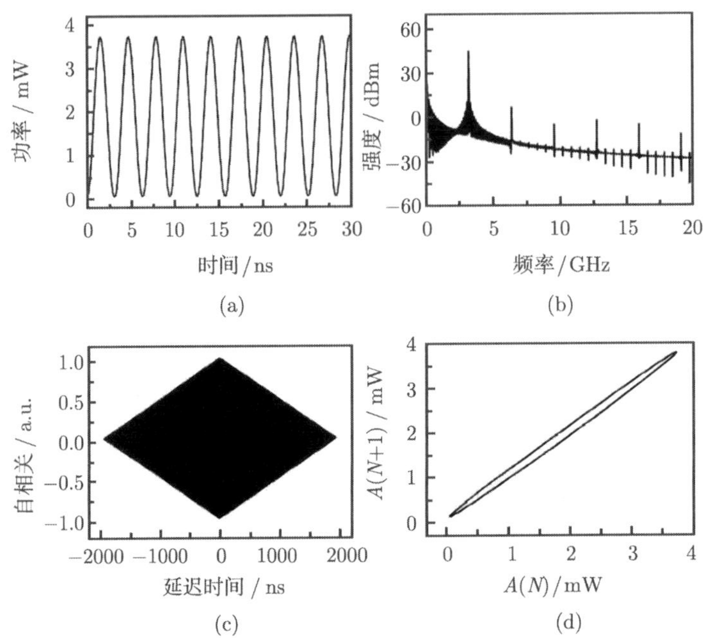

图 6.29　泵浦功率为 41.7 mW 时，“8” 字形光纤激光器输出一倍周期的状态图
(a) 时序图; (b) 频谱图; (c) 相关图; (d) 相图

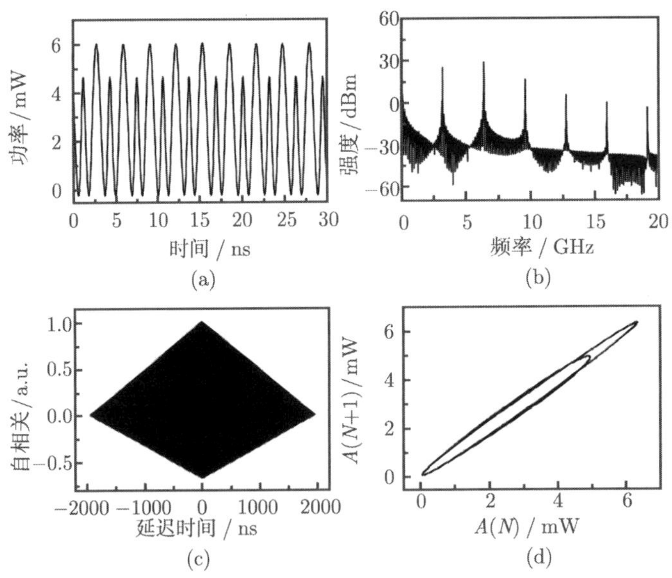

图 6.30　泵浦功率为 46.2 mW 时，“8” 字形光纤激光器输出二倍周期的状态图
(a) 时序图; (b) 频谱图; (c) 相关图; (d) 相图

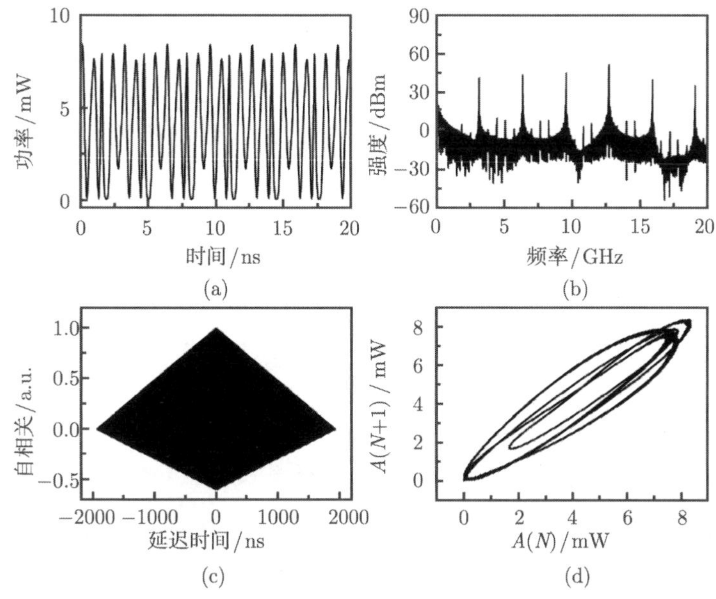

图 6.31 泵浦功率为 47.0 mW 时，“8” 字形光纤激光器输出准周期的状态图

(a) 时序图; (b) 频谱图; (c) 相关图; (d) 相图

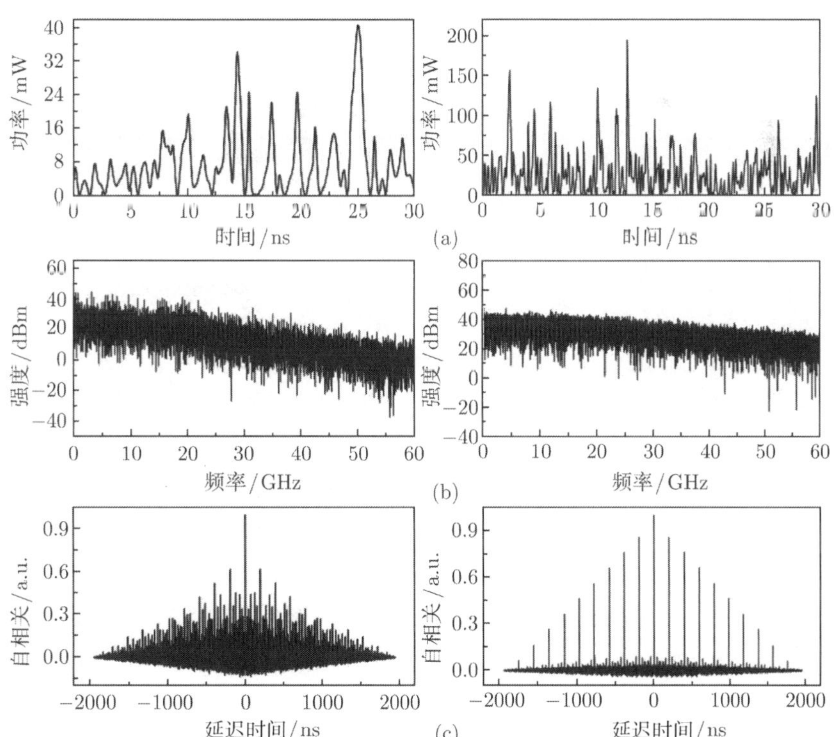

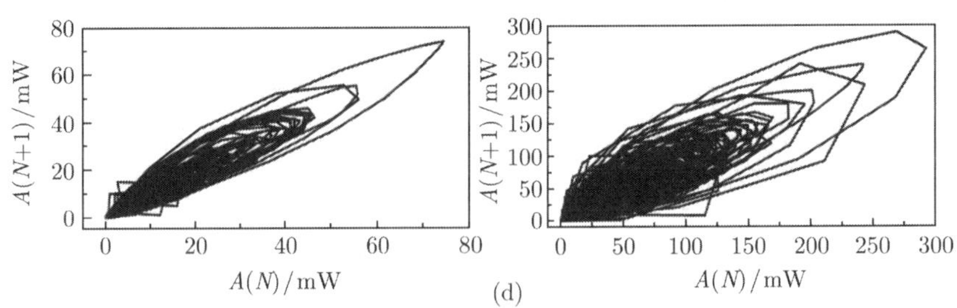

图 6.32 泵浦功率分别为 68.0mW(第一列) 和 238.4mW(第二列) 时,“8”字形光纤激光器输出混沌的状态图

(a) 时序图; (b) 频谱图; (c) 相关图; (d) 相图

6.6.3 外光注入的“8”字形腔的混沌输出的数值模拟

1. 理论模型及模拟中用到的参数

基于外光注入的非线性光纤环形镜的迭代方程，本节对“8”字形腔的动态输出特性进行了数值模拟。模拟中，给“8”字形腔注入的是一个正弦信号，其幅值满足 $E_{\text{in}} = a\sin(\omega t + \Phi_0)$，$a$ 为该正弦信号的振幅，ω 为角频率，Φ_0 为初相位。采取的方案是逐渐增大 a 值，以达到增大注入信号功率的目的。模拟中用到的参数由表 6.2 给出。

表 6.2 模拟中用到的参数

光纤线性折射率系数 n_1	$1.45\text{m}^2/\text{W}$
光纤非线性折射率系数 n_2	$3.0\times10^{-20}\text{m}^2/\text{W}$
右环光纤长度 L	100m
左环光纤长度 l	10m
注入光波长 λ	1550nm
光纤横截面的有效面积 A_{eff}	$3\times10^{-11}\text{m}^2$
耦合器 K_i 的耦合系数 $k_i(i=1,2,3)$	0.99 0.01 0.1

2. 模拟结果

模拟中逐渐增大正弦信号的振幅即 a 值，以达到增加注入信号功率的目的。图 6.33 为 $a=3.2\times10^5$ 时，系统输出的时序图和相图, 此时输出为单周期。图 6.34 为 $a=3.3\times10^5$ 时，系统输出的时序图和相图，此时输出为二倍周期。图 6.35 为 $a=4.1\times10^5$ 时，系统输出的时序图、自相关图、功率谱和相图。此时输出的信号为四倍周期。图 6.36 为 $a=6.0\times10^6$ 时，系统输出的时序图、自相关图、功率谱和相图。此时输出的信号为混沌。

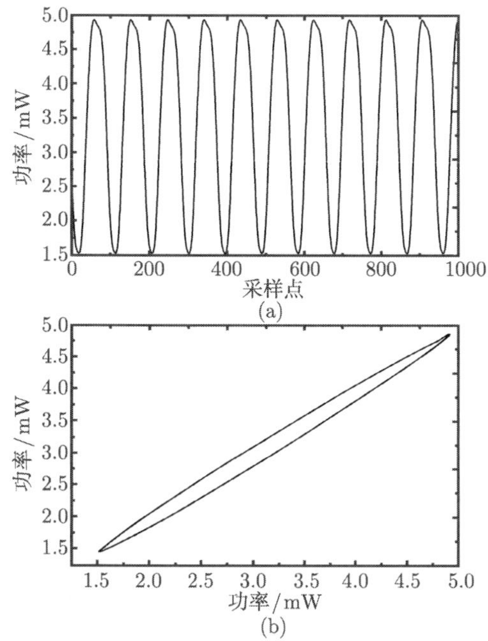

图 6.33 $a = 3.2 \times 10^5$ 时，系统输出的时序图 (a)，相图 (b)

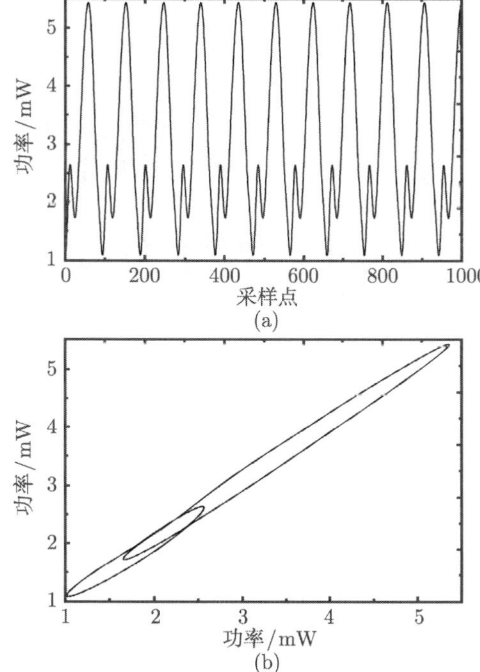

图 6.34 $a = 3.3 \times 10^5$ 时，系统输出的时序图 (a)，相图 (b)

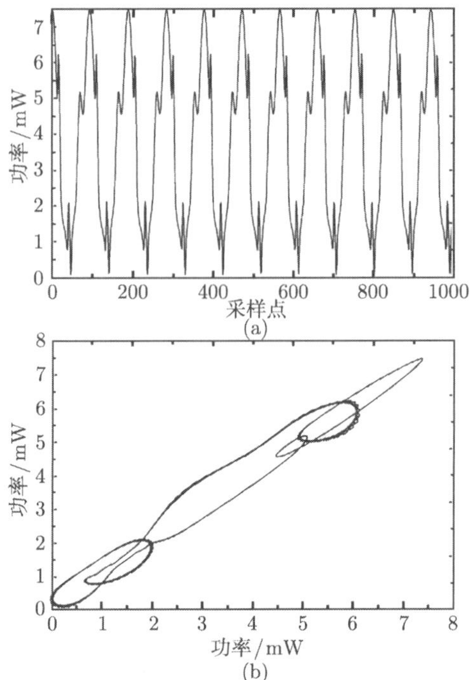

图 6.35　$a = 4.1 \times 10^5$ 时，系统输出的时序图 (a)，相图 (b)

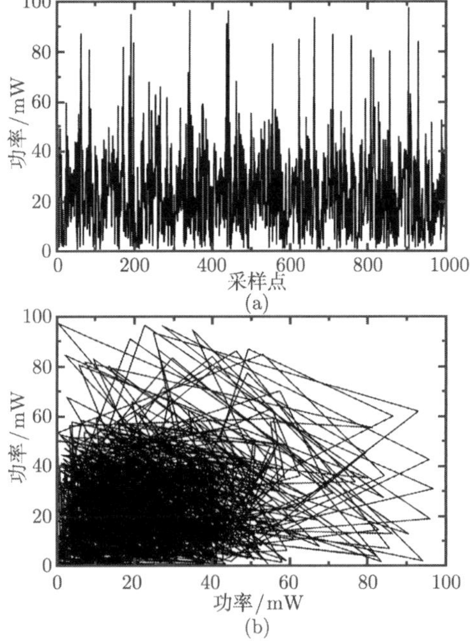

图 6.36　$a = 6.0 \times 10^6$ 时，系统输出的时序图 (a)，相图 (b)

可见，随着注入功率的增大，带反馈的非线性光纤环形镜的输出经单周期、倍周期进入混沌状态。

3. 模拟结果的分析

单个的非线性光纤环形镜只能使光信号在非线性环内单次传输，不能形成多次迭代，但如果加上反馈，就能保证光信号在非线性光纤环形境内多次迭代。从迭代方程可看出，t 时刻进入非线性光纤环形镜的光场 $E_1(t)$ 是注入光场 $E_{\text{in}}(t)$ 与前一个周期 $E_1(t-\tau)$ 的迭代。并且，如果要产生混沌，必须给“8”字形腔注入大功率的光信号，或者要求非线性环的长度特别长，这样光纤的非线性克尔效应才能起作用。

6.7 “8” 字形掺铒光纤激光器产生混沌的实验研究

6.7.1 “8” 字形掺铒光纤激光器混沌产生的实验装置

由掺铒光纤环和非线性光纤环形镜构成的“8”字形掺铒光纤激光器如图 6.37 所示，半导体激光器、波分复用器和掺铒光纤共同构成掺铒光纤放大器。掺铒光纤环由波分复用器、9m 长的掺铒光纤和一个偏振无关光隔离器组成。980nm 的半导体激光器最大的输出功率为 250mW，通过一个 980nm/1550nm 的波分复用器来泵浦掺铒光纤。偏振无关光隔离器可确保光在环中的传输是单向的。非线性光纤环形镜和掺铒光纤环通过一个耦合比为 70:30 的 2×2 的耦合器 1 相连接，从而构成“8”字形掺铒光纤激光器。非线性光纤环形镜由两个偏振控制器和 30m 长的单模光纤构成。偏振控制器用来改变光的偏振状态。“8”字形掺铒光纤激光器的输出特

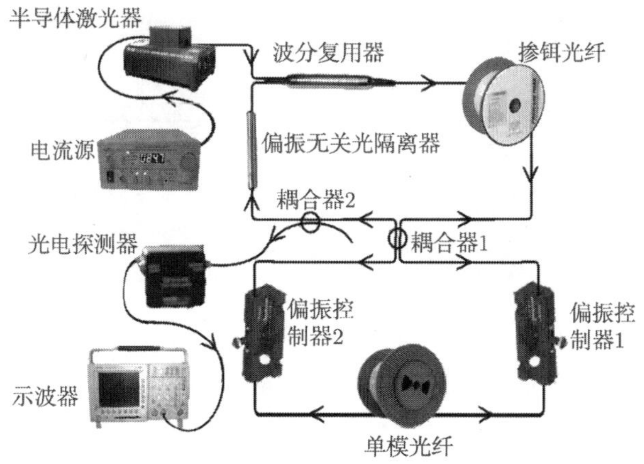

图 6.37 “8”字形掺铒光纤激光器实验装置图

性利用 500M 的示波器和 2GHz 的光电探测器来检测。此激光器的所有输出信号处理首先是利用数据采集卡对其完成模数转换与存储，然后通过计算机控制采集卡来完成数据读取，最后通过相关的数据处理与计算得出实验结果。

6.7.2 “8”字形掺铒光纤激光器混沌产生的实验结果及分析

在整个实验中，主要是通过调节泵浦功率和偏振控制器来研究“8”字形掺铒光纤激光器的输出特性。为了实现混沌的输出，两个偏振控制器的方向应该仔细调节到某一特定的方向。增加泵浦功率到 42.8mW 时，“8”字形光纤激光器输出一倍周期，且一倍周期的时序图、频谱图、相关图和相图如图 6.38 所示；当泵浦功率增加到 45.1mW 时，“8”字形光纤激光器输出二倍周期，且二倍周期的时序图、频谱图、相关图和相图如图 6.39 所示；泵浦功率为 46.9mW 时，“8”字形光纤激光器输出准周期，且准周期的时序图、频谱图、相关图和相图如图 6.40 所示。

继续增加泵浦功率至 77.0~240.0mW，“8”字形光纤激光器始终处于混沌状态，如图 6.41 所示。图中的左、右两列分别表示抽运功率为 77.0mW 和 240.0mW 时，混沌光的时序图、频谱图、相关图和相图。

当泵浦功率为 240.0mW 时，“8”字形掺铒光纤激光器输出混沌的光谱图如 6.42 所示，并且得到“8”字形掺铒光纤激光器输出功率随着泵浦功率的变化，如图 6.43 所示。

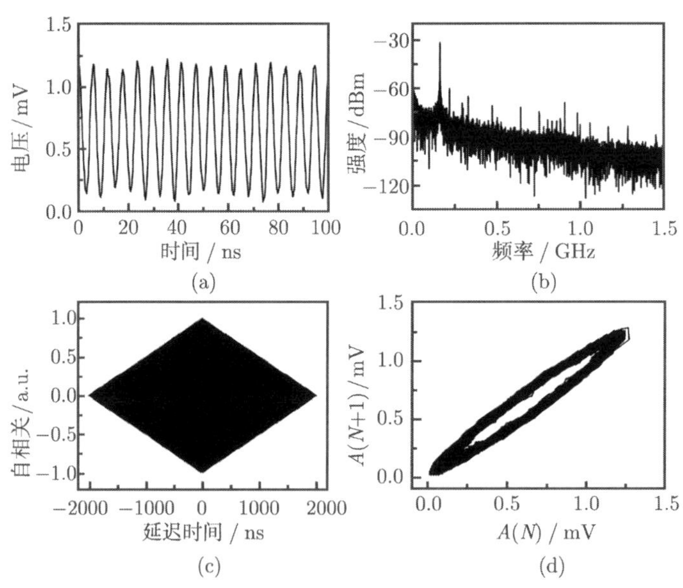

图 6.38　泵浦功率为 42.8mW 时，“8”字形光纤激光器输出一倍周期的状态图

(a) 时序图; (b) 频谱图; (c) 相关图; (d) 相图

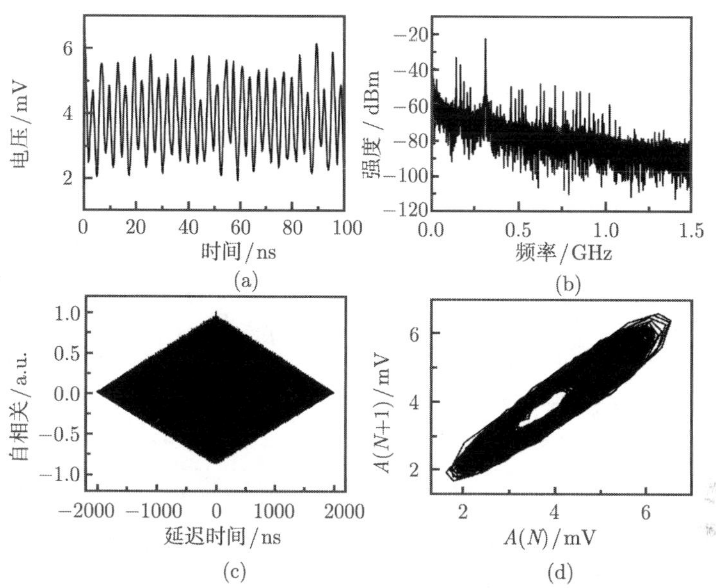

图 6.39 泵浦功率为 45.1 mW 时，"8" 字形光纤激光器输出二倍周期的状态图

(a) 时序图; (b) 频谱图; (c) 相关图; (d) 相图

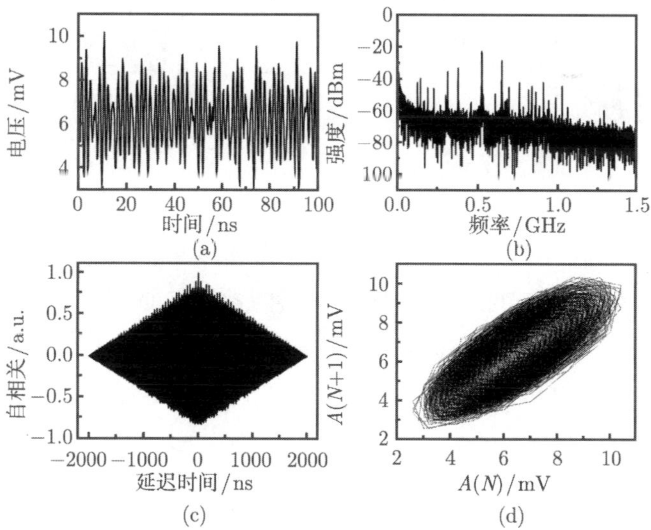

图 6.40 泵浦功率为 46.9 mW 时，"8" 字形光纤激光器输出准周期的状态图

(a) 时序图; (b) 频谱图; (c) 相关图; (d) 相图

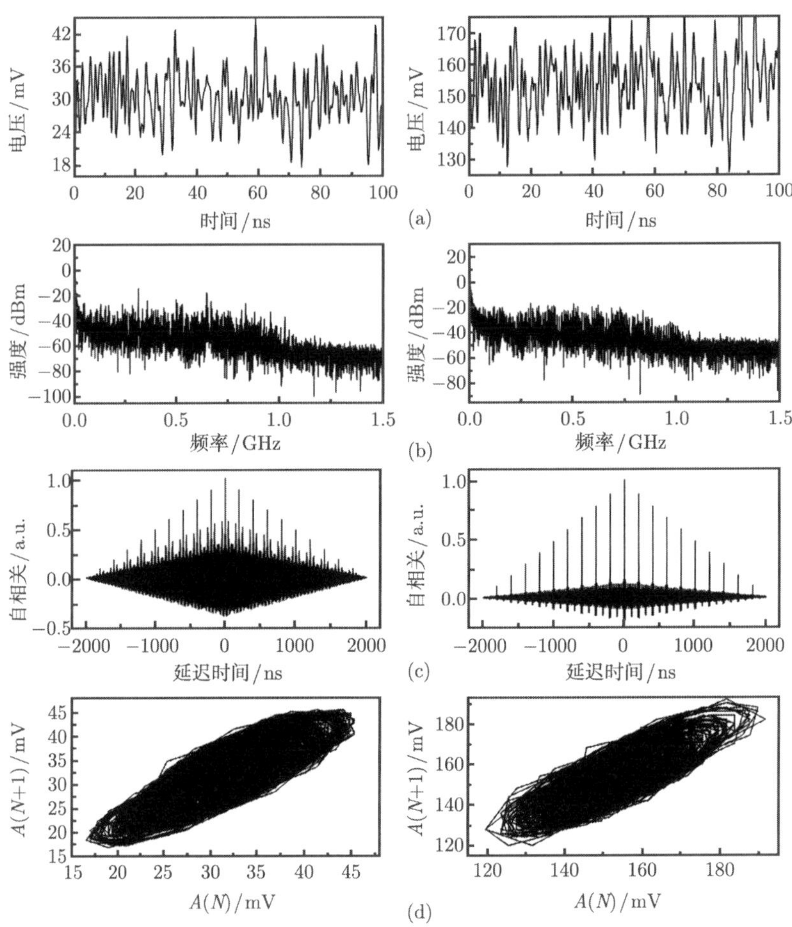

图 6.41 泵浦功率分别为 77.0mW(第一列) 和 240.0mW(第二列) 时,“8”字形光纤激光器输出混沌的状态图

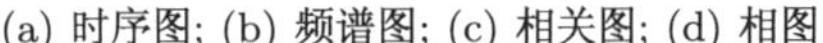
(a) 时序图; (b) 频谱图; (c) 相关图; (d) 相图

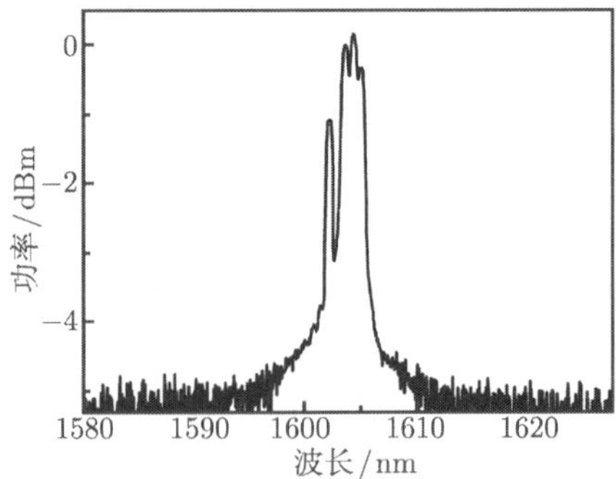

图 6.42 当泵浦功率为 240.0mW 时,“8”字形掺铒光纤激光器输出混沌的光谱图

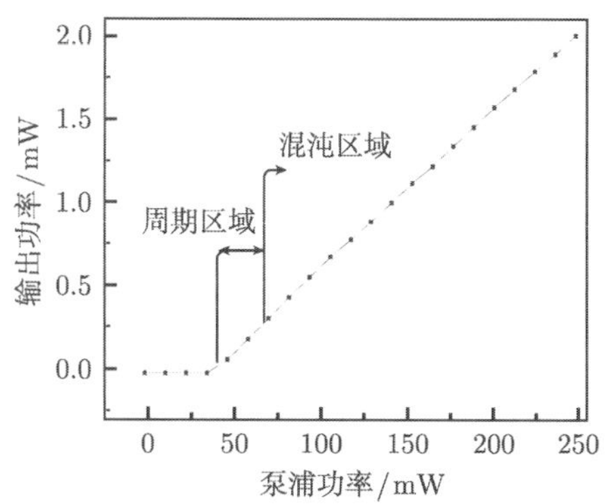

图 6.43 "8"字形掺铒光纤激光器输出功率随着泵浦功率的变化

我们对"8"字形掺铒光纤激光器混沌的产生进行了理论与实验分析。从一倍周期、二倍周期、准周期路径到混沌的状态，理论与实验得到了很好的吻合。然而在实验过程中，所有的信号最后都是利用数据采集卡来完成模数的转换与存储，通过计算机控制采集卡完成数据的读取，最终经过数据的相关处理与计算得出实验的结果。通过理论证明，"8"字形掺铒光纤激光器产生的混沌带宽在 50GHz 左右，远远高于实验中得到的混沌带宽。从实验的功率谱图中可以很明显地看出，激光器产生的混沌带宽在 1GHz 处下降，这是由实验中读取到的数据受到为 500MHz 数字示波器的带宽引起的，因此混沌带宽大于 1GHz 的频率成分在其功率谱图中没有办法被显现出来。

从倍周期路径到混沌的过程可以很明显地看出，在特定的偏振状态下，随着泵浦电流的增加"8"字形掺铒光纤激光器的输出状态越来越混沌，时序图中强度随机起伏，频谱的带宽越变越宽，相图点的分布越来越随机并且相关性越来越接近 δ 函数。而且在泵浦功率为 240.0mW 时，在图 6.41 中，混沌的自相关图中出现很高的旁瓣，从而体现出一定的自同步特性，任意相邻的两个旁瓣之间的时间间隔恰好是光在"8"字形掺铒光纤激光器中传输一周所需的时间。这个时间用 $L/v(v=c/n)$ 来表示，其中，L 是"8"字形激光器总的环长，v 是光在光纤中传播的速度，c 是光速，n 是光纤的折射率。在图 6.43 中，混沌的光谱图带有较高的旁瓣是由存在较强的非线性相位调制引起的。无论从理论还是实验方面看，在特定的偏振状态下，从倍周期路径到混沌状态和输出功率随泵浦功率变化 (图 6.43) 中，可以很明显地看出，只有泵浦功率达到某个值时，混沌才会产生，因此，混沌的产生与泵浦功率有关。

从所有的实验结果来看，混沌的产生与偏振状态也有关。首先固定泵浦功率于某一值且此值要高于阈值功率，那么偏振状态将决定"8"字形掺铒光纤激光器的输出状态。将偏振控制器调节到不同的方向，通过增加泵浦功率分别至 66.6mW、

100mW、150mW、250mW 时，“8”字形激光器输出锁模及其多脉冲，如图 6.44 所示。当改变偏振控制器到另一不同的方向时，通过增加泵浦功率分别至 250mW 和 430mW 时，“8”字形激光器输出暗脉冲，如图 6.45 所示。

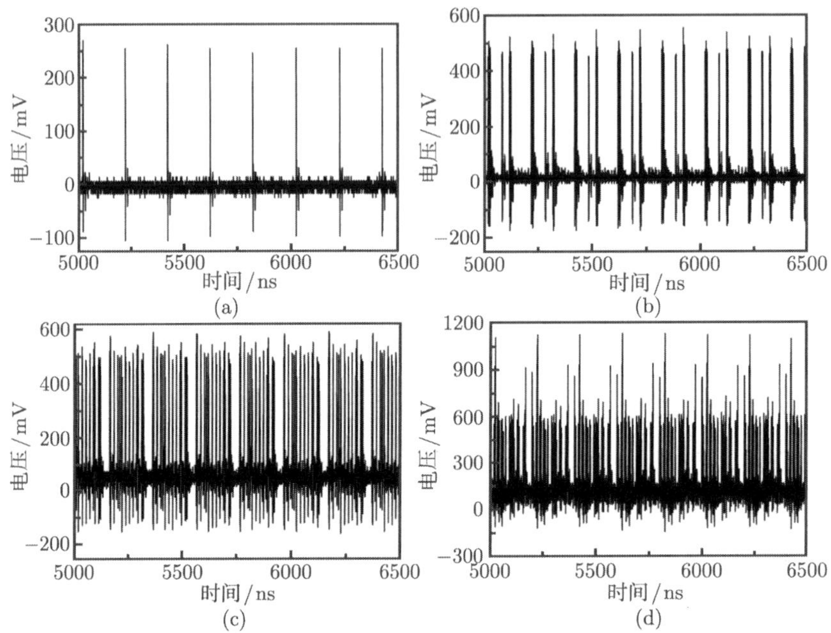

图 6.44　不同泵浦功率下，“8”字形掺铒光纤激光器输出脉冲的时序图

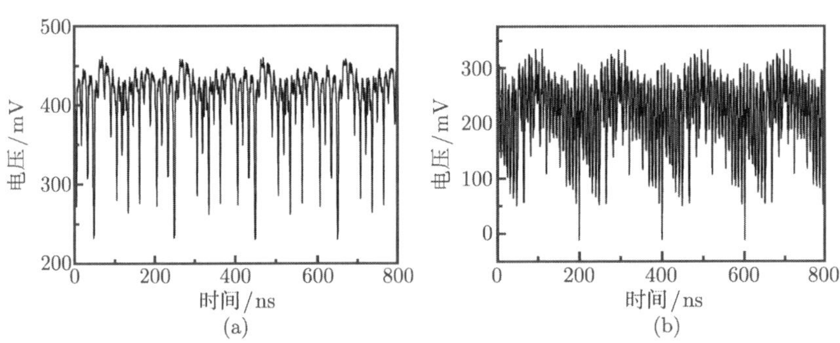

图 6.45　不同泵浦功率下，“8”字形掺铒光纤激光器输出暗脉冲的时序图

通过实验验证了“8”字形掺铒光纤激光器混沌的产生，理论与实验得到很好的吻合。在特定的偏振状态下，随着泵浦功率的增加，“8”字形掺铒光纤激光器输出倍周期路径进入混沌状态，且混沌带有很明显的自同步特性。将偏振控制器置于其他不同的方向，那么激光器输出不同的状态，而混沌仅存在于一个很小的区域内。因此，混沌的产生与泵浦功率和偏振状态有关。

6.7.3 附加光纤环的“8”字形掺铒光纤激光器混沌产生的实验研究

基于利用“8”字形掺铒光纤激光器产生混沌的理论与实验研究，分析结果表明，混沌的自相关图带有高的旁瓣，表现出很明显的自同步特性。因此，为了进一步研究混沌的特性，将“8”字形掺铒光纤激光器产生的混沌注入光纤环 (OFR) 中，来研究混沌特性的变化。

1. 光纤环的工作原理

光纤环不仅结构简单而且具有对各种物理参数 (如折射率、光纤的长度和衰减) 固有的敏感特性。因此，光纤环的很多输出特性已经得到广泛的研究[53~55]。并且光纤环广泛地应用于改善全光开关的特性[56]、产生高速的混沌保密通信[57] 和调节重复频率[58]。光纤环产生的混沌可以用作传感器来测量较多的物理参数[54]。将单个光纤环与 Sagnac 干涉仪相结合实现可调节滤波器，响应达到所需的带宽[59]。基于光纤环所具有的非线性相位传输特性，将光纤环接入平衡马赫-曾德干涉仪可提高开关速度和降低调相器的功耗[53]。因此，为了进一步研究“8”字形掺铒光纤激光器产生的混沌特性，将其混沌序列注入光纤环来研究混沌自相关特性的变化。

光纤环由一个单模光纤耦合器的一个输入端和一个输出端直接连接而成，光纤环的原理如图 6.46 所示。光纤的非线性克尔效应引起光纤中折射率的变化，其表达式如下：

$$n = n_0 + n_2 I = n_0 + \frac{n_2 n_0}{2\eta_0} |E|^2 = n_0 + \frac{n_2}{A_{\text{eff}}} P \tag{6.7.1}$$

其中，n_0、n_2 分别表示光纤的线性和非线性折射率，I 表示光强，E 表示光场振幅，P 表示光功率，η_0 是真空中的波阻抗，A_{eff} 是光纤纤芯的有效面积。

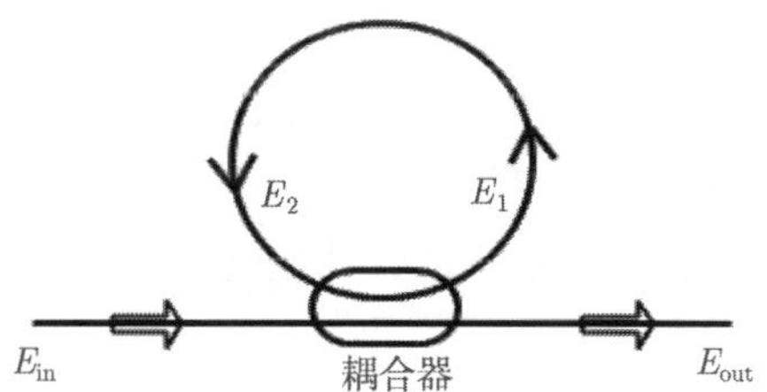

图 6.46 光纤环的原理图

输入信号 $E_{\text{in}} = \xi_{\text{i}}(t)\exp(\text{j}\omega t)$[$\xi_{\text{i}}(t)$、$\omega$ 分别表示慢变场振幅和角频率, 经过耦合比为 k 的耦合器开始进入光纤环，环中光场为 E_1，在环中传输一周后到达耦合器的光场为 E_2，之后通过耦合器继续传输并且输出光场为 E_{out}。E_1、E_2、E_{in} 和 E_{out} 之间的关系如下：

$$E_1(t,0) = -\text{j}\sqrt{k}E_{\text{in}}(t) + \text{i}\sqrt{1-k}E_1(t-\tau_{\text{R}},0)\exp[-\text{j}(\phi_0+\phi_{\text{N}})] \tag{6.7.2}$$

$$E_{\mathrm{out}}(t)=\sqrt{1-k}E_{\mathrm{in}}(t)-\mathrm{j}\sqrt{k}E_1(t-\tau_{\mathrm{R}})\exp[-\mathrm{j}(\phi_0+\phi_{\mathrm{N}})] \tag{6.7.3}$$

$$\phi_0=k_0n_0L \tag{6.7.4}$$

$$\phi_{\mathrm{N}}=k_0n_0n_2\frac{|E_1(t-\tau_{\mathrm{R}},0)|^2}{2\eta_0}\left[\frac{1-\exp(-2\alpha L)}{2\alpha}\right] \tag{6.7.5}$$

其中，L 表示光纤环的长度，τ_{R} 表示光在光纤环中传输一圈所用的时间，α 表示光纤的损耗，ϕ_0、ϕ_{N} 分别表示每圈线性和非线性相位的变化。

2. 附加光纤环的“8”字形掺铒光纤激光器混沌产生实验装置

附加光纤环的“8”字形掺铒光纤激光器的实验装置如图 6.47 所示。其中“8”字形掺铒光纤激光器由一个单向的放大环和非线性光纤环形镜组成。单向的放大环由一个波分复用器 (WDM)、9m 掺铒光纤 (EDF) 和偏振无关光隔离器 (ISO) 组成。980nm 的半导体激光器通过 980nm/1550nm 的波分复用器抽运掺铒光纤。偏振无关光隔离器保证光在环中单向传播。非线性光纤环形镜由 30m 普通的单模光纤 (SMF) 构成，并通过耦合比为 70:30 光纤耦合器 (C_1) 与单向放大环相连接，从而构成“8”字形掺铒光纤激光器。偏振控制器用来调节腔内光的偏振状态。“8”字形掺铒光纤激光器中有 90%的光继续在“8”字形腔内传播，其余 10%的光通过 90:10 的耦合器 (C_2) 输入附加光纤环。附加光纤环由一个 50:50 光纤耦合器 (C_3) 的一个输入端与输出端焊接而成。光纤激光器的输出特性利用 500MHz 的示波器和 2GHz 的光电探测器来检测。

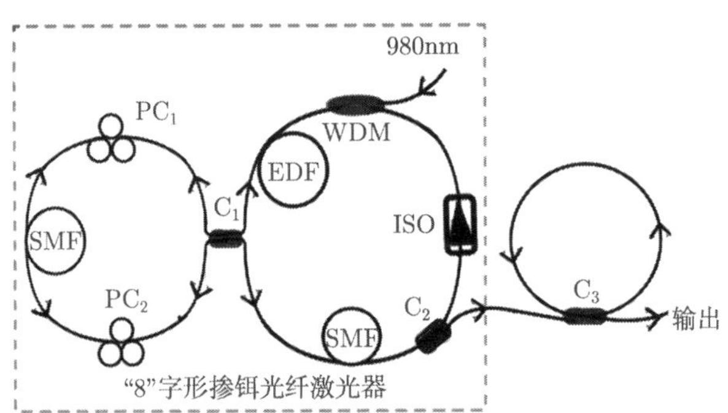

图 6.47　附加光纤环的“8”字形掺铒光纤激光器实验装置图

3. 混沌自相关特性降低的实验结果与理论分析

利用带光纤环的“8”字形掺铒光纤激光器来研究混沌动态特性的实验装置如图 6.47 所示。前面已经对“8”字形掺铒光纤激光器混沌的产生进行了理论和实验研究，其简易装置如图 6.47 中虚线框中的部分所示，并且得到了带有自同步特性的混沌，实现了倍周期路径进入混沌状态。为了进一步研究混沌特性的变化，在与

"8" 字形激光器相同的实验条件和偏振状态下，将"8" 字形激光器产生的混沌序列注入光纤环中来研究混沌特性的变化。当泵浦功率为 240.0mW 时，带附加环的"8" 字形掺铒光纤激光器产生的混沌状态如图 6.48 所示，其中，(a)~(d) 分别表示混沌状态的时序图、频谱图、相关图和相图。

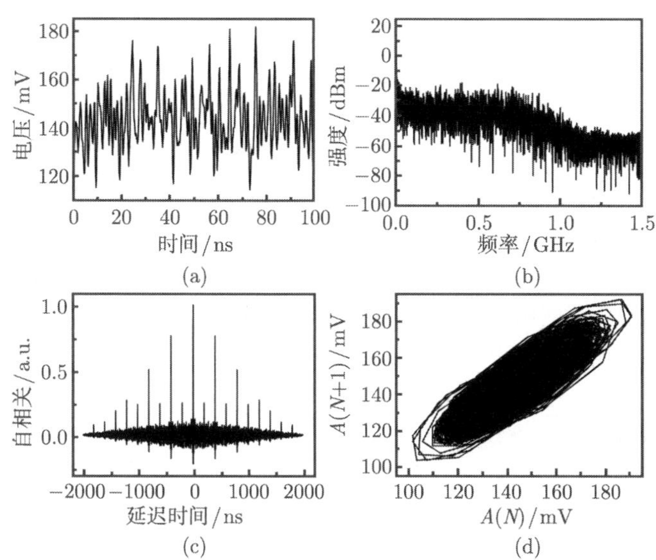

图 6.48　当泵浦功率为 238.4mW 时，带光纤环的"8" 字形光纤激光器输出混沌的状态图

(a) 时序图; (b) 频谱图; (c) 相关图; (d) 相图

当泵浦功率为 240.0mW 时，将"8" 字形掺铒光纤激光器加光纤环与不加光纤环的混沌状态图 (图 6.48 和图 6.41) 相比。可以很明显地看出，加光纤环的"8" 字形掺铒光纤激光器输出的混沌自相关图中，旁瓣有明显的降低趋势，而这种降低的趋势原因是由光纤环中的非线性效应引起的非线性相移和光的不断干涉叠加。具体分析如下：

光纤环的传输方程为

$$E_{\text{out}}(t)=\sqrt{1-k}E_{\text{in}}(t)-\mathrm{j}\sqrt{k}E_1(t-\tau_{\mathrm{R}})\exp[-\mathrm{j}(\phi_0+\phi_{\mathrm{N}})] \tag{6.7.6}$$

由式 (6.7.6) 可知，输出状态与输入光场、光纤环的长度有关。在参数一定的情况下，经附加光纤环输出的特性主要是由光纤环长度引起的时间延迟决定的。$t-\tau_{\mathrm{R}}$ 时刻的混沌序列 $E_{\text{in}}(t-\tau_{\mathrm{R}})$ 在附加光纤环中传播时会获得非线性效应引起的非线性相移，传播一周后 (t 时刻) 与带有自同步特性的一段混沌序列 $E_{\text{in}}(t)$ 在耦合器相干叠加，因此通过若干圈光场的相干叠加，带附加光纤环的"8" 字形光纤激光器输出的混沌的自同步特性有明显的降低趋势。

6.7.4 外光注入的 “8” 字形腔产生混沌的实验研究

1. 外光注入的“8”字形腔产生混沌的实验装置

图 6.49 为实验装置图。分布反馈式半导体激光器 (DFBSL) 由一个低噪声的电流源驱动，其阈值电流为 22.5mA，中心波长为 1555nm。DFBSL 的出射信号经过掺铒光纤放大器 (EDFA) 放大后作为输入信号经过 99:1 的光纤耦合器 (FC3) 进入“8”字形环，其中 99%的光信号再经过一 70:30 的耦合器 (FC1) 进入其右环，分成沿相反方向传输的两束光。它们传输一周后在 FC1 的端口 3 输出，而后经过耦合器 FC2(90:10)，其中 10%的光信号在一个输出端输出并反馈回 FC3，另一个输出端输出 90%的光信号，由光电探测器 (PD，2G 带宽) 转换成电信号并由示波器 (OSC，500M 带宽) 接收。光隔离器 (OI) 保证了左环里的光信号单向传输。偏振控制器 (PC) 用来调节沿相反方向传输的两束光的偏振状态，使得我们能够在输出端得到功率较高的输出信号。

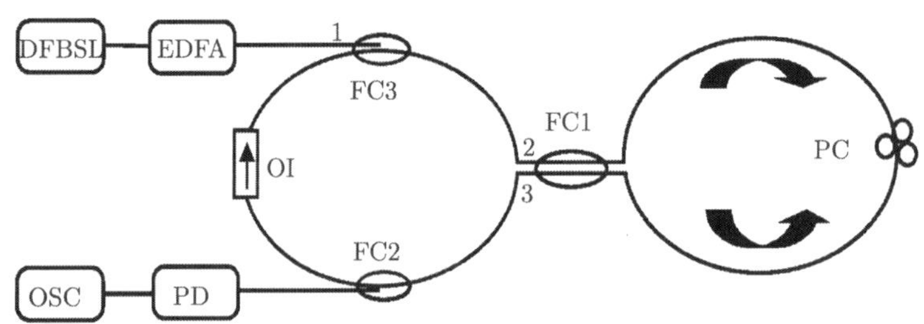

图 6.49　混沌产生的实验装置图

2. 实验结果及分析

实验中，调节 DFBSL 偏置电流为 22mA, 相应的输出功率为 0.18mW。图 6.50 为 DFBSL 输出信号的时序图、自相关图、功率谱图。从时序图 [图 6.50(a)] 上看，其在电域的平均值和峰峰值分别为 15mV、1mV。由于 DFBSL 的尾纤输出端存在较弱反射，其自相关图不是纯粹的 δ 函数，而是存在一些周期性的旁瓣，如图 6.50(b) 所示。图 6.50(c) 为功率谱图。

用 EDFA 来放大 DFBSL 输出的信号，其中 EDFA 与 DFBSL 的偏置电流分别设为 22mA 和 90mA，从 EDFA 输出的光信号的功率为 1.02mW。图 6.51 给出了输出信号的时序图、自相关图和功率谱图。从时序图 [图 6.51(a)] 上看，其平均值 (100mV) 和峰峰值 (10mV) 都要比图 6.50(a) 中的相应值大得多。自相关图和功率谱没有明显变化。

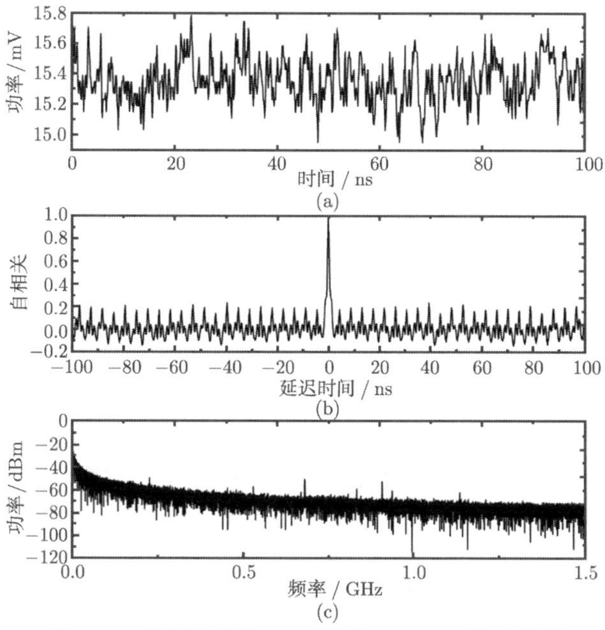

图 6.50 偏置电流为 22mA 时，DFBSL 输出信号

(a) 时序图; (b) 自相关图; (c) 功率谱图

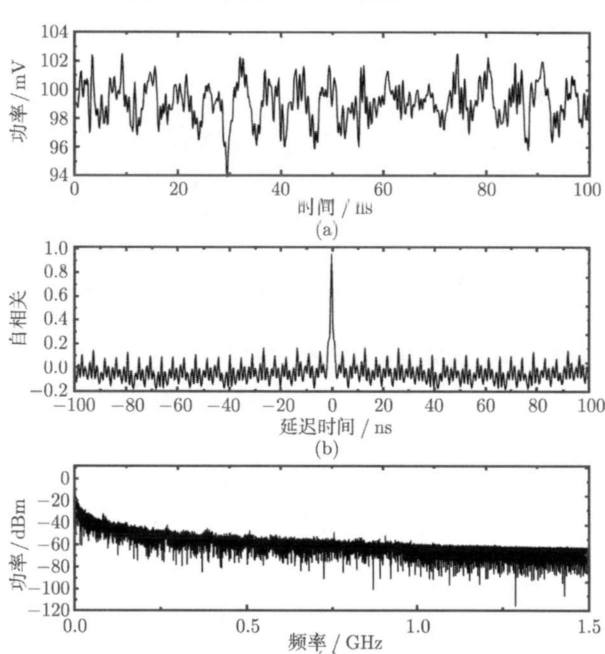

图 6.51 DFBSL、EDFA 偏置电流分别为 22mA 和 90mA 时，EDFA 输出信号

(a) 时序图; (b) 自相关图; (c) 功率谱图

经过 EDFA 后，放大的光信号注入“8”字形环形腔。图 6.52(a) 为输出信号的时序图，其平均值和峰峰值分别为 167mV 和 84mV。与图 6.50(a) 和 6.51(a) 相比，该时序图的信号密度要大得多，从侧面反映出输出信号的带宽增加了。图 6.52(b) 为自相关图，典型的 δ 函数，只是当延迟时间为 15.6ns 时，有一个明显的旁瓣。经过计算，该延迟时间与光在光纤中的传播速度的乘积约等于整个“8”字形腔的腔长。因此，输出信号具有一定的周期性，能够反映腔长信息，不利于保密通信。从功率谱 [图 6.52(c)] 上可以看出，输出信号的带宽比图 6.50(c) 的明显增加了。这是由于“8”字形腔对传输光信号的整形作用，特别是信号进入其右环后，分成沿相反方向传输的两束光，它们在右环内相互作用，相干相长或相干相消，产生了更多的频率成分，最终导致输出信号带宽的增加。但是，由于示波器带宽的限制不能准确给出输出信号的带宽和带宽的增加值。经计算，该输出信号的 Lyapunov 指数大于零，又具有较好的自相关函数，可以断定是混沌信号。

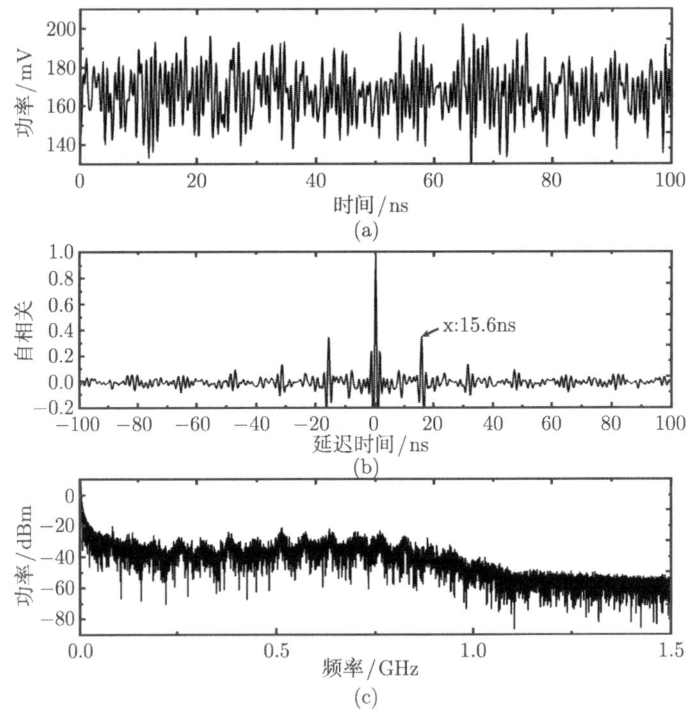

图 6.52　DFBSL、EDFA 偏置电流分别为 22mA 和 90mA 时，“8”字形腔输出信号
(a) 时序图; (b) 自相关图; (c) 功率谱图

为了提高输出信号的保密性，将“8”字形腔左环内的 OI 去掉，保持 DFBSL 和 EDFA 的偏置电流 22mA 和 90mA 不变。图 6.53 为输出信号的时序图、自相关图和功率谱图。从自相关图 [图 6.53(b)] 上看，原来位置的旁瓣被抑制掉，其他位

置也没有新的旁瓣出现，腔长信息被隐藏掉了。我们认为，这是由于 OI 被去掉以后光信号在“8”字形腔内的传输变得复杂。OI 存在时，信号只是在右环内相干相长或相干相消，去掉 OI 以后，左环内也存在这种干涉作用。复杂的光场相互作用使得腔长信息被隐藏掉。

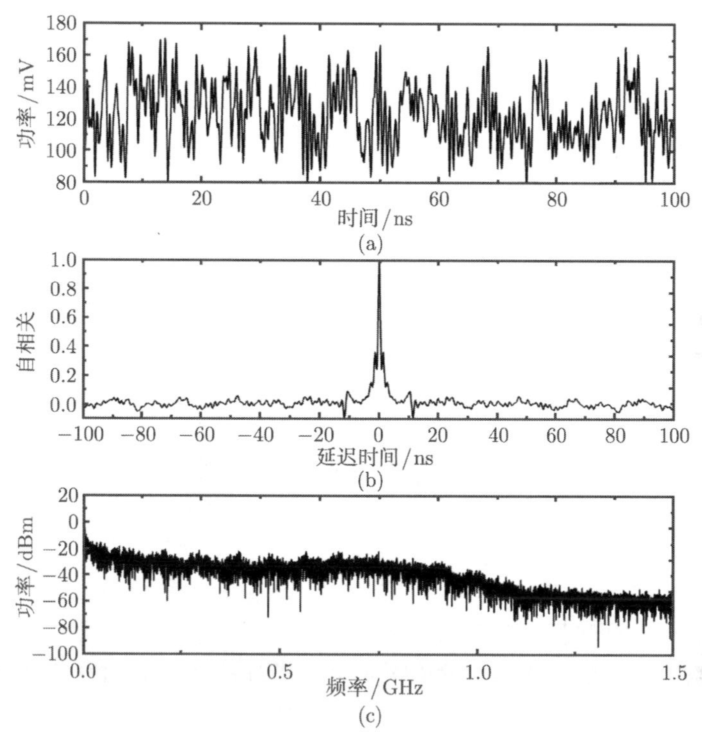

图 6.53 DFBSL、EDFA 偏置电流分别为 22mA 和 90mA，左环无 OI 时“8”字形腔输出信号

(a) 时序图; (b) 自相关图; (c) 功率谱图

6.8 被动锁模光纤激光器峰值周期性变化输出及其机理探讨

6.8.1 非线性偏振旋转锁模光纤激光器的理论模型

图 6.54 是利用非线性偏振旋转锁模的光纤激光器的原理图。这种环形的腔体结构主要由一段掺铒光纤 (EDF)，单模光纤 (SMF)，偏振控制器 (PC)，偏振相关光隔离器 (PDI)，波分复用器 (WDM) 和耦合输出端 (OC) 组成。PDI 在这种环形的结构中主要起着三种作用：①让光场在腔内沿着单一的方向进行运行；②当自然光经过 PDI 时，被转化为线偏振光；③当发生旋转的椭圆偏振光最后经过偏振控制器时，PDI 又可以起着检偏器的作用，在光纤激光器腔体中形成类可饱和吸收

体。偏振控制器主要用来改变激光器腔内线性相位延迟，从而使光纤激光器工作在负反馈区域，进而保证锁模激光器的稳定输出。

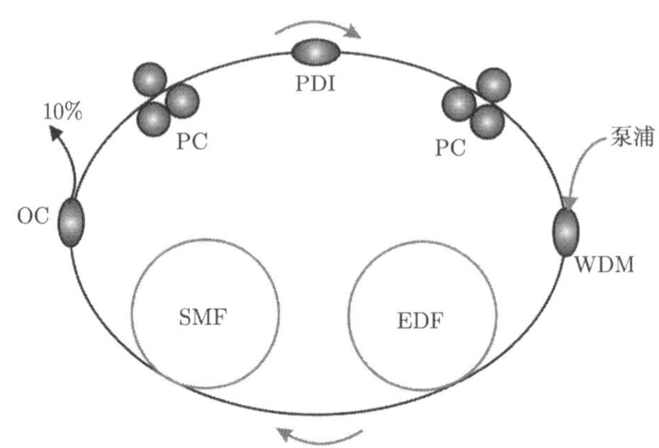

图 6.54　非线性偏振旋转锁模的光纤激光器

光纤激光器非线性偏振旋转锁模的原理如下：自然光场经过 PDI 后变为线偏振光，线偏振光在通过第一个偏振控制器后，转变为椭圆偏振光。椭圆偏振光可以认为是强度不同的左旋和右旋圆偏振光的合成，即同向传输的两列波。两列旋转方向不同的圆偏振光在腔内传播的过程中，会因光纤的 SPM 和 XPM 而产生不同的非线性相移。而非线性相移量与光脉冲光场强度有关，因此，经过腔体一周传输后，脉冲不同部分因为其本身强度不同而积累不同的非线性相移，相应地，其合成矢量偏振态也会因非线性不同而产生不同程度的偏振旋转，当其再次通过偏振控制器时，就会因脉冲不同部分的偏振态不同而引发一个偏振相关的自幅度调制可饱和吸收体效应，进而实现锁模脉冲窄化，形成超短脉冲。这种脉冲形成过程就是利用光纤的非线性偏振旋转效应产生的一个具有自幅度调制作用的等效快速可饱和吸收体的被动锁模机制。

为了对光纤激光器脉冲幅值的输出的波动特性作进一步的研究，我们利用非线性薛定谔方程对光纤激光器中的孤子脉冲进行数值模拟。和其他模拟模型不同的是，一些课题组所用的主方程虽然将光纤激光器的增益、损耗和类可饱和吸收作用考虑在内，但是忽略了或者是近似考虑了腔体对脉冲的影响。而这里所用的模型利用了脉冲轨迹模拟技术，对脉冲在腔内的运行进行了数值模拟，当脉冲遇到腔内一些分立的元器件 (如输出耦合器和起偏器等) 时，直接让光场乘上那些元器件的 2×2 琼斯矩阵。在数值模拟中，用一个任意的噪声光场作为数值模拟的初始状态。当光场在环内运行一圈后，将前一圈的输出作为下一圈的初始值，这样就可以将增益和损耗对孤子脉冲的周期性的扰动考虑在内了。同时也对相邻脉冲之间的耗散波和由于调制不稳定而产生的旁瓣在时间窗口中进行了数值模拟。在弱双折射光纤中，一般用如下方程[60,61] 进行数值模拟[63,65~67]：

$$\frac{\partial A_x}{\partial Z}+\delta\frac{\partial A_x}{\partial T}+\beta_2\frac{\mathrm{i}}{2}\frac{\partial^2 A_x}{\partial T^2}-\frac{\beta_3}{6}\frac{\partial^3 A_x}{\partial T^3}=\mathrm{i}\gamma(|A_x|^2+\frac{2}{3}|A_y|^2)A_x+\mathrm{i}\frac{\gamma}{3}A_x^*A_y^2\exp(-\mathrm{i}2\Delta\beta z) \tag{6.8.1}$$

$$\frac{\partial A_y}{\partial Z}+\delta\frac{\partial A_y}{\partial T}+\beta_2\frac{\mathrm{i}}{2}\frac{\partial^2 A_y}{\partial T^2}-\frac{\beta_3}{6}\frac{\partial^3 A_y}{\partial T^3}=\mathrm{i}\gamma(|A_y|^2+\frac{2}{3}|A_x|^2)A_y+\mathrm{i}\frac{\gamma}{3}A_y^*A_x^2\exp(-\mathrm{i}2\Delta\beta z) \tag{6.8.2}$$

其中，

$$\beta_x(w)=\beta_{0x}+\beta_{1x}(w-w_0)+\frac{1}{2}\beta_{2x}(w-w_0)^2+\frac{1}{6}\beta_{3x}(w-w_0)^3+\cdots$$

$$\beta_y(w)=\beta_{0y}+\beta_{1y}(w-w_0)+\frac{1}{2}\beta_{2y}(w-w_0)^2+\frac{1}{6}\beta_{3y}(w-w_0)^3+\cdots$$

$\Delta\beta=\beta_{0x}-\beta_{0y}=\dfrac{2\pi}{\lambda}B_{\mathrm{m}}=\dfrac{2\pi}{L_{\mathrm{B}}}$, 这项与光纤的模式双折射有关 ($L_{\mathrm{B}}=\lambda/B_{\mathrm{m}}$ 为拍长)。β_2 表示群速度色散，β_3 表示三阶色散参量，γ 表示光纤的非线性系数,A_x 和 A_y 是光纤中两个正交的光轴所对应的归一化的慢变电场包络 (在这里定义这两个正交的光纤分别为 x 轴和 y 轴, 其中 x 轴为慢轴), $\delta=(\beta_{1x}-\beta_{1y})/2$表示的是两个偏振态之间的群速度之差。通过作变换 $T=t-z/v_{\mathrm{g}}=t-[(\beta_{1x}+\beta_{1y})/2]z, Z=z$, 引入以群速度 v_{g} 移动的参考系 (所谓的延时系)。

假定 $A_x=u\exp(-\mathrm{i}\Delta\beta z/2)$ 和 $A_y=v\exp(\mathrm{i}\Delta\beta z/2)$，代入方程 (6.8.1) 和方程 (6.8.2)，进过简单的变换，可以得到

$$\frac{\partial u}{\partial Z}=\mathrm{i}\frac{\Delta\beta}{2}u-\delta\frac{\partial u}{\partial T}-\mathrm{i}\frac{\beta_2}{2}\frac{\partial^2 u}{\partial T^2}+\frac{\beta_3}{6}\frac{\partial^3 u}{\partial T^3}+\mathrm{i}\gamma\left(|u|^2+\frac{2}{3}|v|^2\right)u+\frac{\mathrm{i}\gamma}{3}v^2u^* \tag{6.8.3}$$

$$\frac{\partial v}{\partial Z}=-\mathrm{i}\frac{\Delta\beta}{2}v+\delta\frac{\partial v}{\partial T}-\mathrm{i}\frac{\beta_2}{2}\frac{\partial^2 v}{\partial T^2}+\frac{\beta_3}{6}\frac{\partial^3 v}{\partial T^3}+\mathrm{i}\gamma\left(|v|^2+\frac{2}{3}|u|^2\right)v+\frac{\mathrm{i}\gamma}{3}u^2v^* \tag{6.8.4}$$

光在 EDF 中传输时，可以用耦合 Ginzburg-Landau 方程来描述。

$$\frac{\partial u}{\partial Z}=\mathrm{i}\frac{\Delta\beta}{2}u-\delta\frac{\partial u}{\partial T}-\mathrm{i}\frac{\beta_2}{2}\frac{\partial^2 u}{\partial T^2}+\frac{\beta_3}{6}\frac{\partial^3 u}{\partial T^3}+\mathrm{i}\gamma\left(|u|^2+\frac{2}{3}|v|^2\right)u+\frac{\mathrm{i}\gamma}{3}v^2u^*+\frac{g}{2}u+\frac{g}{2\Omega_{\mathrm{g}}^2}\frac{\partial^2 u}{\partial T^2} \tag{6.8.5}$$

$$\frac{\partial v}{\partial Z}=-\mathrm{i}\frac{\Delta\beta}{2}v+\delta\frac{\partial v}{\partial T}-\mathrm{i}\frac{\beta_2}{2}\frac{\partial^2 v}{\partial T^2}+\frac{\beta_3}{6}\frac{\partial^3 v}{\partial T^3}+\mathrm{i}\gamma\left(|v|^2+\frac{2}{3}|u|^2\right)v+\frac{\mathrm{i}\gamma}{3}u^2v^*+\frac{g}{2}v+\frac{g}{2\Omega_{\mathrm{g}}^2}\frac{\partial^2 v}{\partial T^2} \tag{6.8.6}$$

其中，$\dfrac{g}{2\Omega_{\mathrm{g}}^2}\dfrac{\partial^2 u}{\partial T^2}$ 和 $\dfrac{g}{2\Omega_{\mathrm{g}}^2}\dfrac{\partial^2 v}{\partial T^2}$ 表示的是由 EDF 引起的增益色散。在这里，定义饱和

增益 g 为

$$g = G\exp\left[-\frac{\int\left(|u|^2+|v|^2\right)\mathrm{d}t}{P_{\mathrm{sat}}}\right]$$

其中, G 为小信号增益, P_{sat} 为饱和能量。

6.8.2 改变泵浦功率实现脉冲序列周期性变化

在数值模拟中，我们所用的 40m 的掺铒光纤的二阶群速度色散参数为-8 ps/nm/km，两段 10m 单模光纤的二阶群速度色散分别为 -14ps/nm/km 和-1 ps/nm/km。其他用到的参数分别为 γ=3W^{-1}km^{-1}, β_3=0.1ps^2/nm km, Ω_{g}=25nm, P_{sat}=1000，$L_{\mathrm{B}} = L/4$。整个光纤激光器的长度为 60m，起偏器和双折射光纤快轴的夹角 θ=0.125π。式 (6.8.3)∼ 式 (6.8.6) 都可以通过傅里叶分步法进行求解。将偏振控制器置于合适的位置，通过改变泵浦源的功率，可以很轻松地使光纤激光器实现自启动的被动锁模。一旦激光器被动锁模，脉冲峰值功率随着泵浦源功率的增加而逐渐增加。一旦脉冲的峰值功率足够高，由它所引起的自相位调制便可以平衡由色散所引起的脉冲展宽。在这种情况下，即便不存在被动锁模，脉冲也可以在负色散的光纤激光器腔内稳定地传输。在这种情况下，普通的线性脉冲被压缩为孤子脉冲，如图 6.55 和图 6.56 所示。图 6.55 为光纤激光器在线性相移为 1.2π，小信号增益为 255 下输出的线性脉冲。图 6.56 为光纤激光器在线性相移为 1.2π，小信号增益为 285 下输出的孤子脉冲。通过图形的对比，发现在孤子脉冲的光谱中出现了旁瓣。通过一些前人的工作可知，旁瓣的出现主要是由调制的不稳定性引起的。当然随着小信号增益增加，设置一些激光器腔内的参数，在模拟中也能观察到高阶旁瓣和次旁瓣这些非线性现象[62,66,67]。线性相移决定了光纤激光器被动锁模所需泵浦功率的阈值，线性相移越大，泵浦功率的阈值越高。然而当我们将其中一段 10m 单模光纤的二阶色散参数设为 16 ps/nm/km 时，此时光纤激光器腔内色散为色散管理，我们发现在一定线性相移下，被动锁模的光纤激光器的输出由单倍周期状态、二倍周期状态、多倍周期，最后进入混沌状态。图 6.57 是光纤激光器在线性相移为 1.4π，小信号增益为 315 时输出的单倍周期状态。图 6.58 是光纤激光器在线性相移为 1.4π，小信号增益为 319 时输出的二倍周期状态。图 6.59 是光纤激光器在线性相移为 1.4π，小信号增益为 328 时输出的多倍周期状态。图 6.60 是光纤激光器在线性相移为 1.4π，小信号增益为 333 时输出的混沌状态。同时在模拟的时候，我们也发现一个有趣的现象，对于不同线性相移时输出的二倍周期状态，相邻脉冲之间的峰值功率之差有所不同，线性相移越大，相邻脉冲之间的峰值功率之差越大。图 6.61 是线性相移为 1.5π ，小信号增益为 349 时，被动锁模的光纤激光器输出的二倍周期状态。通过这两张图的对比表明，线性相移越大，由它所引起的相邻脉冲偏振状态和检偏器之间夹角越大，从而使相邻脉冲获得更大的损耗落差。

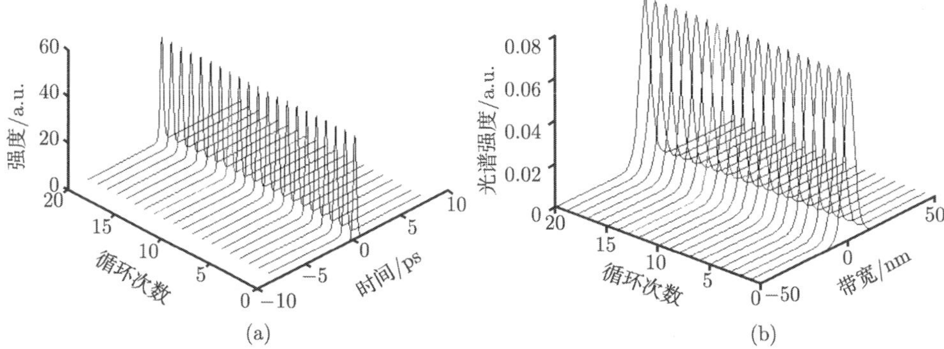

图 6.55 光纤激光器在线性相移为 1.2π，小信号增益为 255 时输出的线性脉冲

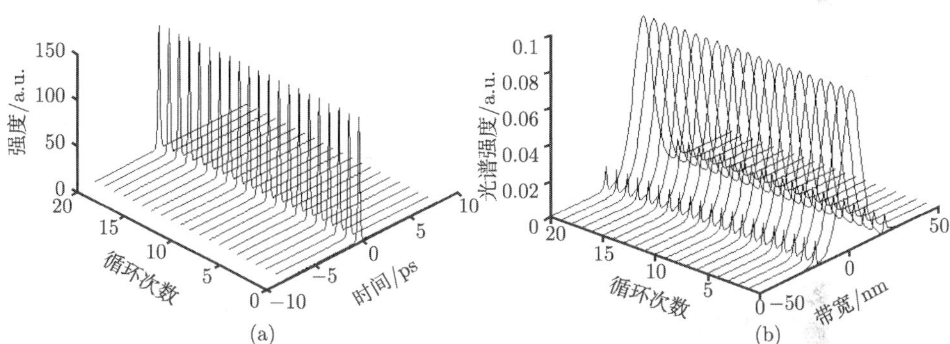

图 6.56 光纤激光器在线性相移为 1.3π，小信号增益为 285 时输出的孤子脉冲

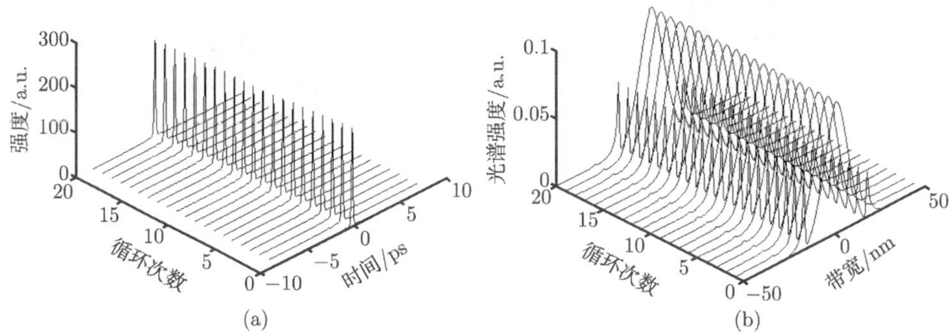

图 6.57 单倍周期

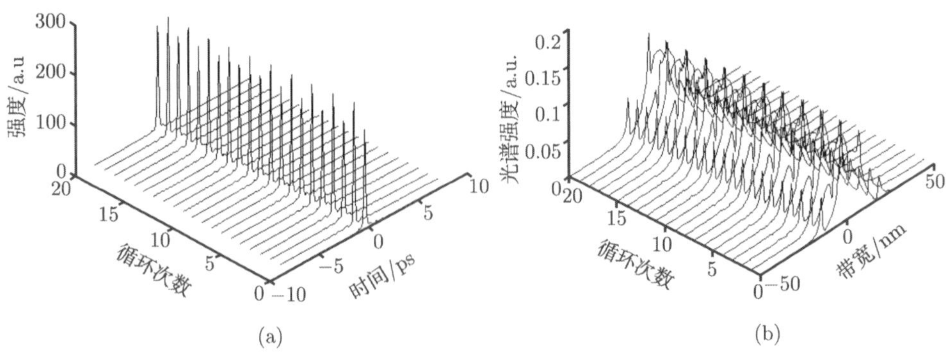

图 6.58　二倍周期

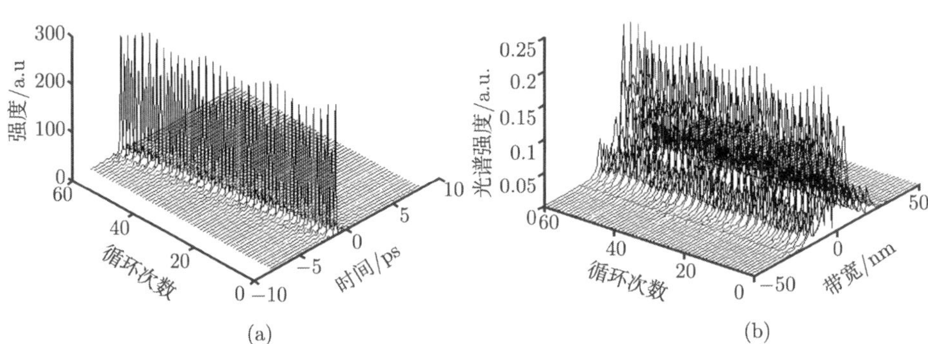

图 6.59　多倍周期

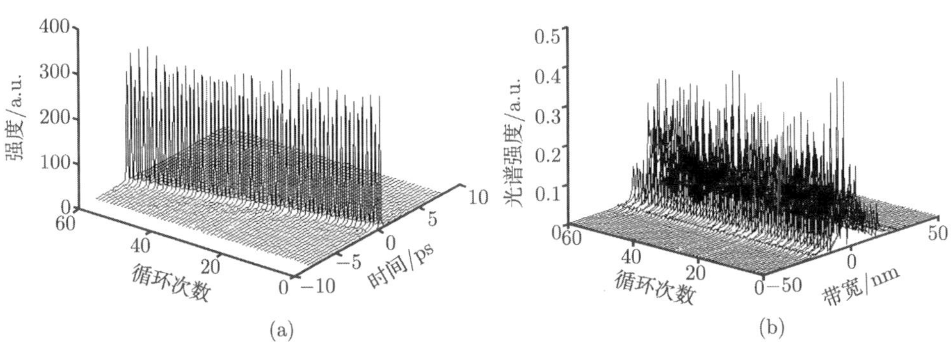

图 6.60　混沌脉冲状态

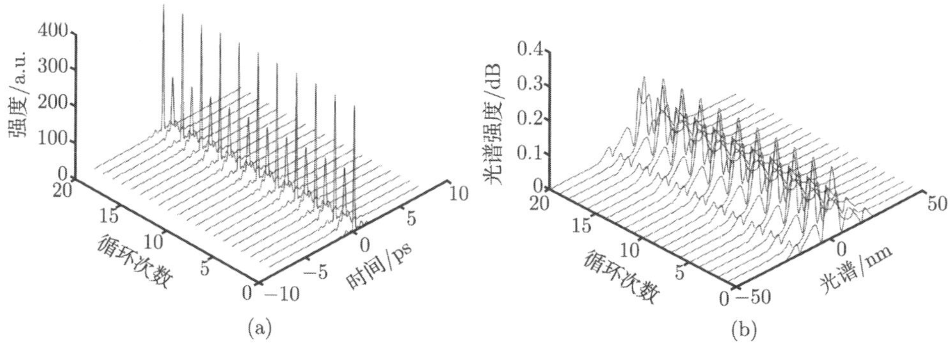

图 6.61 线性相移为 1.5π，小信号增益为 349 时输出的二倍周期

6.8.3 改变控制器实现脉冲序列周期性变化

在前面相同参数的设定下，我们发现和 Luo 等实验结果相似的现象，即在利用非线性偏振旋转被动锁模的光纤激光器中，固定小信号增益 (在实验中相当于泵浦源功率)，改变线性相移 (在实验中相当于偏振控制器)，激光器的输出也可以从单倍周期、二倍周期、多倍周期直至混沌状态。图 6.62 为光纤激光器在小信号增益为 359，线性相移为 1.472π 时输出的单倍周期状态。当慢慢将线性相移改变至 1.460π 时，孤子激光器的输出在 2 个固定的值之间周期性交替变化。图 6.63 为光纤激光器在小信号增益为 359，线性相移为 1.460π 时，激光器输出的二倍周期状态。随着光纤激光器内部线性相移的进一步减小，被动锁模的激光器输出呈现出多倍周期状态。图 6.64 为孤子激光器输出的多倍周期状态。最终，激光器的输出变化为无序的混沌脉冲态。图 6.65 为激光器输出的混沌脉冲序列。从以上所罗列的模拟结果可以看到，在一个被动锁模的光纤激光器中，在固定其小信号增益不变的情况下，逐渐减小线性相移，可以使激光器的输出从稳定的单一峰值，逐步由倍周期，多倍周期，直至混沌脉冲状态。

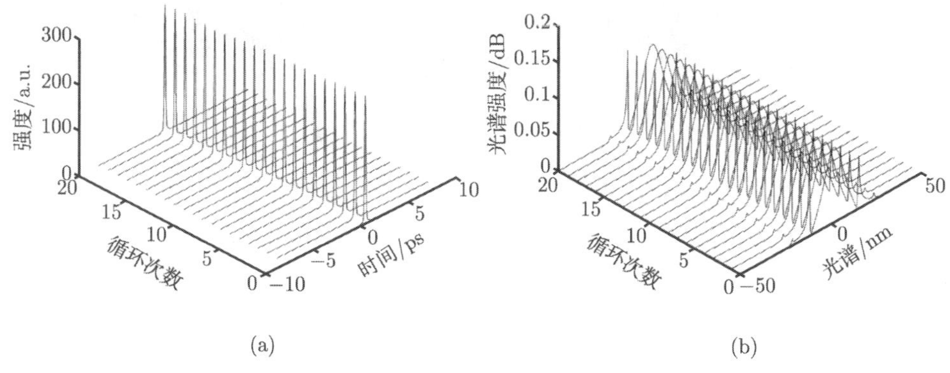

图 6.62 线性相移为 1.472π 时输出单倍周期

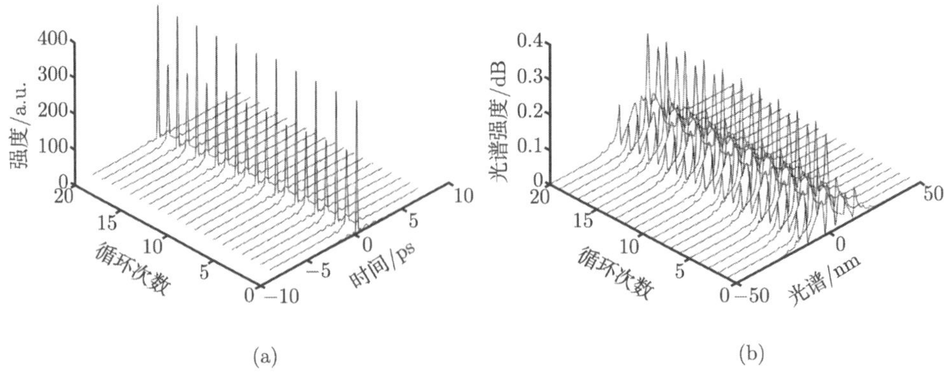

图 6.63　线性相移为 1.460π 时输出二倍周期

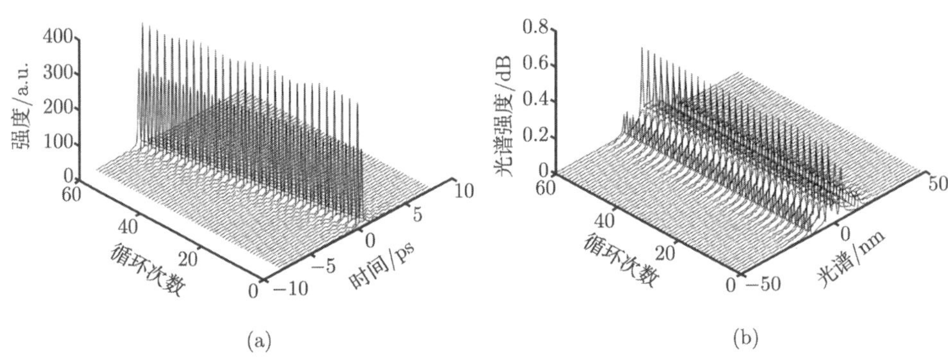

图 6.64　线性相移为 1.440π 时输出多倍周期

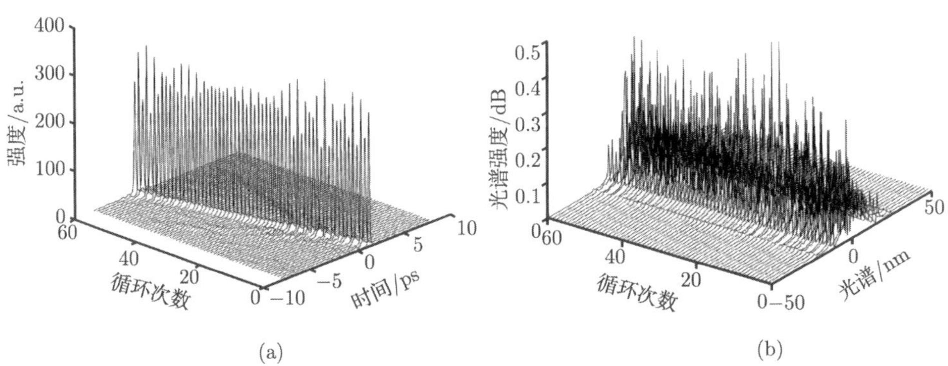

图 6.65　线性相移为 1.405π 时输出混沌脉冲状态

6.8.4　脉冲幅值周期性变化的物理机制的探讨

在模拟中，我们利用 NPR 技术进行被动锁模输出孤子脉冲。图 6.66 为利用非线性偏振旋转被动锁模的光纤激光器的工作原理图。这方面的理论在一些作者的工作中已经被广泛研究了。他们主要利用在腔内插入起偏器，同时改变偏振控制器(在模型中相当于改变腔内线性相位延迟)，构造出一个人造的可饱和吸收体，从而实现自启动被动锁模。θ 为光纤快轴和起偏器的夹角，φ 为光纤快轴和检偏器的夹角，由于光纤线性双折射所引起的两个正交偏振场时间的相位延迟为 $\Delta\Phi_\mathrm{l}$，非线性双折射所引起的相位延迟为 $\Delta\Phi_\mathrm{nl}$。根据 Chen 等的理论，锁模装置的透射函数如下[68]：

$$T=\sin^2\theta\sin^2\varphi+\cos^2\theta\cos^2\varphi+\frac{1}{2}\sin(2s\theta)\sin(2\varphi)\cos(\Delta\Phi_\mathrm{l}+\Delta\Phi_\mathrm{nl}) \tag{6.8.7}$$

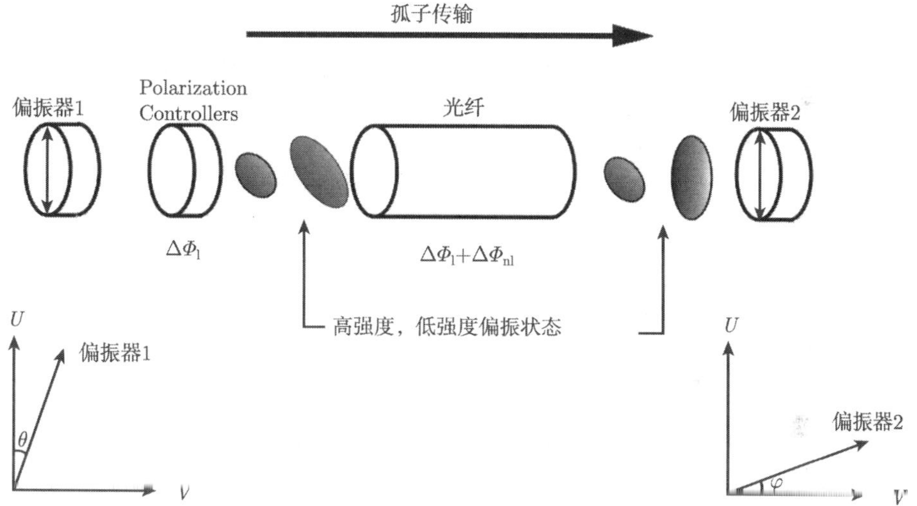

图 6.66 非线性偏振旋转被动锁模光纤激光器的原理图

通过前人的工作我们了解到腔内的透射函数是相位延迟 (包括线性相位延迟和非线性相位延迟) 的正弦函数，同时函数的周期为 2π。在一个周期内，对应不同的腔内相位延迟，激光器显现出正负两种不同的反馈。在正反馈区域，随着泵浦功率的增加，透射函数 T 也跟着增加。在负反馈区域，情况则与之相反。当腔内的透射函数 T 处于正反馈区域时，激光器能输出稳定的锁模脉冲。因为脉冲的非线性偏振态和脉冲的峰值功率相关，所以对应不同的泵浦功率下的脉冲峰值功率，脉冲光场到达检偏器的时候具有不同的偏振态，因此当它们通过检偏器时一定会受到不同的损耗。在模拟中我们发现，相同峰值功率的脉冲只能在一个很小的增益变化范围内输出，一旦超过了这个增益的阈值，脉冲的峰值便开始变得不一致，从而可以得出脉冲到达检偏器时的偏振态和检偏器的夹角必须很小，甚至要一致。而当泵浦功率继续增大时，在固定的线性相移的基础上，脉冲积累的非线性相移变大，此时脉冲的偏振态越过了透射函数 T 正负反馈的临界点处所需的偏振态，进入了负反馈区，相对应到达检偏器处脉冲的非线性偏振态和检偏器的夹角变大。由于脉冲所受到的损耗与脉冲偏振态和检偏器之间的夹角有关，很显然，此时输出的脉冲的峰值变小了，这样脉冲在光纤环内每运行一圈，它的峰值功率都会受到不同程度的损耗，直至与峰值功率相关的脉冲偏振态和检偏器相一致，这时候一个周期结束，由于光纤激光器内部各个参数都没有发生变化，所以激光器的输出又开始新一轮的周期性变化。这就很好地解释了光纤激光器输出呈现周期态的现象。对于其中出现的倍周期、四倍周期等现象都可以用这个理论进行解释。当稳定输出的光纤激光器的泵浦功率突然增加到某个特定的值 (数值模拟表明在确定的光纤激光器参数设置下，只有在某个特定的小信号增益下才会出现倍周期，或者是四倍周期现象)，在一定的线性相移下，脉冲所积累的非线性相移突然变大，此时脉冲的偏振态越过了透射函数 T 的临界点，进入负反馈区，相应的脉冲受到的损耗变大，脉冲的峰值功率变小。而当脉冲在下一圈运行中，在现有的泵浦功率的作用下，它所积累的非线性相移恰好使脉冲的偏振态处于正反馈区，脉冲的偏振态和检偏器相一致，此时输出的脉冲的峰值功率变大。这样一高一低的输出，对应的不同的脉冲偏振态所引起的不同的损耗，恰好使光纤激光器的输出呈现出倍周期现象。在这里需要说明一下，对应模拟中出现的倍周期到四倍周期或者是多倍周期的前后顺序问题，由于出现脉冲峰值多倍周期态所需的泵浦功率大于倍周期时的泵浦功率，所以在多倍周期中脉冲受到的增益作用要大于倍周期时受到的增益作用，所以即使多倍周期中脉冲达到检偏器时，脉冲的偏振态和检偏器之间的夹角大于倍周期时的夹角，但是由于它的峰值功率比较高，要经过多次损耗才能使脉冲的偏振态回到和检偏器相一致的状态。所以光纤激光器的输出在增加泵浦功率的情况下，一般先呈现出倍周期，再进行四倍周期或者是多倍周期。对于固定泵浦功率，改变线性相移出现的类同现象，其内在的物理机制和上面大体一样，脉冲的非线性相移固定，改变线性相移，使脉冲的偏振态在正负反馈的临界点发生偏移，从而改变脉冲偏振态和检偏器之间的夹角，使脉冲受到不同的损耗，呈现出上述的现象。

本节从理论上分析了利用非线性偏振旋转锁模的光纤激光器在改变泵浦功率或者偏振控制器时，输出呈现倍周期，多倍周期，最后进入混沌的现象。这种现象的产生主要是由于在改变泵浦功率或者偏振控制器时，脉冲的偏振态发生改变，越过了正负反馈的临界点，从而使脉冲的偏振态和检偏器之间的夹角发生变化，改变了脉冲经过检偏器时所受到的损耗，使脉冲的偏振态在正负反馈之间不断地周期性变化，进而使输出的脉冲峰值功率呈现出倍周期、多倍周期，最后进入混沌的现象。综上所述，利用非线性偏振旋转被动锁模的光纤激光器的输出脉冲峰值从倍周期、多倍周期进入混沌的物理机制已经完全地被揭示。

参考文献

[1] Pecora L M, Carroll T L. Synchronization in chaotic systems. Phys. Rev. Lett., 1990, 64(8): 821-824.

[2] Pecora L M, Carroll T L. Driving systems with chaotic signals. Phys. Rev. A, 1991, 44(4): 2374-2385.

[3] Annovazzi-Lodi V, Benedetti M, et al. Optical chaos masking of video signals. IEEE. Technol. Lett. , 2005, 17(9): 1995-1997.

[4] Zhang F, Chu P L, Lai R, et al. Dual-wavelength chaos generation and synchronization in erbium-doped fiber lasers. IEEE Photon. Technol. Lett., 2005, 17(3): 549-551.

[5] Argyris A, Syvridis D, Larger L, et al. Chaos-based communications at high bit rates using commercial fiber-optic links. Nature, 2005, 437(17):343-346.

[6] Zhang J Z, Wang A B, Wang J F, et al. Wavelength division multiplexing of chaotic secure and fiber-optic communications. Optics Express, 2009, 17(8) :6357-6367.

[7] Lin F Y, Liu J M. Chaotic lidar. IEEE J. Sel. Topics Quantum Electron., 2004, 10(5): 991-997.

[8] Wang Y C, Wang B J, Wang A B. Chaotic correlation optical time domain reflectometer utilizing laser diode. IEEE Photon. Technol. Lett., 2008, 20(19): 1636-1638.

[9] Kanter I, Aviad Y, Reidler I, et al. An optical ultrafast random bit generator. Nature Photon., 2010, 4(235): 58-61.

[10] Kim S, Lee B, Kim D H. Experiments on chaos synchronization in two separate erbium-doped fiber lasers. IEEE Photon. Technol. Lett., 2001, 13(4): 290-292.

[11] Luo L, Tee T J, Chu P L. Chaotic behavior in erbium-doped fiber-ring lasers. J. Opt. Soc. Am. B, 1998, 15(3): 972-978.

[12] Luo L, Chu P L, Whitbread T, et al. Experimental observation of synchronization of chaos in erbium-doped fiber lasers. Opt. Commun., 2000, 176: 213-217.

[13] Zhao L M, Tang D Y, Liu A Q. Chaotic dynamics of a passively mode-locked soliton fiber ring laser. Chaos, 2006, 16(1): 013128-1-013128-9.

[14] Liu Y, Feng X, Zhang W, et al. An experiment of dynamical behaviours in an erbium-doped fiber-ring laser with loss modulation. Chin. Phys. B, 2009, 18(8):3318-3324.

[15] Abarbanel H D I, Kennel M B, Buhl M, et al. Chaotic dynamics in erbium-doped fiber ring lasers. Phys. Rev. A, 1999, 60(3): 2360-2374.

[16] Zhang F, Chu P L. Effect of transmission fiber on chaos communication system based on erbium-doped fiber ring laser. J. Lightwave Technol., 2003, 21(12): 3334-3343.

[17] Sang X Z, Yu C X, Wang K R, et al. Experimental investigation on dual wavelength high-frequency chaos generation and synchronization. Chin. Phys. Lett., 2005, 22(12): 3029-3031.

[18] Haken H. Analogy between higher instabilities in fluids and lasers. Phys. Lett. A,

1975, 53(1): 77-78.

[19] Casperson L W. Spontaneous coherent pulsations in laser oscillator. IEEE J. Quantum Electron., 1978, 14(10): 756-761.

[20] Yamada T, Graham R. Chaos in a laser system under a modulated external field. Phys. Rev. Lett., 1980, 45(16): 1322-1324.

[21] Ikeda K. Multiple-value stationary state and its instability of the transmitted light by a ring cavity system. Optics Commun., 1979, 33(2): 257-261.

[22] Aiecohi F T，Meueei R，Puccioni G, et al. Experimental evidence of subharmonic bifurcations, multistability, and turbulence in a Q-switched gas laser. Phys. Rev. Lett., 1982, 49(17): 1217-1220.

[23] Weiss C O, Godone A, Olafsson A. Routes to chaotic emission in a cw He-Ne laser. Phys. Rev. A, 1983, 28(2): 892-895.

[24] Gioggia R S, Abraham N B. Routes to chaotic output from a single-mode, dc-excited laser. Phys. Rev. Lett., 1983, 51(8): 650-653.

[25] Weiss C A, Klische W, Ering P S, et al. Instabilities and chaos of a single mode NH_3 ring laser. Optics Commun., 1985, 52(6): 405-408.

[26] Ott E, Grebogi C, Yorke J A. Controlling chaos. Phys. Rev. Lett., 1990, 64(11): 1196-1199.

[27] Gills Z，Iwata C，Roy R. Tracking unstable steady states:extending the stability regime of a multimode laser system. Phys. Rev. Lett., 1992, 69(22): 3169-3172.

[28] Roy R, Thomburg K S. Experimental synchronization of chaotic lasers. Phys. Rev. Lett., 1994, 72(13): 2009-2012.

[29] Van Wiggeren G D, Roy R. Communication with chaotic lasers. Science, 1998, 279(20): 1198-1200.

[30] 张胜海. 掺铒光纤激光器超混沌控制与同步及光学时空斑图研究. 长春：长春理工大学，2003.

[31] Sanchez F, Leboudee P, Franeois P L, et al. Effects of ion pairs on the dynamics of erbium-doped fiber lasers. Phys. Rev. A，1993, 48(3): 2220-2229.

[32] Kellou A，Ladjouze H，Sanchez F, et al. Stability analysis of erbium-doped fibre laser dynamics with spontaneous emission. Optical and Quantum Electron., 1995, 27: 741-746.

[33] Sanehez E, Leflohie M, Stephan G M, et al. Quasi-periodic route to chaos in Erbium-doped fiber Laser. IEEE J.Quantum Electron., 1995, 31(3): 481-488.

[34] Sanehez F, Stephan G. General analysis of instabilities in erbium-doped fiber lasers. Phys. Rev. E, 1996, 53(3): 2110-2122.

[35] Daniel J, Costa J M, LeBoudec P, et al. Generalized bistability in an erbium-doped fiber laser. J. Opt. Soc. Am. B, 1998, 15(4): 1291-1294.

[36] Besnard P, Ginovarta F, LeBoudec P, et al. Experimental and theoretical study of

bifurcation diagrams of a dual-wavelength erbium-doped fiber laser. Optics Commun., 2002, 205: 187-195.

[37] 王荣, 沈柯. 延时线性反馈法控制双环掺铒光纤激光器混沌. 物理学报, 2001, 50(6): 1024-1027.

[38] Pisarchik A N, Kir'yanov A V, Barmenkov Y O. Dynamics of an erbium-doped fiber laser with pump modulation: theory and experiment. J. Opt. Soc. Am. B, 2005, 22(10): 2107-2114.

[39] Liu Y, Feng X, Zhang W, et al. An experiment of dynamical behaviours in an erbium-doped Fibre-ring laser with loss modulation. Chin. Phys. B, 2009, 18(8): 3318-3324.

[40] Zhao B, Tang D Y, Zhao L M, et al. Pulse-train nonuniformity in a fiber soliton ring laser mode-locked by using the nonlinear polarization rotation technique. Phys. Rev. A, 2004, 69(4): 043808-1-043808-7.

[41] Zhao L M, Tang D Y, Lin F, et al. Observation of period-doubling bifurcations in a femtosecond fiber soliton laser with dispersion management cavity. Optics Express, 2004, 12(19): 4573-4578.

[42] Tang D Y, Zhao L M, Lin F. Numerical studies of routes to chaos in passively mode-locked fiber soliton ring lasers with dispersion-managed cavity. Europhys. Lett., 2005, 71 (1): 56-62.

[43] Zhao L M, Tang D Y, Cheng T H, et al. Period-doubling of multiple solitons in a passively mode-locked fiber laser. Opt. Commun., 2007, 273: 554-559.

[44] Steele A L, Lynch S, Hoad J E. Analysis of optical instabilities and bistability in a nonlinear optical fibre loop mirror with feedback. Opt. Commun., 1997, 137: 136-142.

[45] Lynch S, Steele A L. Controlling chaos in nonlinear optical resonators. Chaos, Solitons and Fractals, 2000, 11: 721-728.

[46] Steele A L. Optical bistability, instabilities and power limiting behaviour from a dual nonlinear optical fibre loop mirror resonator. Opt. Commun., 2004, 236: 209-218.

[47] Merchant C A, Steele A L. A tunable nonlinear optical loop mirror with feedback using linear highly birefringent fiber in the loop. Opt. Commun., 2006, 258: 288-294.

[48] Williams Q L, Roy R. Fast polarization dynamics of an erbium-doped fiber ring laser. Opt. Lett., 1996, 21(18): 1478-1480.

[49] Garća-Ojalvo J, Roy R. Intracavity chaotic dynamics in ring lasers with an injected signal. Phys. Lett. A, 1997, 229: 362-366.

[50] Lin F Y, liu J M. Nonlinear dynamical characteristics of an optically injected semiconductor laser subject to optoelectronic feedback. Opt. Commun., 2003, 221: 173-180.

[51] Abarbanel H D I, Kennel M B, Buhl M, et al. Chaotic dynamics in erbium-doped fiber ring lasers. Physical Review A, 1999, 60 (3): 2360-2374.

[52] Lewis C T, Abarbanel H D I, Kennel M B, et al. Synchronization of chaotic oscillations in doped fiber ring lasers. Physical Review E, 2000, 63(1): 215-229.

[53] Yupapin P P, Suwanchareon W, Suchat S. Nonlinearity penalties and benefits of light traveling in a fiber optic ring resonator. Optik-International Journal for Light and Electron Optics, 2009, 120(5): 216-221.

[54] Moller M, Lange W. Radiation trapping: An alternative mechanism for chaos in a nonlinear optical resonator. Physical Review A, 1994, 49(5): 4161-4169.

[55] Wu Y Q, Qiao Z D, Zhang M J, et al. Chaotic dynamics of active optical fiber ring resonator with optical injection. Chinese Optics Letters, 2010, 8(11): 1139-1141.

[56] Heebner J E, Boyd R W. Enhanced all-optical switching by use of a nonlinear fiber ring resonator. Optics Letters, 1999, 24(12): 847-849.

[57] Genin E, Larger L, Goedgebuer J P, et al. Chaotic oscillations of the optical phase for multigigahertz-bandwidth secure communications. IEEE Journal of Quantum Electronics, 2004, 40(3): 294-298.

[58] Zhao Y, Min S, Wang H, et al. High-power figure-of-eight fiber laser with passive sub-ring loops for repetition rate control. Optics Express, 2006 14(22): 10475-10480.

[59] Seraji F E, Asghari F. Tunable optical filter based on sagnac phase-shift using single optical ring resonator. Optics Laser Technology, 2010, 42: 115-119.

[60] 张玲玲，王云才，王纪龙. 单频掺 Yb^{3+} 光纤激光器研究. 太原理工大学学报, 2002, 21(6): 97-99.

[61] 杨玲珍，陈国夫，王屹山，等. 超短脉冲掺 Yb^{3+} 光纤激光器实验研究. 中国激光,2003,32(2): 153-155.

[62] Man W S, Tam H Y, Demokan M S, et al. Mechanism of intrinsic wavelength tuning and sideband asymmetry in a passively mode-locked soliton fiber ring laser. Journal of Optical Society of American, 2000, 17(1): 28-33.

[63] Tang D Y, Zhao L M, Zhao B, et al. Mechanism of multisoliton formation and soliton energy quantiation in passively mode-locked fiber lasers. Physical Review A, 2005, 72 (4): 043816.

[64] Tang D Y, Fleming S, Man W S, et al. Demokan. Subsideband generation and modulational instablility lasing a fiber soliton laser. Journal of Optical Society of American, 2001, 18 (10): 1443-1450.

[65] Zhao L M, Tang D Y, Liu A Q. Chaotic dynamics of a passively mode-locked soliton fiber ring laser. Chaos, 2006, 16 (1): 1054-1056.

[66] Zhao L M, Tang D Y, Lin F, et al. Observation of period-doubling bifurcations in a femtosecond fiber soliton laser with dispersion management cavity. Optics Express, 2004, 12(19) 4573-4578.

[67] Wu J, Tang D Y, Zhao L M, et al. Soliton polarization dynamics in fiber lasers passively mode-locked by the nonlinear polarization rotation technique. Physical Review E, 2006, 74 (4): 046605.

[68] Chen C J, Wai P K, Menyuk C R. Soliton fiber ring laser. Optics Letters, 1992, 17(6) 417-419.